KB052313

진짜 아름다움에 눈뜨게 한 심오하고 놀라운 책!
이 책은 분명 우리를 다시 한 번 진화의 길로 이끌 것이다.
**칼 사피나**(베스트셀러 《소리와 몸짓》 저자)


마이클 라이언은 인류를 포함한 모든 동물이
아름다움에 끌리는 이유를 탐구한다.
그가 이룩한 중앙아메리카 개구리에 대한
연구 결과를 뛰어넘는 뇌과학의 새로운 발견은
우리를 진화의 새로운 장으로 이끌 것이다.
**버지니아 모렐**(베스트셀러 《동물을 깨닫는다》 저자)


성적 아름다움의 생물학적 기초에 대한
권위 있고 유익하며 재미있는 접근.
뇌과학과 진화를 완벽하게 통합한 저자의 연구는
대단히 매혹적이다. 자연의 배우자 선택 매커니즘을 통해
우리 자신을 더 깊이 이해하게 만드는 이정표 같은 책이다.
**다니엘 블럼스타인**(캘리포니아대학교 생태 및 진화생물학과 교수)

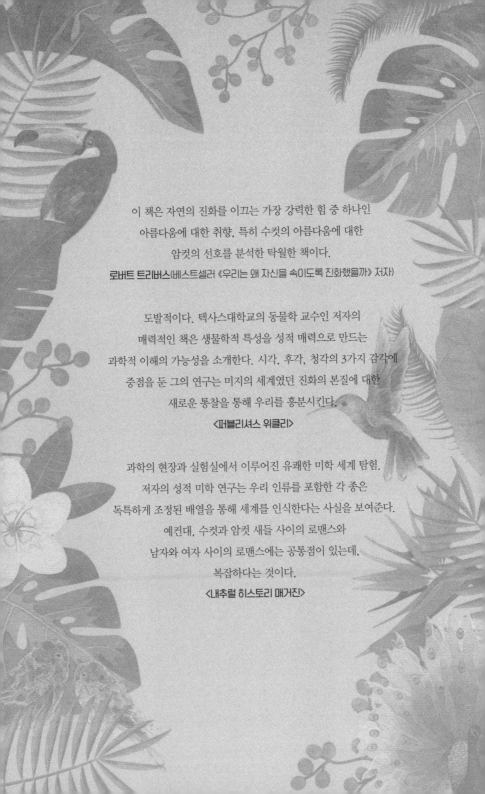

이 책은 자연의 진화를 이끄는 가장 강력한 힘 중 하나인
아름다움에 대한 취향, 특히 수컷의 아름다움에 대한
암컷의 선호를 분석한 탁월한 책이다.
**로버트 트리버스**(베스트셀러 《우리는 왜 자신을 속이도록 진화했을까》 저자)


도발적이다. 텍사스대학교의 동물학 교수인 저자의
매력적인 책은 생물학적 특성을 성적 매력으로 만드는
과학적 이해의 가능성을 소개한다. 시각, 후각, 청각의 3가지 감각에
중점을 둔 그의 연구는 미지의 세계였던 진화의 본질에 대한
새로운 통찰을 통해 우리를 흥분시킨다.
〈퍼블리셔스 위클리〉


과학의 현장과 실험실에서 이루어진 유쾌한 미학 세계 탐험.
저자의 성적 미학 연구는 우리 인류를 포함한 각 종은
독특하게 조정된 배열을 통해 세계를 인식한다는 사실을 보여준다.
예컨대, 수컷과 암컷 새들 사이의 로맨스와
남자와 여자 사이의 로맨스에는 공통점이 있는데,
복잡하다는 것이다.
〈내추럴 히스토리 매거진〉

뇌는 왜
# 아름다움에
끌리는가

**일러두기**

1. 본문의 주석은 모두 옮긴이주입니다.

2. 본문에서 인용한 도서 중 국내에 출간된 도서는 국내 제목으로, 미출간된 도서의 제목은 번역하여 표기
   하였습니다. 미출간 도서의 원서명은 인덱스에 병기하였습니다. 참고문헌은 검색 편의를 위해 영문으로
   기재하였습니다.

3. 본문에 언급된 동식물 및 곤충 등의 사진은 빈티지하우스의 블로그에서 확인하실 수 있습니다.


# 뇌는 왜 아름다움에 끌리는가

**초판 1쇄 발행** 2020년 6월 15일
**초판 2쇄 발행** 2020년 10월 20일

**지은이** 마이클 라이언
**옮긴이** 박단비

**펴낸이** 이성용
**책임편집** 박의성　**책디자인** 책돼지

**펴낸곳** 빈티지하우스
**주 소** 서울시 마포구 양화로11길 46 504호(서교동, 남성빌딩)
**전 화** 02-355-2696　**팩 스** 02-6442-2696
**이메일** vintagehouse_book@naver.com
**등 록** 제 2017-000161호 (2017년 6월 15일)

ISBN 979-11-89249-29-8 03470

# 뇌는 왜
# 아름다움에
# 끌리는가

⊶◇→

뇌과학과 성선택론으로 풀어본
성적 미학의 탄생

A Taste
*for the*
Beautiful

빈티지하우스
VINTAGE HOUSE

나는 과학자다. 이 직업 덕분에 나는 자연세계를 작은 부분이나마 이해할 수 있었다. 또한 나는 교수이기도 하다. 나는 이 직업으로 인해 내가 몸담고 있는 분야인 동물행동학과 진화학에서 직접 발견한 사실들을 다른 사람에게 설명할 기회를 얻곤 한다. 내 청중은 대개 대학생들이나 다른 과학자들이지만, 종종 일반 청중을 대상으로 강연을 하거나 과학적 배경이 없는 친구와 가족에게 내가 하는 일을 설명하기도 한다.

자연에서 성적 아름다움이 작용하는 방식과 우리 연구소가 실험을 통해 성적 아름다움의 진화 원인 및 과정에 대한 통찰을 얻어나가는 이야기를 들려주고 나면, 청중들은 보통 그들의 배경과 상관없이 내 이야기에 흥미를 보이곤 한다. 내가 이 책의 집필을 결심한 계기는 내 자신의 연구는 물론이고 많은 사람들이 다양한 연구를 통해 밝혀낸 성적 아름다움의 이야기를 더 많은 이들과 공유하고 싶었기 때문이다.

이 책을 펴내면서 정말 많은 사람에게 마음의 빚을 지게 됐다. 마크 하우저[Marc Hauser]는 제일 먼저 내게 이 책을 쓰도록 권유했고, 모든 준비 작업 기간 동안 냉철하고도 건설적인 비평가의 역할을 감당해주었다.

이 책에서 소개된 나의 연구는 미국 국립과학재단, 스미소니언 연구소, 텍사스대학교로부터 재정 지원을 받았다. 각각의 기관에 감사의 마음을 표하고 싶다.

# 차례 ───────────────────────────

A Taste *for the* Beautiful

# 1

공작새
(peacock)

# 왜들 그렇게
# 섹스에 호들갑인가?

공작의 꽁지를 바라보고 있으면 나는 늘 속이 메슥거린다네!

- 찰스 다윈 -

**자**연은 철저히 본론에 충실하다. 수면을 생각해보자. 잠을 잘 때 나는 이불을 덮고 베개에 머리를 대면 바로 꿈나라로 들어간다. 춤이나 노래, 주문 외우기나 향수 뿌리기 등의 별다른 수면의식 없이 그냥 잠에 들 뿐이다. 대부분의 동물들도 그렇다. 식사도 마찬가지라서 고함원숭이는 먹을만한 나뭇잎을 발견하면 바로 뜯어 입으로 가져가고, 왜가리는 물고기를 쪼아 잡은 후 고개를 젖히고 삼켜버린다. 치타는 시속 120km라는 최고 기록으로 가젤을 쓰러뜨렸어도, 게걸스러운 만찬을 시작하기 전에 자축의 춤을 추지 않는다. 물론 우리 인간이라는 종은 때때로 특별한 이벤트가 있을 때 유난을 떨며 식사를 하기도 한다. 그러나 대체로는 고함원숭이, 왜가리, 치타와 별반 다르지 않다. 똑같이 음식을 베어 물고 충분히 씹은 다음 삼킬 뿐이다. 이렇게 동물들의 삶 대부분은 단지 해야 할 일을 끝마치는 데 집중되어 있다.

그런데 섹스는 다르다. '본론에만 충실하기'라는 태도로는 할 일을 잘 마칠 수 없다. 인간을 비롯한 대부분의 동물들은 성행위에 앞서 장황한 구혼의식을 치른다. 우리의 구혼의식은 촛불과 음악, 시와 꽃, 심지어는 특별한 의상과 같은 다양한 액세서리들로 가득 차 있다. 그 목록에는 끝이 없지만 다양함에 있어서는 동물들도 지지 않는다. 동물들은 상대를 유혹하기 위해 노래를 부르고 춤을 추며, 향기를 내뿜기도 하고, 색깔을 뽐낼 뿐만 아니라 심지어 빛을 발산하기도 한다.

인간이 구애에 활용하는 언어와 기술도 탁월하지만, 모든 동물은 성적인 유혹과 짝짓기 전략으로서 자신의 형태와 행동양식을 화려하고 심지어는 외설적이도록 진화시켜왔다. 나비와 물고기의 색깔, 곤충과 새의 노래, 나방과 포유류의 향기, 이 모두가 섹스라는 목적을 위해 진화했다. 인간도 마찬가지다. 눈부신 외모의 미인이 지나갈 때 여성들은 한숨을, 남성들은 감탄을 자아내게 하는 많은 특성들이 섹스를 위해 진화했다. 성적 아름다움이 이렇게 다양한 모습으로 나타날 수 있었던 이유는 아름다움이 긴 수명을 가져다주었기 때문이 아니라, 아름다운 개체들에게 짝짓기 기회가 더 많이 주어졌고, 더 많은 자손과 유전자를 다음 세대에 물려줄 수 있었기 때문이다.

성적 아름다움은 유성생식 동물계 구석구석에 퍼져 있으며 어디에나 존재한다. 인간은 아름다움을 얻기 위해 노력하며, 비용을 지불하고, 타인의 미를 평가하며, 그렇다고 판단한 상대에게 더 나은 대우를 해준다. 동물과 인간은 모두 평가자들에게 더 아름답게 보이기 위해 심혈을 기울인다.

공작은 근사한 꽁지깃을 발달시켜 암컷의 마음을 매료시키며, 물고기는 화려한 빛깔로 이성의 눈길을 끈다. 귀뚜라미는 짝을 위해 애정 섞인 목소리로 노래하며, 거미는 춤을 추고 거미줄을 흔들어 자신을 뽐내기도 한다. 우리 인간들은 대부분의 동물보다 더욱 적극적으로 아름다움을 피력한다. 향수, 패션, 자동차, 음악뿐 아니라 외과 의사의 칼과 약물 등도 성적 아름다움을 가꾸는 수단으로 사용되어왔다. 그런데 고통스러울 정도로 더딘 진화의 과정을 통해서든 즉각적인 효과가 나타나는 외모 단장을 통해서든 누군가에게 자신의 매력을 알리고 싶다면, 우선은 아름다움이란 무엇인지에 대한 개념이 확립되어 있어야 할 것이다.

이 책의 주제는 성적 아름다움이며, 이것이 어디에서 유래했고 무엇을 위해 존재하는지를 탐구할 것이다. 물론 많은 사람들이 자연의 아름다움과 야생동물에게서 관찰되는 매력적인 짝짓기 행동에 영감을 받아 글을 쓴다. 그런데 그들의 주안점은 대개 수컷의 아름다운 형질을 자세히 살펴보는 것이다. 공작은 무슨 유익을 위해 저렇게 긴 꼬리를 가지게 되었는가? 수컷 구피가 선명한 주홍색을 띠려면 카로티노이드를 얼마나 많이 섭취해야 하는가? 수컷 카나리아는 암컷에게 성적 매력을 발산하기 위해 자신의 복잡한 노랫가락에 얼마나 많은 음절을 채워 넣을 수 있을까?

모두 흥미로운 질문이긴 하나, 아름다움을 평가하는 상대의 두뇌 속에서 일어나는 일을 간과한다는 측면에서 성적 아름다움의 절반만을 대변하고 있다는 한계를 지닌다. 이러한 연구들은 종종 암컷의 두뇌에서 아름다움을 판단하는 도구가 진화되어왔다고 상정하곤 하지만, 사실은 반대의 경우가 더 많다. 뇌는 오랜 진화적 역사로 인해 편향을 가지고 성적 세계 및 주변 세계를 평가한다. 또한 뇌는 수많은 신경생물학적 제약의 틀 안에서 기능한다.

내 주장은 뇌가 아름다움을 인식하기 위해서가 아니라 스스로 무엇이 아름다운지 결정하기 위해 진화했으며, 뇌가 가진 제약과 우발성이 동물왕국 도처에 놀랍도록 다양한 성적 미학을 일으켰다는 것이다. 이 책에서 나는 아름다움을 이해하기 위해서는 먼저 성적 미학을 인식하는 뇌를 이해해야 한다는 사실을 보여주려고 한다.

나는 '동물의 두뇌는 어떻게 성적 미학을 탄생시켰으며, 어떻게 아름다움의 진화를 주도했는가?'라는 질문을 던짐으로써 성적 아름다움에 대한 우리의 이해를 확장시킬 것이다. 구체적으로 말하면 아름다움이 존재할 수 있는 이유는 감상자의 눈, 귀, 코를 즐겁게 하기 때문이다. 이를 더욱 개괄적으로 표현한다면 '아름다움은 감상자의 뇌에 달려 있다*'는 것이 내 주장이다.

동물들의 일부 두뇌 신경회로들은 성적 아름다움을 감지하고 이에 반응하여 좋은 짝을 찾을 수 있도록 진화되었다. 그러나 뇌는 섹스 이외의 것도 고려한다. 먹이를 찾거나, 혹은 먹잇감이 되는 불상사를 피하거나, 어미와 아비의 차이를 분간하게 하는 뇌의 작용은 의도치 않게 뇌가 아름다움을 정의하는 방식에도 중대한 영향을 끼치게 된다. 우리는 성적 미학의 생물학적 근거를 이해한 후에만, 어떻게 성적 미학이 성적 아름다움의 진화를 주도했는지를 이해할 수 있을 것이다.

---

* Beauty is in the brain of the beholder. 'Beauty is in the eyes of the beholder(아름다움은 감상자의 눈에 달렸다)'라는 서양 속담에 빗댄 표현

지난 40년 동안 중앙아메리카에서 아주 작고 울퉁불퉁한 개구리의 성행동을 연구해온 나는 이 주제에 관해 독특한 관점을 제시할 것이다. 이 연구는 동물왕국에서 성행동의 다양성과 내가 '감각 이용<sup>sensory exploitation</sup>' 이라고 명명하고 발전시켜온 통합이론 모두에 내 눈과 마음을 열어주었다.

핵심 개념은 단순하다. 수컷의 구애 음성을 듣고 매력을 느끼는 암컷의 두뇌 기능은 그 매력적인 음성이 발달되기 훨씬 이전부터 존재해왔다. 그러므로 암컷은 수컷으로 하여금 정확하게 자신의 뇌가 원하는 방식으로 노래를 부르게 하는 생물학적 조종자라고 할 수 있다. 실제로 아름다움은 감상자의 뇌에 달려 있으며, 이는 대부분 암컷의 뇌를 뜻한다. 물론 나는 수컷이 암컷의 아름다움을 판단하거나 각 성별이 서로에게 아름다움을 어필하고 상대의 아름다움을 평가하는 사례도 다룰 것이다. 이 간단한 개념은 진화의 동력으로서 성적인 두뇌가 갖는 중요성을 마침내 인정한 성선택론 연구에서 획기적인 인식 전환의 기회를 마련했다.

1장에서 나는 과학자들이 아름다움의 진화를 이해하게 된 배경을 소개하고, 보통 어떤 성별이 이러한 아름다움을 발달시키며, 그 이유는 무엇인지를 설명할 것이다. 2장에서는 내 과학 지성의 초점이었던 개구리에 집중하여 과학자들이 실제로 두뇌와 짝짓기 행동의 연관성을 밝혀나가는 과정을 보여줄 것이다. 3장은 감각기관과 감각 정보의 인지처리과정을 소개하고 뇌가 아름다움을 정의하는 방법을 탐구한다. 4장에서 6장까지는 동물왕국에서 관찰되는 시각, 청각, 후각적 아름다움을 묘사할 것이다. 7장은 아름다움의 인식이 쉽게 변할 수 있다는 주장을 뒷받침하는 생물학적 근거들을 소개한다. 8장은 아름다움에 대한 인식이 숨겨져 있다가 적당한 상대가 나타났을 때 겉으로 드러나는 과정을 설명할 것이다. 이 논리는 확장되어 패션부터 포르노에 이르기까지 다양한 산업계가 숨겨진 선호를 교묘히 이용할 수 있었던 이유에 대해 진화적 해석을 제공한다. 맺음말에서는 아름다움의 생물학적 기초에 대해 논의하면서 책을 마무리할 것이다.

아름다움의 해답을 찾아가는 과정에서 우리는 자연을 탐구하고, 빼어난 아름다움을 지닌 동물들을 연구한 과학자들의 발자취를 따라가볼 것이다. 또한 우리는 성적 아름다움이 진화를 일으킬 수밖에 없었던 기본 전제들을 조사해보고, 뇌의 미적 지각에 통찰을 줄 신경과학계의 새로운 발견들을 자세히 파헤쳐볼 것이다. 또 우리는 동물과 인간을 비교하면서 스스로의 성적 미학에 대해 다시 생각해보는 기회를 가질 수도 있을 것이다.

생물학 대부분이 그렇듯 성적 아름다움을 고찰하기 위한 가장 좋은 시작점은 찰스 다윈이다. 그러나 다음 목적지는 다윈조차도 잘 알지 못했던 영역인 두뇌가 될 것이다.

생태계 속 인류의 위치라는 관점에서, 찰스 다윈이 주창한 자연선택에 의한 진화론이 가지는 영향력은 의심할 여지가 없다. 다윈의 진화론은 코페르니쿠스의 지동설, 뉴턴의 운동 법칙, 아인슈타인의 상대성 이론과 어깨를 나란히 하는 인류 지성 최고의 업적 중 하나이다. 《종의 기원》 초판본은 며칠 만에 모조리 판매되었고, 개정판들도 수십 년간 계속해서 매진을 기록했다. 《종의 기원》은 지금도 세계에서 가장 자주 인용되는 책 중에 하나이다.

자연선택론의 가장 놀라운 점은 세 가지 원칙으로 요약될 수 있을 정도로 아주 단순하다는 것이다. 토마스 맬서스의 《인구론》에서 기인한 첫 번째 원칙은, 번식의 속도가 자원의 증가 속도를 능가하기 때문에 오직 일부만이 살아남아 번식을 이어나갈 수 있다는 것이다. 방충망의 작은 틈새로 몰래 숨어든 집파리 한 쌍을 떠올려보자. 이 커플은 한 달이라는 짧은 생애 동안 자손 500마리를 번식시킬 수 있다. 만약 500마리와 그 자손들이 전부 살아남아 계속 번식한다면, 6개월 후 당신 집에는 집파리 약 2조 마리가 들끓게 될 것이며, 무게를 모두 합치면 2,500톤에 달하고, 이들이 차지하는 면적은 2,500km²로 룩셈부르크의 크기와 대등할 것이다. 그러나 다행스럽게도 파리 대부분은 죽어버리고 소수만 살아남기 때문에 그런 일은 일어나지 않는다.

두 번째 원칙은 생존이 늘 무작위로 결정되지 않는다는 것이다. 어떤 생존자는 단순히 운이 좋아서 파리채가 날아오는 순간 마침 그 자리를 피해 있었을 수도 있다. 그러나 어떤 개체들은 더욱 '우월'하기 때문에 생존할 것이다. 이들이 파리채를 든 당신의 손길을 피하고 살아남아 번식하도록 적응했다는 뜻이다. 파리채가 가까이 올 때 부는 바람의 변화를 더 예민하게 감지하거나, 파리채가 내리쳐질 때 더 빨리 피할 수 있도록 비행근이 발달되어 있을 수도 있다. 이유가 무엇이건 그들은 생존자로서 당신의 집에 머무를 수 있게 되었다.

세 번째 원칙은 생존을 가능케 하는 형질의 변이가 유전적 요소에 기인했다면, 그 형질이 다음 세대에 전해진다는 것이다. 만약 살아남은 파리들이 더 빠른 비행근 유전자를 보유했다면 그 자손들도 같은 유전자를 물려받을 것이고, 그들은 비행 속도, 수명, 번식력이 더 향상된 새로운 파리 세대를 구성할 것이다. 이것이 바로 자연선택이 생존 형질의 진화를 일으키는 방법이다. 이제는 구멍 뚫린 방충망을 손볼 시간이다!

다윈이 앨프리드 월리스Alfred Wallace와 함께 자연선택 이론의 기틀을 잡아갈 때, 그는 이로써 모든 것이 설명될 것이라고 이야기하지 않았다. 모든 개체의 모든 측면이 전부 생존을 위한 적응의 결과라고 생각하지 않았던 것이다. 그는 인간뿐만 아니라 동물의 사회에서도 문화가 강력한 힘을 발휘한다는 사실을 인지하고 있었다. 또한 다윈은 작은 개체군 내에서 같은 형질의 대체 형태가 고착화되면서 발생하는 무작위 변이도 알고 있었다. 그러나 다윈이 이해하지 못했던 것이 하나 있었는데, 그것은 바로 공작의 꽁지였다. 이에 크게 낙심한 다윈은 식물학자 아사 그레이<sup>Asa Gray</sup>에게 쓴 편지에서 "나는 공작의 깃털을 볼 때마다 속이 불편해져"라고 언급하기도 했다. 다윈의 몸이 허약했고 걱정이 많았다는 사실을 고려하더라도, 이렇게 멋진 대상에 대한 불편한 반응은 조금 지나쳐 보이기도 한다. 동물의 아름다움 연구에서 공작의 깃털은 마스코트나 다름없지만, 다윈에게는 자신의 이론적 한계를 상기시키는 냉혹한 상징물이자 자연선택론을 보충할 새로운 이론을 찾게 할 동기부여이기도 했다. 다윈은 그 이론을 성선택론이라고 불렀다.

## 모든 아름다움은 섹스를 위해 진화했다

공작은 위엄 있고 아름다운 동물이다. 수컷은 구애를 시작할 때 깃털을 세우고 꽁지를 180도 이상으로 펼쳐 부채 모양을 만든다. 길이가 최대 1.2m인 공작 깃털은 약 200개이며, 눈 모양의 무늬가 새겨져 있고 햇빛 아래에서 오색 빛깔의 광택을 내며 번쩍번쩍 빛난다. 수컷은 깃털을 꼿꼿하게 세운 다음 그것들은 털고 흔들어 부딪히게 하는데, 이는 엔진 같은 웅웅 소리를 내고 안점을 진동시켜 최면을 거는 듯한 효과를 준다.

　이 모든 아름다움은 섹스를 위해 진화되었다. 섹스시장에서 짝을 고를 권한은 암컷에게 있었고 오직 아름다운 개체들만 선택받아 유전자를 물려줄 수 있었기에, 수컷들은 아름다움을 진화시켜 경쟁우위를 점하려 했다.

화려함을 뽐내는 공작의 자태는 암컷과 인간 모두에게 멋진 광경일 것이다. 그런데 공작이 달리거나 나는 모습을 본 적 있는가? 그 모습은 생각보다 아주 초라하다! 꼬리를 질질 끌며 달리는 공작은 여우는 고사하고 어린아이도 피할 수 없으며, 비행 능력은 거의 없다시피 하다. 다윈이 주장한 대로 자연선택이 약자를 추려내어 적응을 일으키는 과정이라면, 이런 기괴함은 어디에서 왔으며 왜 진작 도태되지 않았을까? 역사상 가장 위대한 과학자 중의 하나라는 칭송을 받았던 이가 고작 깃털 하나에 낙심할 수밖에 없었던 이유가 여기에 있다. 하지만 이 괴로움의 근원은 물리적이 아닌 정신적 압력이었다. 공작 깃털은 다윈의 자연선택론에 중대한 도전을 가져다주었고, 그는 공작 깃털의 진화 원인을 규명해줄 또 다른 이론 연구에 착수했다.

다윈의 난제는 공작의 깃털뿐만이 아니었다. 그것은 빙산의 일각에 불과했다. 《종의 기원》이 발표되고 12년 후에 출간된 그의 두 번째 저서 《인간의 유래와 성선택》에서 다윈은 공작 이외에도 수많은 동물들이 자연선택과정과 상충되어 보이는 형질을 간직한다는 사실에 주목했다. 대다수의 경우 이런 형질들은 인간에게는 아름다워 보일지 몰라도 동물의 생존에는 아무런 쓸모가 없어 보였다. 반딧불이는 해가 진

후 풀밭 위를 날아다니며 빛을 내뿜고, 귀뚜라미는 여름밤에 몇 시간씩 노래를 부른다. 산호초에 서식하는 물고기들은 우리 시선을 집중시키는 화려한 색깔을 자랑하며, 개구리는 합창 소리로 봄의 시작을 알려온다. 카나리아가 부르는 아리아는 수천 년 동안 이성을, 수백 년 동안 인간을 매혹시켜왔으며, 창의적으로 보금자리를 장식하는 바우어새를 보고 어떤 연구자는 화가 마티스에 빗대기도 했다. 심지어 40kg에 달하는 뿔을 머리에 이고 다녔던 큰뿔사슴의 멸종 원인은 그에 요구되는 엄청난 칼슘 섭취량 때문일지도 모른다고 한다. 우리 인간들도 성적 매력을 높이기 위해 화장을 하거나 향수를 뿌리고, 신체 부위를 가꾸는 데 매년 수십억 달러를 투자하며 노력을 멈추지 않는다. 그러나 이 중에 그 어떤 것도 우리의 생존 확률을 높이지는 않는다.

이런 생존과 무관한 형질들은 대부분 암컷보다는 수컷에서 발달되었다는 공통점이 있다. 이것은 보통 구애나 짝을 얻기 위한 싸움에 이용되며, 다윈을 괴롭혔듯 오히려 생존에 불리한 요소처럼 보이는 경우가 많다. 다윈은 이것을 2차 성징이라고 불렀는데, 그 이유는 이 형질들이 성별에 따라 다르게 나타났고, 결정적 역할은 아니지만 번식에 관여했기 때문이다. 이들이 어떻게 진화했는지를 설명하기 위해서는 또 다른 이론이 필요했다.

인위선택은 화려한 성적 형질의 진화 배경을 이해하는 데 도움이 될만한 예시를 제공한다. 인위선택은 불의 이용 이래 인간의 가장 중요한 발명 중 하나라 해도 과언이 아니다. 다윈은 자연선택에 대한 비유로서 인위선택을 사용했다.

인위선택에서 선택작용의 주체는 인간이며, 예정된 목표의 충족을 위해 어떤 형질이 선택작용의 대상이 될 것인지 여부를 직접 결정한다. 우리는 종종 농작물의 질병 저항력을 높이거나 쇠고기 육량을 늘리려는 실용적 목적을 위해 선별적으로 개체를 번식시킨다. 또한 인간은 미적 감각을 만족시키기 위해 동물을 기르기도 한다. 물고기 애호가들은 다채로운 색상의 물고기들을 어항에 기르고, 물고기가 어둠속에서 빛을 내게 하려고 외래 유전자를 주입하기도 한다. 우리에게 가장 친숙한 사례로는 기능이 아닌 귀여운 외모를 위해 애완견 품종을 개량하는 일을 들 수 있을 것이다.

다윈은 인위선택으로부터 얻은 통찰을 바탕으로 암컷에게 아름다움의 기준, 즉 자신만의 미학이 있다면 선택작용에 영향력을 행사하여 종의 아름다움을 강화시킬 수 있었을 것이라고 추측했다. 암컷 카나리아가 노래를 더 다양하게 부를 수 있는 수컷에게 매력을 느낀다면, 더 많은 노래를 부르는 수컷들이 더 많은 자손을 남길 것이며, 시간이 흐르면서 카나리아의 노래는 점점 더 다양하게 진화될 것이다. 암컷 공작이 더욱 긴 깃털에서 성적 아름다움을 느낀다면, 깃털이 더 긴 수컷들이 선택받아 더 많은 자손을 남길 것이다. 설사 긴 꼬리 때문에 포식자에게 희생당할 위험이 늘어날지라도, 후손들 사이에서는 꼬리가 더 긴 공작들이 번성할 것이다. 짧은 깃털로 암컷을 유혹하지 못해 짝짓기에 실패한 수컷들은, 여우보다 더 빨리 달리고 더 오래 살 수 있을지언정, 자손에게 유전자를 물려주지는 못할 것이다. 이 문제를 이해한 다윈은 자연선택에서 사용한 동일한 논리로 성선택 이론을 발전시킬 수 있었다.

생존은 섹스의 부차적 요소로, 섹스시장에서 한 번 더 도전할 수 있도록 목숨을 유지시켜주는 적응의 형태일 뿐이다. 성선택론의 본질은 동물의 짝짓기 성공률을 높이는 아름다움이 생존에 다소 방해가 될지라도 섹스에 가져다주는 유익이 더 큰 이상 진화의 길을 걷게 된다는 것이다.

대부분의 종은 암수의 개체 수가 거의 같지만 모든 수컷이 짝짓기를 할 수 있지는 않다. 많은 종에서 소수의 수컷들이 더 많이 짝짓기를 하는 동안 대다수의 수컷들은 한 번도 짝짓기를 하지 못한 채로 생을 마감한다. 짝짓기의 성공 여부는 이성이 그로부터 얼마나 성적 매력을 느끼는지에 따라 결정된다. 꽁지가 더 긴 공작, 울음소리가 더 다양한 개구리, 체취가 더 향기로운 노랑초파리가 성적 매력을 더 많이 어필할 수 있으며 암컷의 배우자감으로 선택받는다. 생존 형질과 마찬가지로 수컷들이 발달시킨 유혹 수단인 성적 아름다움이 유전자에 기인한 것이었다면 이 형질들은 대대로 전해질 것이다.

다윈은 삶의 다양성을 설명하기 위해 아주 긴 여정을 거쳐 자연선택과 성선택이라는 두 위대한 이론을 정립했다. 많은 경우, 독특한 형질이 발달되는 이유는 짝을 더 많이 유혹하기 위해서이다. 물론 암컷에게 매력적으로 보이는 것만이 짝짓기 기회를 늘리는 유일한 방법은 아니며, 경쟁에서 싸워 이기는 것 또한 효과적인 방법이 될 수 있다. 이 책은 성선택이 성적 아름다움의 진화를 가져오는 과정에 초점을 맞출 예정이지만, 성선택이 경쟁자와의 싸움에서 이기게 하는 성적 무기의 진화에 관여할 수도 있다는 점 역시도 언급하고 싶다. 이러한 성선택의 또 다른 측면은 더글러스 엠린의 《동물의 무기》에서 아주 자세하게 다루어졌으니 참고하길 바란다.

이제 원래 주제인 성적 아름다움으로 돌아와서, 각 성별이 이 현상에 어떻게 기여했는지 고찰하기 위해 중앙아메리카의 운무림으로 여행을 떠나자.

## 모든 것은 정자가 난자보다 작기 때문이다

세상에서 가장 아름다운 새라고 불리는 케찰을 생각해보자. 세계 곳곳의 조류 관찰자들은 수컷 케찰을 보기 위해 중앙아메리카의 운무림으로 모여든다. 파나마 서부 산악지대에서 처음으로 케찰을 만난 나는, 숲에 깔려있던 안개 사이로 쌍안경을 조정하면서 내 손이 몹시 떨려오는 것을 느낄 수 있었다. 새의 몸은 옅은 녹색으로 덮여 있었고 가슴팍은 선명한 붉은색을 띠었으며 머리의 무지갯빛 청색 부분이 다채로움을 더해주었다. 케찰의 몸에 달린 60cm 길이의 번쩍거리는 꼬리를 본 순간 나는 전율을 느꼈다. 웅장한 숲속에서 우리의 머리 위에 앉아 있던 케찰은 살아 있는 생명체보다는 멕시코 축제 인형 같은 모습이었다. 나는 암컷 케찰도 마주치긴 했지만 큰 감흥은 없었다. 수컷처럼 화려한 장식물이 없었던 암컷을 보고 나는 두 번 다시 눈길을 주지 않았다.

깃털에도 극명한 차이가 있지만, 암수의 차이는 깃털에 담긴 아름다움보다 더 근본적인 곳에 있다. 그것은 바로 이들의 몸 속 깊은 곳에 있는 생식세포로, DNA의 모든 사본을 간직하며 이성의 생식세포와 융합되어 새로운 개체를 만들고 삶의 주기를 이어나가게 한다. 수컷의 생식세포인 정자는 몸에서 가장 작은 세포이며 수가 아주 많다. 반면 암컷의 생식세포인 난자는 체내에서 가장 큰 세포이며 수가 적은 편이다. 모든 동물의 암수 성별은 생식세포의 크기에 따라 정해지며, 외부생식기를 포함한 다른 요소들은 모두 부차적인 것들이다.

우리는 생식기를 보고 인간이나 다른 동물의 성별을 구분한다. 보통 생식세포가 작은 수컷에게는 음경이 있고 생식세포가 큰 암컷에게는 질이 있다. 그러나 인간의 성 정체성은 문화는 물론이고 두뇌 발달과 같은 생물학적 요소에 의해서도 좌우될 수 있다. 어떤 사람이 여성의 생식세포와 남성화된 두뇌를 동시에 가질 수도 있다는 의미이다. 인간의 경우 생물학적 성sex과 문화적 산물인 사회학적 성gender이 구분되어 있다. 성 정체성은 인간만의 전유물이며, 이 주제는 추후에 다시 다룰 것이다. 그러나 동물왕국의 나머지 영역에서는 생식기가 언제나 개체의 성을 정확히 대변하지는 않기 때문에, 생물학적 성을 판단할 때는 생식세포를 가장 중요한 기준으로 삼아야 한다.

생식기가 성별 판단에 혼동을 주는 사례 중에는 기생충의 한 종류인 '이'가 있다. 다듬이벌레<sup>bark lice</sup>는 벼룩만한 크기의 작은 곤충으로 나무껍질이나 조류, 이끼류 사이에서 먹이를 찾는 모습을 쉽게 볼 수 있다. 또 일부는 책 제본에 사용되는 풀을 먹고 살아서 책좀<sup>book lice</sup>이라고 불리기도 한다. 잘 알려지지는 않았지만 브라질 동굴에 숨어 살면서 박쥐 분뇨를 먹고 사는 특이한 집단도 있다. 그러나 정말 이들을 흥미롭게 만드는 것은 먹이습성이 아니다. 이 종은 암컷이 음경을 가지고 있고, 그에 대응하여 수컷에게 질이 있다.

암컷 다듬이벌레의 음경은 일반적인 사용 목적대로 짝짓기 동안 이성의 질에 삽입된다. 그러나 전형적인 수컷의 음경과 달리, 암컷의 음경은 정자를 저장하지 않는다. 짝짓기가 진행되는 동안 암컷의 음경은 짧게 압축되어 수컷의 질을 깊게 관통한 후, 다시 확대되어 음경에 있는 돌기를 이용해 수컷의 질벽에 고정시키고는 교접 상태를 40시간 이상 지속시킨다. 돌기가 수컷의 몸 안에 만들어내는 흡착력이 얼마나 강한지, 한 연구가가 짝짓기 도중에 이 커플을 분리하려 하자 수컷의 몸이 두 동강으로 찢어졌다고 한다. 장시간 동안 음경은 정자를 대량으로 빨아들여 암컷의 몸으로 보내고 정자가 난자에 도달하면 수정이 이루어진다.

생식기 역할이 반전되었음에도 불구하고 이들의 성별 판단에는 혼동이 없다. 당연하게도 수컷이 수컷인 이유는 생식세포가 작기 때문이며, 암컷은 생식세포가 더 크기 때문에 암컷으로 분류된다. 인간을 제외한 모든 동물의 성 구별에서 생식세포의 크기 차이가 성별 차이의 근본 원인이자 성선택의 존재 원인으로 작용한다. 우리가 성적 아름다움을 포함한 성별 차이의 진화를 이해하려면, 생식세포의 크기 차이가 왜 그렇게 중요한지를 이해해야 한다.

생식세포의 크기가 성적 아름다움의 진화와 어떻게 연관되는지 분석해보자. 인간의 난자는 정자보다 10만 배나 더 크다. 생식세포의 크기가 더 작다면 더 많은 양을 생산할 수 있을 것이다. 여성은 일생동안 약 450개의 성숙란만을 생산하지만 남성은 평생 약 5,000억 개의 정자를 만든다. 수정에는 단 한 개의 정자와 난자가 필요하므로 난자는 한정된 자원이다. 게다가 여성의 난자가 수정되면 다음 배란까지 2주가 소요되는데, 남성은 몇 시간 안에 정자를 다시 만들어낼 수 있다. 일단 난자가 수정되면 암컷은 태아를 품는 동안 짝짓기를 하지 않는다. 그 기간은 구피의 경우 한 달, 인간은 9개월, 코끼리는 거의 2년에 달한다. 암컷이 태아에 집중하는 동안에도 수컷은 짝짓기를 지속할 수 있다.

성별이 반전된 다듬이벌레처럼 성선택 유형에도 예외는 있다. 예를 들어 수컷 해마는 임신을 할 수 있으며, 열대성 섭금류인 물꿩은 암컷이 더 많은 수컷과 짝짓기를 진행하는 동안 수컷이 알을 날개로 품고 둥지를 돌본다. 그러나 이런 사례들은 단순히 일반적 법칙에 대한 예외일 뿐 아니라, 나중에 논의하겠지만 일반적 법칙을 증명하는 예외이기도 하다.

여기서 일반적 법칙이란, 대부분의 짝짓기 세계에서 준비가 된 수컷의 숫자가 과잉이 되는 시점이 도래한다는 것이다. 이 불균형으로 인해 섹스시장은 구애자가 많고 선택자가 적어 수컷이 암컷을 두고 경쟁을 펼치는 장소가 된다. 이 모든 것은 정자가 난자보다 크기가 작기 때문이다. 그렇다면 자신의 정자를 난자와 수정시킬 수 있는 확률을 높이기 위해 수컷은 무엇을 할 수 있을까? 그들은 섹스시장에서 어떻게 경쟁할 것인가?

수컷은 암컷에게 필요한 자원의 주도권을 쥠으로써 자신을 더 매력적으로 만들기도 한다. 수컷은 짝짓기를 앞둔 암컷이 중요하게 여기는 먹이, 보금자리, 포식자로부터의 피난처와 같은 영역을 통제할 것이고, 암컷은 수컷이 제공하는 자원을 둘러보고 비교한 다음에 가장 매력적인 후보와 짝짓기를 할 것이다. 물론 이런 자원은 공짜로 얻을 수 없기 때문에, 수컷들은 때로는 아주 격렬하게 싸워서 이를 쟁취해내야 한다. 이러한 싸움에서 수컷이 사용할 수 있는 무기는 큰 몸집이나 송곳니, 발톱, 뿔 등 다양하다.

이들이 지키려는 자원은 모두 제각각이지만 번식에 중대한 역할을 한다는 점이 전부 동일하다. 예를 들면, 수컷 실잠자리는 암컷이 알을 보관할 수 있도록 수생식물이 사는 구역을 방어한다. 수컷 농게는 짝 짓기 장소나 포식자에 대한 피신처로 쓰일 수 있도록 굴을 만들어 지킨다. 또 케냐 킵시기스족을 포함한 다양한 사회에서 남성들은 배우자를 구하기 위해 다양한 형태의 부를 축적한다. 결국 전리품은 승자에게 돌아간다. 더 나은 자원을 가진 수컷일수록 배우자로 선택될 확률도 높아진다.

자원 방어는 동물이 성적 매력을 향상시킬 수 있는 한 가지 수단이지만, 성선택에서 대부분의 관심은 개체의 아름다움에 집중되어 있다. 근사한 수컷 공작은 시작일 뿐이다. 나는 이미 케찰의 꼬리와 카나리아의 노래를 소개했으며, 앞으로도 책 전반에서 성적 아름다움이라는 이름하에 진화되어온 믿을 수 없도록 다양한 특성들을 자세하게 살펴볼 것이다.

지금까지 나는 자연선택과 성선택이 과학 이론으로 탄생할 수 있었던 배경을 소개하고, 왜 성선택이 대개 수컷에 영향을 끼치며, 어떻게 성선택이 아름다움의 진화를 주도할 수 있는지 설명했다. 나는 아름다움을 이해하기 위해서는 감상자의 뇌를 이해해야 한다는 주장을 펼쳤지만, 아직 아름다움과 뇌의 관계를 탐구할 수 있는 방법을 소개하지는 않았다. 이제 나를 이 분야로 입문시키고, 성적 미학의 신경적 기초를 탐구할 수 있도록 계기를 마련해준 한 가지 종에 초점을 맞추려고 한다. 우리는 수수한 외모에 대비되는 대담한 목소리를 지닌 개구리에게서 음성적 아름다움의 진화를 주도했던 성선택의 설득력 있는 예시를 얻을 수 있을 것이다.

다음 장에서는 암컷의 성적 미학이 수컷의 음성을 아름답고도 위험하게 진화시켜온 과정을 자세히 파헤쳐볼 것이다. 또한 암컷 두뇌의 진화적 역사와 기능을 심층 탐구함으로써 암컷이 수컷의 목소리를 아름답다고 평가한 이유를 규명해보도록 하겠다.

통가라개구리
(túngara frog)

# 유혹하기 위해
# 진화한다

개구리 한 마리가 청혼을 하러 갔어요, 말을 타고 달려갔지요…

"생쥐 양, 저와 결혼해주시겠어요?" 개구리는 말했답니다, 음-음

- 영국 민요 -

그것은 일종의…섹스 파티였다. 그러나 흔히 그렇듯 같이 어울릴 암컷의 수가 부족했고, 수컷들은 암컷을 두고 경쟁을 벌여야 했다. 달리기나 팔씨름, 레슬링 같은 체력 싸움은 없었다. 이들은 아름다움을 겨루었고 평가 기준은 목소리였다. 수컷들이 하나둘씩 노래를 부르며 목청을 높이기 시작했다. 더욱 많은 음이 가세할수록 암컷을 향한 세레나데는 더욱 풍성해져갔다. 모든 것은 섹스를 위해서였다.

성적 아름다움에 대한 내 강렬한 호기심이 시작된 곳은 아메리카의 두 대륙을 연결하는 작은 땅이었다. 지질학적 관점에서 파나마는 대서양과 태평양이 섞여 흐르던 틈에 의해 북아메리카와 남아메리카로 분리되어왔다. 이 틈은 수많은 해양 생물들이 자유롭게 섞이고 교배될 수 있었던 터전이자, 반대로 육상 생물들의 교류를 단절시켜 철저한 고립 상태의 진화를 가능케 한 원인이기도 했다. 그러나 이 고립은 지속되지 않았다.

태평양판과 카리브판이 서로를 향해 가까워져 두 대륙이 충돌했고 300만 년 전에 파나마 육교가 형성되었다. 전 지구적으로 대규모 멸종을 불러왔던 소행성 충돌 이래, 이 남과 북의 연합은 지난 6,000만 년간 가장 중대한 지질학적 사건이었다. 두 대양이 대륙으로 인해 단절되면서 해류의 흐름이 바뀌고 급작스러운 기후 변화가 발생했다.

남북 아메리카의 결합이 불러온 가장 극적인 변화는 북아메리카의 더 작은 포유류들이 남쪽을 침범하여 남아메리카에 서식하던 엄청나게 다양한 포유류군을 대량으로 몰살시킨 것이다. 그중에는 코끼리만한 몸집의 땅늘보도 있었다.

파나마 육교는 북아메리카 두 해안 사이의 항해를 아주 고된 여정으로 만들어버림으로써 인간에게도 불편을 초래했다. 예를 들어 뉴욕에서 샌프란시스코까지 배로 여행을 하려면 남극반도에서 불과 965km 떨어진 티에라델푸에고를 돌아가야 했다. 이에 대한 인간의 해결책은 대서양과 태평양을 연결하는 운하를 만들어 파나마 육교를 무효화하고 다시 남과 북을 갈라놓는 것이었다.

파나마 운하의 다채로운 역사는 열대 생태계에도 중요한 영향을 끼쳤다. 이 운하는 1800년대 중반 알렉산더 폰 훔볼트<sup>Alexander von Humboldt</sup>의 제안에 따라 스페인 정부에 의해 최초로 계획되었다. 프랑스가 1881년에 이 프로젝트에 착수했지만 기술적 문제에 봉착했으며, 황열병과 말라리아로 인한 사망자가 폭증하자 1903년 미국에 프로젝트를 양도해야만 했다. 그러나 파나마 지협은 콜롬비아 영토의 일부였고, 콜롬비아는 자국에서 미국이 건설하는 운하 관련 요구에 응할 의향이 없었다. 이에 시어도어 루스벨트 대통령은 라틴 아메리카에서 자주 그랬던 것처럼 함포외교 전략을 통해 파나마 반란군이 콜롬비아로부터 독립을 얻을 수 있도록 도왔다. 결국 미국은 10년 후 운하를 완성하고 소유권을 유지해왔다. 파나마 지협을 가로지르는 80km의 운하가 개통되면서, 뉴욕에서 샌프란시스코까지의 항해 거리는 2만 2,000km에서

8,000km로 절반 이상 줄어들었다. 현재 파나마 영토로 귀속된 파나마 운하는 최근에 확장되어 지난 세기 동안 운하를 통항하던 전장 300m의 파나맥스*보다 더 큰 선박도 수용이 가능하게 되었다.

파나마 운하와 성적 아름다움은 어떤 관련이 있는가? 파나마 운하의 중심에는 1913년 차그레스강에 댐을 건설하면서 형성된 가툰호가 있다. 이 지역의 언덕 꼭대기는 물이 들어차면서 모두 섬이 되었다. 그중 하나인 바로콜로라도섬(BCI)은 1923년에 자연보호지역으로 지정되었으며, 새롭게 설립된 스미소니언 열대연구소(STRI)의 보석과도 같은 존재가 되었다. 오늘날 BCI는 세계에서 가장 철저히 연구되고 있는 열대 생태계 중 하나이다. 이곳의 유명인사에는 퉁가라개구리와 그의 포식자 박쥐가 있다.

1978년 여름, 파나마시티 발보아 역에 도착한 나는 땀을 뻘뻘 흘리면서도 얼른 BCI에 도착하고 싶은 초조함과 기대감에 휩싸여 있었다. 당시에는 교통수단으로 기차가 선호되었다. 운하가 아직 미국의 관할 아래 있었으므로 승객은 주로 미군과 파나마 사업가들이었지만, 그곳에는 단정치 못하고 부스스한 20대 대학원생들과 나이만 더 많았지 행색은 매한가지인 STRI 연구원들도 있었다. 말쑥한 차림의 사업가들과 완벽하게 각이 잡힌 제복 차림으로 M16 소총을 들고 있던 미군 사

---

\* Panamax, 파나마 운하를 통과할 수 있는 최대 규모의 선박을 통칭하는 용어

이에서 우리의 모습은 아주 눈에 띄었을 것이다.

기차는 프리홀레스라는 역에 멈춰 과학자들을 무더기로 내려주었다. 역이라고 해봤자 강한 햇빛이나 혹독한 비로부터 잠시 피할 곳이 되어줄 작은 시멘트 벤치와 양철 지붕뿐이었고, 사람이 사는 흔적은 전혀 찾을 수 없었다. 이윽고 우리를 BCI로 태워다줄 작은 배가 도착했다. 처음으로 섬의 모습을 눈에 담던 나는, 이 모험이 나를 어디로 데려가고 얼마나 오랜 시간이 걸릴지는 전혀 가늠할 수 없었지만, 내 인생이 완전히 바뀌리라는 것은 알 수 있었다. 배에서 본 BCI는 더없이 평화롭고 고요하며 안락한 모습이었다.

멀리 보이는 BCI는 녹색 커튼에 둘러싸인 자연의 조화로운 모습으로 한 장의 포스터 같았다. 가까이 접근하자 무성하게 늘어진 초록빛 장막 사이로 노란 꽃이 만개한 유창목들이 화사한 빛깔로 수를 놓고 있었다. 섬과 첫 만남이 이루어진 날, 나는 나무 꼭대기에서 리듬에 맞춰 거대한 부리를 흔들며 지저귀는 왕부리새를 목격했다. 그날 전까지는 켈로그의 후루트링 상자 또는 기네스 맥주 광고에서나 이 새를 접할수 있었을 뿐이었다. 또 한쪽에서는 1m는 되어 보이는 녹색 빛의 이구아나 무리가 모래에 둥지를 파는 모습이 보였고, 내 손바닥만한 선명한 파랑 빛깔의 모르포나비가 길을 따라 팔랑팔랑 날고 있었다. 저녁에는 분위기가 훨씬 더 좋아진다는 것을 곧 알 수 있었다. 섬 전체에 30종 이상의 개구리가 모여 짝짓기를 위한 합창을 시작한 것이다.

그러나 보이는 것이 전부는 아니다. 첫인상과 실제는 얼마든지 다를 수 있다. 녹색 커튼 사이로 BCI에서 펼쳐지는 진화적 드라마를 감상하려던 나는 '인정사정없는' 자연의 적나라한 모습을 목격할 수 있었다. 기생충은 어디에나 득실득실했다. 쇠파리가 고함원숭이의 살을 파고들었고, 기괴할 정도로 큰 진드기가 이구아나에 들러붙어 있었다. 말라리아 원충이 작은 도마뱀의 혈액을 타고 흘렀으며, 개구리의 내장에는 선충류들이 들어차 있었다. 포식자들도 넘쳐났다. 새들은 멋지게 날고 있던 모르포나비를 잽싸게 낚아채 먹었고, 보아뱀은 토끼와 비슷한 작은 동물인 아구티를 삼키려고 몸을 돌돌 휘감아 숨통을 끊어버렸다. 가장 큰 육식 박쥐로 날개폭이 1m에 달하는 큰위흡혈박쥐는 하늘에서 급강하하여 숲바닥을 기어 다니는 설치류를 낚아챈 후, 와드득 뼈를 으스러뜨리며 머리부터 꼬리까지 모두 먹어치웠다. 작은 동물의 시체라면 모두 해체해버리는 군대개미의 야영지도 쉽게 볼 수 있었고, 모아둔 식량에 접근하는 초식동물을 맹렬히 공격하던 아카시아개미들도 볼 수 있었다. 밤에는 긴코너구리 암컷들이 무리 내의 수컷을 내쫓기 위해 집단 공격을 하는 통에 비명 소리가 간간이 들려오기까지 했다. BCI는 내 첫인상처럼 평화로운 곳이 아니었다.

나는 섹스마저 그렇게 인정사정없지는 않을 것이라고 생각했다. 수컷과 암컷이 구애자와 선택자로서 양쪽의 유익을 위해 서로 노력할 것이라고 생각했기 때문이다. 당시 나는 수컷과 암컷의 성적 갈등에 대해 깊게 생각해본 적이 없었다. 내 관심은 한쪽 성별의 구성원들이 이성에 대한 자신의 매력을 높이기 위해 특정 형질을 진화시켜온 방법이나, 아름다움이 섹스를 위해 진화해온 과정을 이해하는 것이었다. 내 연구 대상은 진흙 웅덩이에 흔히 출몰하던 갈색의 작은 개구리로, 파나마인들은 이들을 퉁가라개구리라고 불렀다. 이 수수한 외모의 개구리는 깜짝 놀랄만한 목소리를 가지고 있는데, 암컷은 수컷의 목소리가 얼마나 매력적인지에 따라 짝짓기 여부를 결정한다.

STRI 연구원이자 20세기 가장 위대한 열대생물학자 중 하나인 스탠리 랜드Stanley Rand는 1960년대에 잠시 퉁가라개구리를 연구했었다. 지난 30년간 내 가장 가까운 동료, 여행 동반자, 최고의 친구였던 스탠은 2005년에 생을 마감했다. 그의 죽음을 기리며 나는 STRI의 가장 귀중한 자원은 BCI를 제외하고는 스탠이었을 것이라고 적었으며, 사람들도 대부분 그에 동의했다.

나는 퉁가라개구리를 연구하면서 습득한 지식 덕분에 성적 아름다움에 대한 일평생의 호기심을 얻을 수 있었다. 나는 아름다움이 어떤 방식으로 목소리, 색깔, 냄새 같은 곳에 존재할 수 있으며, 이 아름다움이 어떻게 동물과 인간에게서 발생했는지, 그리고 특히 우리가 왜 특정한 대상을 그렇게 아름답다고 생각하는지를 이해하기 위해 노력했다. 인간이나 동물은 어떻게 지금과 같은 성적 미학을 갖게 되었을까?

BCI에서의 첫날, 나는 밤새 벌어졌던 섹스 파티의 증거물을 포착했다. 연못 가장자리에 쌓여 있던 하얀 거품 더미가 간밤의 방탕함을 짐작하게 했다. 나는 기다렸다. 열대지방에서 그렇듯 밤은 일찍 찾아왔고, 달빛이 드리울 때 곤충의 노래와 올빼미원숭이들의 꺅꺅 소리가 어둠 속을 채웠다. 이제 합창소리가 들려오기 시작했다.

남자와 여자는 낮은 목소리, 짧은 치마, 균형 잡힌 몸매, 향수, 빠른 차와 비싼 시계 등의 갖은 수단과 장비를 이용하여 성적 매력을 어필한다. 그러나 개구리의 구애에서 가장 중요한 것은 울음소리이다. 해가 지고 그들의 마음, 아니 두뇌와 호르몬이 섹스로 관심을 돌리면, 수컷 개구리들은 흡사 노래하는 기계처럼 쉬지 않고 울음소리를 낸다.

퉁가라개구리는 하룻밤 동안 구애 노래를 5,000번 이상 부를 수 있다. 개구리의 종은 약 6,000여 가지인데, 대부분 크고 또렷한 짝짓기 음성을 가지고 있으며 저마다 고유한 소리를 낸다. 개구리 10여 종의 구애 음성을 동시에 들을 수 있는 파나마, 아마존, 플로리다, 동아프리카 평원 등지에서 나는 눈으로 보지 않고 울음소리로만 각 종을 구별해낼 수 있다. 그런데 개구리들은 왜 이렇게 열심히 노래를 부르는 것일까?

수컷은 암컷에게 자신의 정체와 위치, 짝짓기 준비 여부를 알리기 위해 노래를 부른다. 짝짓기 음성은 정보 전달을 넘어 암컷을 설득하고 유혹하기 위해 설계되었다. 수컷은 큰 소리로 끊임없이 울어대며 특별한 음을 더하기도 하는데, 이 모든 형질은 진화의 역사 동안 암컷에게 효과가 좋다고 검증된 것들이다. 연주회에 도착한 암컷은 수컷들의 음성을 비교하고 어떤 수컷의 목소리가 가장 듣기 좋으며 누가 가장 성적 매력을 지녔는지를 평가한다. 암컷의 선택에 따라 그 종의 성적 아름다움이 규정된다. 동물왕국에서 섹스가 존재하는 어느 곳이든, 이성의 성적 아름다움을 바탕으로 하는 배우자 선택은 공통된 주제이며 세부 사항에만 차이가 있을 뿐이다.

통가라개구리는 몸길이가 약 30mm로 아주 작다. 큰 연못, 작은 물웅덩이, 개울가, 거대한 포유동물의 발자국, 인간 정착지 주변의 도랑, 실험실의 작은 수족관까지, 수컷들은 물이 고여 있는 곳이라면 어디에서든 노래를 부를 것이다. 1m² 당 구애하는 수컷의 숫자는 1~12마리 정도이다. 다른 종의 개구리와 마찬가지로 수컷 통가라개구리는 해가 진 후 번식지에 모여들어 함께 노래를 부른다. 이들의 음성은 꼭 구형 게임기에서 나오는 효과음 같다. 약 3분의 1초 길이의 '통' 소리로 시작해서 단독으로 끝나기도 하고, '그륵' 거리는 짧은 스타카토 소리를 최대 7개까지 덧붙이기도 한다. 우리는 통 소리를 단순음성, 통 소리와 그륵 소리를 모두 포함하는 울음을 복합음성이라고 부른다. 잠시 후에 이 음성을 더 자세히 알아보겠다.

퉁가라개구리 연주회는 사실 섹스 파티보다는 섹스시장에 더 가까우며, 그 점에서 암컷들의 천국이나 다름없다. 수컷은 진열된 상품이고 암컷은 고객이다. 수컷은 노래 외에 별다른 행동을 하지 않으며 우는 동안 거의 자리를 옮기지도 않는다. 암컷은 짝짓기할 준비를 마치고 등장하는데, 이는 말 그대로 곧바로 짝짓기에 들어갈 수 있는 상태를 의미한다. 암컷이 몇 시간 안에 짝짓기를 하지 못하면 난자가 모조리 몸 밖으로 흘러나와 수정되지 못할 것이고, 다음 세대에 유전자를 물려주는 데 실패하면서 번식을 위한 투자가 낭비될 것이다. 그러면 암컷은 난자가 배란되어 수정이 가능하게 될 때까지 다시 6주를 기다려야 한다.

하지만 이런 일은 거의 일어나지 않는다. 번식지에는 짝짓기 준비가 된 수컷이 넘쳐나고, 선택권은 암컷에게 있기 때문이다.

암컷은 신중하게 수컷을 선택한다. 수컷 앞에 잠시 앉아 평가를 하고는 다음 후보로 넘어가거나, 아까 테스트를 마쳤던 후보에게 되돌아가기도 한다. 평가 방법은 퉁 소리와 그륵 소리를 들으면서 수컷이 전하려는 메시지를 확인하는 것이다. 짝짓기를 하기로 결정한 암컷이 천천히 수컷에게 다가가면, 수컷은 암컷 위에서 등을 꽉 움켜잡는다. 인간에게는 조금 낯선 방식으로 이들은 짝짓기를 시작한다.

개구리에게는 음경이 없지만 수컷들은 암컷에게 정자를 전해주고 체외에서 수정을 일으킬 수 있다. 퉁가라개구리의 경우, 수컷이 암컷을 붙들고 있는 동안 암컷은 물속에 알을 낳는다. 그러면 수컷은 뒷다리로 알을 받아 그 위에 정자를 흘려보내고는 일종의 개구리 머랭으로 둥지를 짓는다. 수컷 개구리는 뒷다리를 거품기처럼 사용하여 부모의 생식 세포에서 나오는 다양한 분비액과 알을 치대어 정교한 거품 둥지를 만든다. 거품 둥지는 알에 물이 스며드는 것을 방지하고, 다른 수중 생물의 먹이가 되지 않도록 보호하는 역할도 한다. 또한 알의 수분을 유지시켜주고, 미래의 보금자리가 될 물웅덩이가 잠시 동안의 건기에 말라버릴지라도 그들이 생존할 수 있도록 보호하는 역할도 한다. 다른 문제가 없다면 3일 후 알에서 올챙이가 부화하고, 이들은 약 3주의 기간 동안 새끼 개구리로 성장하여 미래의 섹스시장에서 유혹을 하거나 당하는 당사자들로 성장할 것이다.

퉁가라개구리의 성생활 이야기는 186일 동안 개구리들의 일거수일투족을 하루 종일 관찰하면서 밝혀낸 것이다. 내가 관찰한 개구리의 수는 1,000여 마리였는데 모두 자신만의 특징을 지니고 있어 분간이 가능했다. 나는 이들의 음성을 녹취하고 짝짓기 횟수를 세면서 특정 수컷이 암컷을 유혹할 수 있었던 이유를 탐구해볼 수 있었다. 마지막 질문에 짧게 답하자면, 암컷들의 선택은 항상 복합음성을 내며 평균보다 몸집이 큰 수컷들이었다. 그런데 퉁가라개구리는 어떻게 이런 성적 미학을 가지게 되었으며, 어떤 음성이 다른 음성보다 더 매력적으로 인식되는 이유는 무엇일까?

이 마지막 질문에 대한 답은 쉽사리 얻을 수 없었다.

당신이 누군가를 아름답다고 생각한다면 그 사람은 아름다운 사람이 된다. 당신이 바로 결정자이다. 성적 아름다움은 개체의 형질과 그를 인식하는 감각기관 및 두뇌 사이에서 벌어지는 상호작용의 결과물이다. 나는 모나리자를 아름답다고 생각하지만 당신은 동의하지 않을 수도 있다. 우리는 액자 속 동일한 색상의 배합을 보더라도 그것을 서로 다르게 처리한다. 아름다움은 감상자의 뇌에 달려 있다는 사실을 기억하라. 암컷 퉁가라개구리가 수컷의 음성, 특히 그륵그륵 소리에 그렇게 매력을 느끼는 이유는 무엇일까?

나는 평생 동안 파나마 곳곳의 물웅덩이에서 퉁가라개구리를 관찰하면서 이들에게 그륵그륵 소리에 대한 강한 끌림 외에도 어떤 선호가 있는지를 알아갈 수 있었다. 우리가 암컷의 성적 두뇌에서 무슨 일이 일어나는지 파악하고 싶다면 어디부터 시작해야 할까? 그들의 성적 미학을 더 잘 이해하고, 정확히 무엇이 수컷의 음성을 그토록 매력적으로 만드는지 알아내려면 어떻게 해야 할까? 잘 설계된 실험 몇 가지를 통해 의사의 수술용 칼만큼이나 높은 정확도로 암컷들을 분석하고, 그들의 성적 미학에 대한 탁월한 통찰을 얻을 수 있을 것이다.

우리 퉁가라 연구팀은 파나마의 번식지에서 암컷 퉁가라개구리들을 채집하여 실험실로 데려왔다. 우리는 방음실에 스피커 두 개를 설치하고 그 가운데에 암컷 한 마리를 놓은 다음 작은 깔때기로 덮었다. 각각의 스피커는 진짜 수컷의 울음소리나 전자적으로 합성한 울음소리를 내보냈다. 연구 초기에 우리는 한쪽 스피커에서는 수컷의 단순음성을, 반대쪽에서는 복합음성을 내보내고 암컷에게 선택하게 하는 실험을 진행했다. 각 스피커는 2초에 한 번씩 번갈아가면서 '울음'소리를 내보냈으며, 우리는 그동안 문을 닫고 적외선 카메라로 방 안의 암컷을 관찰했다. 연구팀이 원격으로 깔때기를 들어 올렸을 때 암컷이 뛰어오르는 방향을 보고 그들이 어떤 음성을 선호하는지 파악할 수 있었다.

암컷이 스피커에 가까이 가려면 약 1m를 이동해야 했는데, 이것은 인간으로 따지면 약 80m를 이동하는 셈이다. 암컷 개구리가 우는 수컷에게 다가가서 접촉하는 단 한 가지 이유는 그를 배우자감으로 선택했기 때문이다. 이렇게 소리를 향하는 생물의 반응성을 주음성이라고 부르며, 이 간단한 주음성 실험 덕분에 우리는 암컷의 성적 미학을 낱낱이 조사할 수 있었다.

수컷 퉁가라개구리의 음성에서 그륵 소리가 암컷 유혹에 꼭 필요한 것은 아니다. 우리가 방음실에서 퉁 소리만을 재생시키더라도 암컷은 스피커에 다가가 접촉을 시도할 것이다. 그런데 경쟁이 치열한 섹스 시장에서는 이야기가 달라져서, 단순음성만으로는 역부족이 되어버린다. 그렇다면 그륵그륵 소리에는 어떤 특별함이 있을까? 사실 단독으로는 그리 큰 역할을 하지 못한다. 자연에서는 절대 일어나지 않는 일이지만, 우리가 스피커로 그륵 소리만을 내보낸다면 암컷들은 그 소리를 무시할 것이다. 그러나 이 소리는 적절할 상황에서 쓰일 때 진가를 발휘한다. 그 상황이란 바로 퉁 소리와 함께 쓰일 때를 의미한다.

단순음성(퉁) 대 복합음성(퉁+그륵)이라는 정면 승부에서, 암컷이 단순음성을 제치고 복합음성을 내보내는 스피커를 선택할 확률은 다섯 배나 높다. 울음의 지속 시간과 여기에 들이는 에너지를 10%만 늘리면서도 수컷의 매력도를 500%나 상승시키니, 그륵 소리에 담긴 성적 효능은 엄청나게 강력하고 할 수 있다. 이렇게 저비용으로 우리의 외모를 바꾸어 엄청난 효과를 내게 할 방법이 있는지 생각해보라. 아이디어가 떠오른다면 잊지 말고 특허를 따두길 바란다!

암컷은 복합음성을 내는 수컷 외에도 몸집이 큰 수컷을 배우자감으로 선택하는 경향을 보인다. 어두운 밤중에 눈이 잘 보이지 않는 암컷들은 어떻게 누가 더 큰지 알 수 있을까? 이들은 확실히 울음소리를 활용하는 것 같다. 그러면 울음소리만으로도 누가 몸집이 큰지 판별할 수 있다는 말일까?

동물의 발성에서 소리를 만들어내는 개체의 신체 크기와 음성 주파수(음높이)에는 연관성이 있으며, 그 원인은 기초 생물물리학에서 찾을 수 있다. 몸집이 큰 개체일수록 발음기관의 크기도 더 크다. 이는 인간에게도 동일하게 적용되는데, 알다시피 배우 실베스터 스탤론의 굵고 울리는 목소리는 왜소한 체구에서 나오는 것이 아니다.

소리의 구조에 영향을 주는 또 하나의 조직은 목소리의 포먼트*를 만들어내는 후두와 그 윗부분 성도의 해부학적 구조이다. 여성들은 덩치가 큰 남성의 낮은 목소리를 선호하는 경향이 있는데, 인간의 후두 위치가 낮아지도록 진화한 것은 언어 기능을 촉진하기 위해서라는 오래된 믿음과 달리, 후두가 내려가면 성도의 길이가 늘어나 발화 주파수를 낮출 수 있기 때문이라는 가설이 제기되기도 했다. 실제로 말사슴은 울부짖는 소리를 낼 때 적극적으로 후두를 내려서 목소리의 음정을 낮추고 상대에게 자신의 몸집을 더 크게 인식시킨다.

퉁가라개구리들도 자신을 진화시켜 음성을 더 낮고 매력적으로 만들어왔다. 비슷한 몸집의 다른 개구리종과 비교하면 퉁가라개구리의 후두 크기는 그 안에 자신의 두뇌를 집어넣을 수 있을 정도로 거대한 축에 속한다. 아무래도 성선택에서는 큰 두뇌보다도 멋진 외모나 음성이 더 유리한 모양이다.

생물물리학에 따르면 몸집이 더 큰 수컷일수록 그륵 소리를 더 낮게 낼 수밖에 없다. 그러면 암컷들은 더 낮은 음성에 매력을 느끼기 때문에 몸집이 큰 수컷을 선호하는 걸까? 암컷의 성적 미학의 다른 측면을 조사하기 위해 우리는 재빨리 또 다른 실험을 구상했다. 나는 똑같은 퉁 소리에 높낮이가 다른 그륵 소리를 합성하여 여러 가지 울음소리

---

* formant, 모음을 특징짓는 주파수 성분

를 만들어냈다. 자연에서 발생한 다양한 높낮이의 음성 중에서 암컷들의 선택을 받은 것은 음정이 낮은 그륵 소리였다.

인간의 경우, 여성이 남성의 바리톤 음성을 선호할 때 얻을 수 있는 유익에 대해서 나는 추측만을 해볼 수 있지만, 퉁가라개구리의 경우에는 답을 알고 있다. 몸집이 더 큰 수컷은 알을 더 많이 수정시킬 수 있다. 이것은 그들의 정자가 더 우월하기 때문이 아니라, 수정의 성공 여부가 암수의 신체 구조적 부합성에 의해 좌우되기 때문이다. 이들이 짝짓기를 하면서 생식세포를 배출할 때 수컷이 암컷에 올라타는 자세를 취한다는 사실을 기억하라. 수컷이 너무 작다면 암컷의 등에 정액을 온통 흘릴 것이고, 이렇게 흩어진 정자는 암컷이 낳은 알과 만날 확률이 낮아진다.

큰 수컷과 짝짓기를 했을 때 얻는 번식상의 이점 때문에 암컷들이 저음을 선호하게 되었으며, 이에 맞추어 이 개구리종의 후두가 기이하게 커지도록 진화했다는 주장은 충분히 논리적으로 보인다. 물론 논리가 언제나 생물학으로 이어지는 것은 아니다. 그러나 이것을 시작점으로 삼아, 실제로 어떤 일이 일어났는지에 대한 가설을 수립하고 생물학적 근거를 찾아낼 기회를 마련해볼 수 있을 것이다. 여기에 대해서는 잠시 후 논의하겠다.

최고의 과학은 답을 내놓기보다는 더 많은 질문을 일으킨다는 말이 있다. 여기에 덧붙이자면 과학이 어려운 한 가지 이유는, 우리가 마침내 답을 얻었을지라도 처음보다 더 많은 질문이 생긴다는 것이다. 나에게도 그런 일이 일어났다. 퉁가라개구리의 배우자 선택 연구에서 얻은 지식은 심각한 역설을 불러왔다. 수컷의 아름다움에 더해주는 큰 효과에 비해 그륵그륵 소리는 정말 사소한 소리일 뿐이며, 누구나 이 소리를 낼 줄 안다. 단순히 진화적 논리만을 따른다면 우리는 수컷이 짝을 찾을 때까지 밤새 그륵그륵 소리로 울 것이라 예측할 것이다. 하지만 현실은 다르다. 퉁가라개구리는 짝짓기 음성에 그륵 소리를 잘 넣지 않으려 하며, 많은 수컷들은 단순음성으로만 우는 것을 선호한다. 건장한 수컷이라면 가능한 많은 짝을 원하기 마련인데, 이상하지 않은가?

인간도 그렇지만 어떤 개체가 매력 증대를 위해 투자를 할 때는 사회적 영향에 의한 제한이 생기게 된다. 이는 7장에서 더욱 자세히 설명할 것이다. 남성은 주변에 다른 남성들이 있을 때 여성에게 자신의 자원을 과시할 확률이 더 높으며, 여성은 주변에 다른 여성의 수가 많을수록 더 매력을 어필하려 한다.

퉁가라개구리가 그륵 소리를 더 많이 내게 만드는 사회적 배경은 두 가지가 있다. 수컷은 다른 수컷들이 함께 울 때 그륵그륵 소리를 더

하는데, 그 결과 대부분이 '퉁-그륵' 소리를 내고 소수만이 '퉁' 소리만을 사용하는 복합음성의 합창이 시작된다. 암컷들도 수컷들로 하여금 그륵그륵 소리를 더 많이 내게 하기 위해 더 활발히 '추파'를 던진다. 만약 어떤 수컷이 퉁 소리에 그륵 소리를 더하지 않으려 한다면, 암컷은 때때로 바디슬램으로 수컷에게 몸을 내던지기까지 한다. 놀랍게도 수컷은 이에 대한 응답으로 그륵 소리를 내기 시작할 것이다.

그럼 다시 돌아와서 수컷이 그륵 소리를 내지 않으려는 이유는 무엇일까? 어떤 형질의 진화 원인을 이해하려면, 그것의 편익뿐 아니라 그에 수반되는 비용도 이해해야 한다. 다윈 경제학도 인간의 경제학과 동일하게, 일반적인 비용편익비율을 기준으로 형질의 가치 및 진화에 의해 선택되는 빈도가 결정된다. 여기서 사용되는 통화는 유로, 달러 등이 아닌 적합도로, 개체군 내에서 특정 개체가 다른 개체에 비해 얼마나 많은 자손을 번식시킬 수 있는지를 뜻한다. 한편 인간의 경제거래와 달리 다윈 경제학의 목표는 단기간이 아닌 개체의 생애 전반에 걸쳐 이익을 극대화하는 것이 목표이다.

먹이를 사냥하는 치타의 사례를 생각해보자. 나는 동아프리카 사바나에서 가젤을 쫓아 쏜살같이 달리는 치타를 본 적이 있다. 빠른 달리기 능력은 먹이 사냥에 도움을 주며, 먹이는 종의 존속에 필수적인 요소이다. 굶어 죽은 치타는 짝짓기를 할 수 없기 때문이다. 결과적으로 치타는 빨리 달릴 수 있도록 진화되어 단 세 걸음 만에 시속 64km

까지 속도를 높일 수 있고, 최고 시속은 동물 중 가장 빠른 수준인 120km나 된다. 그런데 왜 그보다 더 빠르게 달리지는 못할까? 여기에는 생리학적 제약이 존재한다. 치타는 비교적 큰 심장을 가지고 있지만 그들의 심장은 달리기가 지속되는 동안 너무 빠르게 박동하기 때문에 치타가 최고 속력을 유지할 수 있는 거리는 오직 600m 정도뿐이다. 지나치게 체력이 소진된 치타는 뇌손상을 입을 위험이 있으므로, 사냥에 성공하고 나서 식사를 하기 전에 휴식을 먼저 취해야만 한다.

툰가라개구리의 울음에도 큰 생리학적 비용이 수반된다. 이들이 울음소리를 내는 동안에는 대사율이 증가하면서 에너지 소비가 약 250% 증가한다. 하지만 수컷들이 이 비용 때문에 복합음성을 꺼린다고는 판단하기 어렵다. 툰에 그륵 소리를 더하는 것은 에너지의 관점에서 거의 공짜와 다름없기 때문이다. 그륵 소리에는 또 다른 숨겨진 비용이 존재했다. 나는 1년이 넘도록 답을 찾아낼 수 없었지만, 이것은 수천 년 동안 툰가라개구리의 성적 아름다움의 진화에 영향을 미쳐오고 있었다. 바로 염탐꾼들이다.

비밀스럽게 대화를 한다고 생각했으나 엿듣는 사람이 있다는 것을 깨달았을 때의 당혹감을 당신도 알고 있을 것이다. 우리는 그 어떤 상황에도 혼자라는 것을 확신할 수 없으며, 동물 사회에서 이것은 언제나 진리이다. 수컷 툰가라개구리의 울음소리를 듣는 것은 암컷만이 아니다. 그 소리를 엿듣는 자들 중에는 개구리의 사나운 포식자 박쥐도 있다.

국제박쥐보존회를 설립한 멀린 터틀Merlin Tuttle은 내가 도착하기 1년 전, BCI에 머물면서 퉁가라개구리를 입에 물고 있는 사마귀입술박쥐를 포획했다. 세계적인 박쥐 생태계 전문가인 멀린은 이 박쥐가 특이한 먹잇감을 골랐다고 생각했고, 그들의 생활방식, 번식지, 사냥터에 대해 더 자세히 알고 싶은 호기심이 생겼다. 또 멀린은 박쥐가 개구리의 음성을 들을 수 있는지도 궁금해했다. 그는 내게 함께 팀을 이루어 박쥐와 개구리의 상호작용을 탐구하자고 제의했다. 멀린이 손수 쓴 편지를 받은 나는, 퉁가라개구리의 그륵 소리에 대한 수수께끼의 해답이 이 박쥐에 달려 있을지도 모른다는 생각에 흥분을 감출 수 없었다.

하지만 박쥐에 관한 내 지식을 떠올리자 흥분은 재빨리 가라앉았다. 나는 이 박쥐가 울음소리를 단서로 개구리를 찾아내는 것은 고사하고, 개구리의 음성을 듣는 것조차 거의 불가하다는 사실을 깨달았다. 박쥐의 반향정위 능력은 아주 유명하다. 박쥐가 발사한 고주파 파동이 물체에 부딪혀 되돌아와서 주변 세계를 음향 이미지로서 인식하는 것이다. 박쥐의 반향정위 파동은 인간의 가청주파수 2만 Hz헤르츠를 넘어서는 초음파이다. 사마귀입술박쥐의 반향정위 음성은 5만 Hz~ 10만 Hz이다. 이렇게 가청 범위가 고역대인 박쥐는 인간이 들을 수 있는 주파수를 거의 듣지 못한다고 알려져 있다. 한편 개구리의 음성은 일반적으로 저역대로 이루어져 있다. 퉁가라개구리가 내는 퉁 소리의 주파수는 최대치가 700Hz에 불과하며 그륵 소리는 2,200Hz로 조금 더 높기는 하지만 초음파에는 한참 못 미치는 수준이다.

나와 멀린은 BCI의 위어 연못 인근에서 함께 야간 관측을 하면서 이 박쥐들이 우는 퉁가라개구리를 잡아먹는 모습을 보았다. 평균적으로 1시간에 여섯 마리의 개구리가 박쥐에 의해 최후를 맞이했다. 우리는 박쥐의 사냥 순간을 절묘하게 포착한 사진들도 찍을 수 있었다. 뛰어난 사진가 멀린이 촬영한 개구리를 잡아먹는 박쥐 사진은 〈내셔널지오그래픽〉의 페이지를 장식하기도 했다. 그런데 박쥐들은 개구리를 찾기 위해 소리를 들을까 아니면 반향정위를 사용할까? 우리는 실험을 해야만 했다.

박쥐를 잡으려면 어떻게 해야 할까? 가장 쉬운 방법은 박쥐가 숲을 통과하는 경로를 알아두었다가 어두워지기 전에 그 경로에 얇은 '안개' 그물을 묶어두는 것이다. 이 그물 역시 초음파로 탐지될 수는 있지만, 그것은 박쥐가 충분히 주의를 기울였을 때의 이야기이다. 우리가 고속도로에서 졸음운전을 하듯, 박쥐도 매일 밤 같은 경로로 이동을 하다보면 반향정위를 쓰는 동안 집중력이 흐트러지곤 한다. 그러므로 박쥐는 평소에 없었던 무언가가 경로에 나타나면 거기에 그대로 부딪히기도 한다.

1930년대 박쥐의 반향정위를 발견한 도널드 그리핀<sup>Donald Griffin</sup>이 사용했던 방법도 이것이었다. 그가 실험실 내 박쥐의 비행우리에 다양한 물건을 설치했을 때 박쥐들은 반향정위 기술을 이용하여 능숙하게 그것들을 피할 수 있었다. 그러나 박쥐가 물건의 위치에 익숙해진 후에 위치를 바꿔놓자 박쥐들은 물건을 피하지 못하고 충돌했다. 그리핀은

1956년 세계를 떠들썩하게 했던 여객선 충돌 사건을 따서 이것을 안드레아 도리아 효과라고 불렀다.

우리가 우는 개구리를 사냥하는 박쥐를 본 것은 사실이지만, 그것이 박쥐가 개구리 음성으로 위치를 파악한다는 직접적 증거가 되지는 않는다. 박쥐들이 손쉽게 개구리 몸에 초음파를 쏘았을지도 모르는 일이다. 그런데 우리는 현장에서 박쥐들이 퉁가라개구리의 음성에 이끌린다는 정황적 근거를 취합할 수 있었다. 우리가 숲에 설치한 그물 아랫부분에 스피커를 두고 개구리 음성을 내보냈는데, 많은 박쥐들이 그 스피커 위에 있는 그물에 걸려들었던 것이다. 그 후로 연구가들은 이 박쥐를 포획하기 위해 청각적 미끼를 사용하기 시작했다.

더 확실한 확인을 위해 우리는 숲속에 스피커를 두 대 설치하여 하나는 퉁가라개구리의 퉁 소리로만 이루어진 단순음성을, 하나는 그륵 소리가 더해진 복합음성을 내보내게 했다. 우거진 나무 사이에서 모습을 드러낸 박쥐들은 스피커의 바로 윗부분으로 급강하했다. 정확한 수치는 알 수 없지만, 그곳을 지나간 박쥐 200여 마리 중 대략 70%가 복합음성이 나오는 스피커를 향해 돌진했다. 우리는 실험실의 비행우리 안에서 더 엄밀한 검증을 위한 테스트를 진행했으며, 내가 일전에 진행했던 암컷 퉁가라개구리 실험과 동일하게 박쥐로 하여금 단순음성과 복합음성 중에 선택을 하게 했다.

박쥐와 개구리가 이 음성에 끌리는 이유는 각각 먹이 사냥과 배우자 탐색으로 서로 다르지만, 음성에 대한 이들의 반응은 유사했다. 개구리와 박쥐 모두 복합음성을 선호했다. 실험이 진행되는 동안 박쥐의 90%가 복합음성을 선택했다. 이제 역설은 해결되었다! 몇 년 뒤, 현 STRI 소속 연구원 레이첼 페이지[Rachel Page]는 박쥐들이 단순음성에 비해 복합음성을 더 쉽게 포착해낼 수 있다는 사실을 밝혀냈다.

단순음성에 그륵 소리를 더하는 것은 수컷의 짝짓기 성공률을 높여주지만 먹잇감이 될 위험을 높이기도 한다. 수컷은 섹스와 생존의 갈림길 사이에 서있다. 그륵 소리를 더하느냐 마냐에 따라 짝을 찾을 수도 있고 천적을 피할 수도 있다.

몇 년 뒤 나는 신경생물학자 풀크마 브룬스[Volkmar Bruns], 하이넥 부르다[Hynek Burda]와 협력하여 사마귀입술박쥐의 내이가 반향정위를 사용하는 동안 초음파에 민감하게 반응하면서도 가청 범위를 개구리 음성의 더 낮은 역대로 확장할 수 있도록 적응했다는 사실을 밝혀냈다. 우리가 아는 한, 사마귀입술박쥐의 다른 어떤 근연종에서도 이러한 가청주파수 관련 감각적응 사례는 관찰되지 않았다. 만약 그것이 사실이라면, 아득한 옛날 열대 아메리카 우림에서 개구리와 처음 조우했던 박쥐들은 사냥에 반향정위를 이용했고, 개구리의 울음소리는 듣지 못했을 것으로 보인다. 그러나 박쥐의 귀에 진화적 변화, 그리고 의심할 나위 없이 두뇌의 재조직이 일어나면서 이들은 퉁가라개구리의 가장 치명적인 천적이 되었고, 이 종의 성적 아름다움의 진화 속도에 제동을 거는 역할을 했다.

인간이나 동물의 선호는 종류를 막론하고 정확히 파악하기 어려우며, 그중에서도 성적 선호는 특히나 더 쉽지 않다. 다양한 연구를 통해 우리는 여성이 얼굴 윤곽이 뚜렷한 남성을 선호하고, 암컷 공작은 꽁지가 긴 수컷을, 암컷 퉁가라개구리는 복합음성을 내는 수컷을 선호한다는 것을 알게 되었다. 하지만 이런 선호의 근원은 무엇이며, 암컷이 다른 수컷보다 특정 수컷을 더 선호하도록 그들을 조정하는 메커니즘은 무엇인가? 또한 어떤 선호가 만들어지려면 무엇이 변해야 하는가?

행동 선호는 감각·신경·인지 체계에 내재하는 편향과 새롭게 입력되는 자극 간에 발생하는 상호작용의 결과로 만들어진다. 선호가 어떤 방식으로 진화되며 왜 종마다 차이를 보이는지 이해하려면 단순한 행동 결과 이상의 것을 측정해야 한다. 어떤 하드웨어적 변화가 행동 선호에 기여하는지 알아야 한다는 의미이다.

두뇌 수준에서 선호를 이해하고 싶은 나의 바람을 다음과 같이 설명해보겠다. 치타와 표범이 사바나를 가로질러 달릴 때 우리는 그 속도를 측정함으로써 이들의 최대 속력을 비교할 수 있다. 더 빠른 쪽은 치타이며 그것이 가능한 것은 진화 덕분이다. 치타가 훌륭한 달리기 기계라면 그 기계를 열어보기 전까지 우리는 진화가 어떻게 시작되었는지에 대한 정보를 얻을 수 없다. 만일 우리가 치타의 엄청난 속도를 구현하는 다리의 생체역학적 효율, 심장 크기, 호기성 및 혐기성 대사율의 기여도를 측정할 수 있다면, '치타는 진화 덕분에 더 빨리 달릴 수 있다'라는 단순한 설명 대신에 실제 어떤 부위에 그러한 진화가 있었는지를 구체적으로 설명할 수 있을 것이다.

우리는 퉁가라개구리를 해부하여 성적 선호에 기여하는 것이 두뇌의 개별 영역과 그를 연결하는 복잡한 신경망 양쪽 모두라는 사실을 알아냈다. 우리는 두 가지 접근법을 통해 서로 다른 두뇌 영역이 다양한 소리에 반응하는 양상을 관찰했다.

신경생리학적 접근법에서는 전극을 이용하여 여러 종류의 소리가 재생되는 동안 개구리 두뇌의 다양한 영역에서 발생하는 신경의 자극을 기록한다. 이 전극이 신경의 점화를 기록함으로써 우리는 어떤 소리가 각 두뇌 영역에서 가장 활발한 신경 활동을 이끌어내는지 알 수 있다. 또 다른 접근법인 유전자 발현에서 우리는 또다시 암컷을 다양한 소리에 노출시켰다. 그 후 우리는 신경 활동이 막 이루어졌다는 것을 나타내는 특정 유전자의 발현을 찾아내기 위해 암컷을 해부하여 그들의 두뇌를 잘랐다. 이러한 두뇌 연구와 행동 선호에 대한 우리의 세부 지식을 결합하자, 암컷이 특정 음성을 선호하는 이유에 대해 비교적 간단한 설명을 도출할 수 있었다.

추후에 논의하겠지만 동물의 배우자 선택에서 가장 중요한 것은 같은 종의 상대를 얻는 것이다. 만일 암컷이 잘못된 종의 수컷을 택하여 동종교배가 아닌 이종교배가 이루어진다면 이는 번식 투자에서 상당히 큰 낭비와 다름없다. 이런 종류의 짝짓기는 다윈 적합도에 불리한 결과를 낳기 때문이다. 대부분의 종에서 구애자들은 선택자에게 자신의 종 정체성을 확실하게 알릴 수 있는 특징들을 선보인다.

이미 말했듯 개구리종은 약 6,000가지이다. 거의 모든 종이 짝짓기음성을 사용하며, 전부 다른 음성을 가지고 있다. 우리가 암컷을 대상으로 행동실험을 진행했을 때, 이들은 항상 다른 종보다 같은 종 수컷의 울음을 선호했다. 그렇다면 이러한 음성 선호의 근원은 무엇일까? 두뇌의 청각체계, 의사결정체계, 행동출력체계의 전체 신경회로가 암컷으로 하여금 동종의 음성을 가장 매력적이며 성적으로 아름답게 느끼도록 편향을 일으킨다. 암컷의 성적 미학을 형성하는 것이 바로 이 뉴런들이며, 개구리의 음성 관련 선호가 진화되기 위해서 바뀌어야 하는 두뇌 영역도 바로 이곳이다.


인간과 개구리의 듣기는 귀, 그중에서도 내이에서 시작된다. 내이는 우리의 평형기관과 청각기관을 담고 있는 머릿속의 캡슐이다. 그 속에는 막으로 싸인 유모세포가 있으며, 소리나 방향 변화에 따른 반응으로 막이 진동하면서 신경신호를 방출한다. 청각기관의 유모세포를 자극하는 뉴런은 청신경이라 불리는 큰 뉴런 집단을 형성하며 내이에서 두뇌로 정보를 전달하는 통로 역할을 한다.

다음 장에서 논의하겠지만 모든 감각, 지각, 인지 체계는 비선형적이다. 단순히 자극 입력만 가지고는 신경·행동 출력값을 예측할 수 없다는 뜻이다. 어떻게 보면 아주 당연한 이야기이다. 일례로, 우리에게 입력되는 자극 중에는 감지조차 되지 않는 것들도 많다. 엑스레이부터 라디오전파를 아우르는 모든 전자기 스펙트럼에서 우리가 육안으로 볼 수 있는 것은 오직 400~700nm<sup>나노미터</sup> 사이의 작은 일부분이다. 많은 새와 물고기들이 자외선을 볼 수 있지만 우리는 불가능하다. 이렇게 우리의 모든 감각 양상에서 지각 범위의 제한이 발생한다.

인간의 가장 좋은 친구인 개는 공기 중에 떠다니는 수천 가지의 냄새 분자를 감지할 수 있지만 우리의 후각체계는 그에 비하면 거의 없는 것이나 다름없다. 소리의 경우도 동일하다. 가청 범위가 20~2만 Hz인 인간은 박쥐의 청각 장면 acoustic scene 대부분을 이루는 초음파를 전혀 듣지 못한다. 한편 박쥐들은 일반적으로 인간의 목소리를 듣지 못하는데, 앞서 보았듯 사마귀입술박쥐의 경우는 예외이다.

통가라개구리의 두뇌가 어떻게 소리와 관련된 성적 미학을 암호화하는지 이해하고 싶다면, 먼저 개구리의 귀가 두뇌에 어떤 정보를 전달하는지 알아야 한다. 모든 동물은 같은 가청 범위 내라 하더라도 특정 주파수를 더 잘 들으며, 이 점은 인간도 다른 동물과 같다. 인간은 3음역대 이상의 주파수를 들을 수 있지만, 가장 민감한 주파수는 2,000~5,000Hz이다. 그런데 개구리는 자신의 제한적인 가청 범위를 극단적으로 확장시킬 수 있다. 조류와 포유류의 내이에는 오직 하나의 청각기관이 있는 반면, 개구리의 내이에는 두 개의 청각기관이 존재한다. 하나는 양서유두Amphibian Papilla로 보통 1,500Hz 이하의 소리를 듣고, 다른 하나인 기저유두Basilan Papilla는 1,500Hz 이상에 민감하게 반응한다.

밥 카프라니카Bob Capranica는 수년 전 벨연구소와 코넬대학교에서 내이의 두 청각기관이 동종의 짝짓기 음성을 구성하는 음역대에 맞게 주파수를 조율하는 필터 역할을 한다는 것을 보여주었다. 나와 동료 월터 윌진스키Walt Wilczynski는 카프라니카와 함께 다양한 방식으로 협력하여 그것이 퉁가라개구리에게도 동일하게 적용된다는 것을 확인했다.

귀는 무엇을 들을까? 월터는 단일 주파수로 된 개구리 음성을 재생하고 청신경에서 일어나는 신경물질의 방출을 기록함으로써, 개구리의 두 내이 기관이 울음소리에 적합하게 주파수를 조율한다는 사실을 보여주었다. 양서유두는 약 700Hz로 조율되어 대체로 700Hz로 이루어진 단순음성을 듣기에 이상적이도록 최적화되었다. 또한 예상했겠지만 기저유두는 더 높은 주파수, 정확히는 2,200Hz로 조율되었다. 이는 주로 평균 2,500Hz 대역으로 이루어진 그륵 소리의 주파수와 비슷하지만 조금 더 낮은 수준이다. 퉁가라개구리가 동종의 음성을 선호하는 이유 하나는, 이들이 그 음성을 구성하는 소리를 더 잘 들을 수 있기 때문이다. 또한 퉁가라개구리가 몸집이 더 큰 수컷의 더 낮은 그륵 소리를 좋아하는 이유는 그것이 평균적인 그륵 소리의 음역대보다 낮아 기저유두의 최고 조율 범위에 더 가까워질 수 있기 때문이다. 이 말은 암컷의 입장에서 몸집이 작은 수컷의 음성보다 더 큰 수컷의 음성이 더 잘 들린다는 뜻이다.

그러므로 우리가 처음으로 개구리의 내부 기관을 분석하고 도출한 결론은, 개구리의 내이 청각기관 중 하나인 기저유두의 조율이 암컷의 성적 미학을 형성하는 데 일부 도움을 주었다는 것이다. 물론 여기서 지칭하는 성적 미학이란 몸집이 더 큰 수컷이 내는 낮은 주파수의 그륵 소리에 대한 선호를 가리킨다.

귀는 소리로부터 발생하는 모든 신경 자극을 뇌로 전달하는 통로 역할을 한다. 어떤 유형의 선호든 결국 이에 대한 실질적 작업이 이루어지는 것은 뇌이다. 이 신경 기전을 설명하기 위해 우리는 신경생리학적 접근법에 더하여, 이러한 선호의 해석에 필요한 두 번째 접근법을 사용하기로 했다.

나와 월터, 그리고 킴 호크<sup>Kim Hoke</sup>는 유전자의 발현을 관찰함으로써 퉁가라개구리가 다른 유형의 소리에 대해 나타낸 신경 반응의 위치와 횟수를 시각적으로 확인할 수 있었다. 또한 우리는 암컷 개구리를 단순음성, 복합음성, 백색소음, 다른 종의 음성에 각각 노출시킨 후, 암컷의 뇌를 얇게 자른 다음 분자 검출 프로브를 이용해 신경 활동이 일어났음을 알리는 특정 유전자의 발현을 식별했다. 이 방법을 통해 우리는 두 뇌 전체의 신경 활동이 서로 다른 소리에 대한 반응으로 얼마나 다양하게 나타날 수 있는지를 시각적으로 확인할 수 있었다.

성적 미학을 암호화하는 뉴런이 단 한 가지였다면, 그것은 우리 과학자들에게 아주 이상적인 조건이 될 것이다. 매혹적인 외모, 소리, 냄새 등의 '버튼 하나'로 암컷의 섹스 뉴런을 점화시키고, 그들로 하여금 사랑에 빠지게 하거나 성욕이 이는 흥분 상태에 빠지게 할 수 있을 테니 말이다. 그러나 이렇게 세부적인 특징에 선택적으로 반응하는 단일 뉴런의 존재는, 일반적 법칙보다는 예외에 더 가까운 것으로 보인다.

무엇을 먹고 어디서 잠을 자며 누구와 짝짓기를 할 것인가와 같은 의사결정은 전체 뉴런 집단의 총합적 반응에 따라 이루어질 확률이 더 높다. 대부분의 성적 자극이 소리의 지속 시간, 주파수, 음폭과 같은 복잡한 자극 변인의 조합으로 이루어져 있다. 각각의 뉴런이 서로 다른 유형의 자극에 맞추어 조율되어 있다는 점을 고려한다면 이 말을 쉽게 이해할 수 있을 것이다.

킴은 이것이 퉁가라개구리에도 적용된다는 사실을 확인했다. 개구리 후뇌에는 청각 분석을 관장하는 넓은 영역인 '핵'이 있다. 킴은 다른 유형의 소리와 비교했을 때 복합음성이 청각핵 내부의 뉴런 곳곳에서 가장 활발하게 뉴런의 점화를 일으켰으며, 그 뒤를 잇는 것은 단순음성이었다는 사실을 보여주었다. 성적으로 매력적인 신호가 두뇌 청각 영역에서 뉴런을 더 많이 자극할 뿐 아니라 다른 영역의 활동 관계<sup>activity</sup> <sup>relationship</sup> 또한 변화시킨다.

활동 관계란 두뇌 한 영역의 활동과 다른 영역의 활동 사이의 연관 정도를 뜻하며, 기능적 연결성이라고도 불린다. 퉁가라개구리가 같은 종의 음성을 들으면, 다른 종의 음성을 들을 때보다 의사결정을 담당하는 신경회로, 보상감각회로, 운동출력(짝을 향한 주음성을 발생시키는 것)회로의 관련 신경 활동이 증가된다.

세부 사항까지 완벽히 파헤치지는 못했지만 우리는 이제 암컷 퉁가라개구리의 성적 미학을 탄생시킨 감각·신경·인지적 처리과정에 대한 기본 지식을 얻을 수 있게 됐다. 이러한 선호의 근원은 더 이상 미지의 영역이 아니다. 우리는 뇌를 열어 그것을 바로 짚어낼 수 있다.

## 성선택의 패러다임 시프트

생물학은 생태계가 어떻게 작용하며, 왜 그렇게 작용하도록 진화했는지에 대한 질문을 던져준다. 우리는 보통 이 두 질문을 간접질문과 궁극질문이라 부르며, 대부분의 생물학 연구는 두 영역 중 하나에 확고하게 자리를 잡고 있다. 그런데 이 연구는 좀 다르다. 퉁가라개구리는 성선택 연구에서 잘 알려진 '본보기 시스템'이 되었는데, 그 이유는 나와 동료들이 두 영역의 질문에 이미 답을 구했으며, 더 중요하게는 한 영역에서 얻은 정보를 활용하여 다른 영역에서 제기된 질문을 탐구했기 때문이다.

이 장의 앞부분에서 나는 암컷 퉁가라개구리가 몸집이 큰 수컷의 저음역 주파수로 이루어진 그륵그륵 소리를 선호하며, 몸집이 큰 수컷이 작은 수컷보다 알을 더 많이 수정시킨다는 사실에 주목했다. 또 바로 앞에서 몸집이 큰 수컷에 대한 선호가 만들어진 이유는 암컷의 귀, 그 중에서도 기저유두라는 기관이 평균적인 그륵 소리보다 약간 더 낮은 주파수로 조율되어 있기 때문이라는 내용도 언급했다. 그러므로 암컷의 기저유두는 몸집이 작은 수컷보다 큰 수컷으로부터 신경 자극을 더 많이 받는다. 진화적 논리를 대입한다면, 암컷 귀의 주파수 조율은 알을 더 많이 수정시킬 수 있는 큰 수컷에 대한 선호를 발생시키기 위해 진화되어왔다고 추측할 수도 있을 것이다.

몸집이 큰 수컷의 저음역대 음성에 적합하게 기저유두가 조율된 암컷들은 고음역대로 조율된 기저유두를 가진 암컷들보다 선택적 우위에 있다고 볼 수 있다. 이를 종합하면, 큰 수컷의 저음역대 음성을 선호하게 하는 이 성적 미학은 암컷의 다윈 적합도를 강화시킬 수 있었기 때문에 진화했다는 추측이 가능하다. 그러나 이 논리는 생물학적으로 타당하지 않으며, 실상은 그와 달랐다. 그것을 어떻게 알까?

퉁가라개구리의 근연종은 8종이며 모두 남아메리카에 서식한다. 절반은 아마존과 안데스산맥 동쪽에, 나머지 절반은 안데스산맥 서쪽에 있다. 스탠리 랜드Stanley Rand와 나는 이 8종을 각각 채집하고 음성을 녹취하기 위해 수차례 여행을 떠났다. 우리는 멕시코에서 파나마를 아우르는 중앙아메리카의 모든 국가, 페루와 에콰도르의 안데스산맥, 에콰도르와 브라질의 아마존 분지, 베네수엘라의 야노스 초원에서 연구를 진행했다. 그런데 아마존에 서식하는 특정 개체군들을 제외하고 다른 모든 개구리 무리는 그륵 소리를 제외한 단순음성만을 내고 있었다. 그들의 귀는 어떻게 조율되어 있을까? 우리는 이 개구리를 채집하여 퉁가라개구리 때처럼 각 종의 특징을 조사했다.

이 개구리들은 서로 상당히 유사한 것으로 드러났다. 각 종의 양서유두는 단순음성의 주파수와 일치하도록 조율되어 있었다. 이 개구리들은 그륵 소리나 다른 고역대 주파수로 울지 않았기 때문에, 우리는 이들이 의사소통에 기저유두를 사용하지 않으리라는 것을 알았다. 하지만 이들의 내이에는 모두 기저유두가 존재했고, 기저유두가 주파수를 조율하기도 했다. 놀랍게도 이들의 귀는 퉁가라개구리와 동일한 주파수대로 조율되어 있었다. 퉁가라개구리의 경우 기저유두가 조율된 이유는 그륵 소리를 들어야 하기 때문이었지만, 다른 종은 대부분 이음성을 내지 않았기 때문에 우리는 이 상황이 잘 이해되지 않았다.

진화생물학자는 절약성이라는 원칙을 토대로 과거에 발생한 일을 해석한다. 절약성 원칙은 다른 모든 조건이 동일할 경우, 가장 간단한 설명이 가장 정확한 설명일 확률이 높다고 상정한다. 인간의 심장을 생각해보라. 우리에게는 훌륭하게 발달한 네 개의 심실이 있어 혈액에 산소를 잘 공급할 수 있다. 그러나 그건 이 세상에 존재하는 포유류 5,500종도 모두 마찬가지이다. 이 멋진 적응은 각각의 종에서 한 번씩 총 5,500번 진화해왔을까, 아니면 하나의 원시 포유동물로부터 한 차례 진화한 후 새로운 포유류종이 탄생할 때 유전되어온 것일까? 정답은 명백하게 후자일 것이다.

우리는 같은 논리를 퉁가라개구리와 근연종들에게 적용하여, 개구리들에게 공통적으로 발견되는 기저유두의 주파수 조율이 각 종에서 개별적으로 진화된 것이 아니라 같은 조상으로부터 공유된 것이라는 결론을 내렸다. 이것은 기저유두의 주파수 조율이 그륵그륵 소리의 발생 이전에 먼저 존재했다는 뜻이다. 이를 통해, 퉁가라개구리에게서 저음역대 음성에 대한 선호가 발달해온 과정을 보는 우리의 시각이 완전히 뒤집어졌다. 큰 몸집의 수컷을 선호함으로써 얻는 유익 때문에 암컷 내이의 주파수 조율이 진화된 것이 아니라, 암컷의 귀에 이미 조율되어 있던 주파수에 맞게 수컷이 음역대를 바꾸도록 진화한 것이다.

우리는 이런 과정을 감각 이용이라 부르고, 다음 장에서 소개할 조금 더 보편적인 과정을 감각 구동<sup>sensory drive</sup>라고 이름 지었다. 이 아이디어는 성선택 분야에 지성적 혁명을 가져주었다. 이는 철학자 토마스 쿤의 표현을 빌자면 분명한 패러다임 시프트였다.

당신이 이 소박한 열대 개구리의 성생활을 살펴보면서 아름다움과 두뇌가 떨어질 수 없을 정도로 밀접하게 관련되어 있다는 사실을 확실히 알게 되길 바란다. 이로써 나는 퉁가라개구리뿐만 아니라 동물왕국 대부분의 성적 아름다움을 진화시켜온 성선택을 이해함에 있어 우리가 잃어버렸던 연결고리가 바로 두뇌였다는 확신을 얻을 수 있었다.

A Taste *for the* Beautiful

# 3

소드테일
(swordtail)

# 아름다움은 어떻게
# 뇌를 유혹하는가?

사물에 담긴 아름다움은 사실

그것을 감상하는 자의 마음에 존재하는 것일 뿐이다.

- 데이비드 흄 -

**뇌**가 없다면 아름다움도 존재할 수 없다. 숲속에서 나무가 쓰러져도 들을 사람이 없다면 아무 소리가 나지 않은 것과 다를 바 없듯이 말이다. 아름다움은 감상자의 눈에만 달린 것이 아니라 귀, 코, 미각 세포, 촉각수용기 모두에 달려 있다. 이것들은 제일 먼저 우리 주변 세계로부터 자극을 받아 외부 세계를 몸속의 최종 목적지인 두뇌로 전달하는 감각기관이다. 또한 두뇌는 자연에 대한 인식이 형성되고 성적 미학이 탄생하는 곳이다. 그러므로 아름다움을 이해하려면 뇌를 이해해야 하고, 성적 아름다움을 이해하기 위해서는 성적 두뇌sexual brain를 이해해야 한다.

성적 두뇌는 독립적인 단위를 지칭하는 말이 아니다. 곧 살펴보겠지만, 성적 두뇌에는 섹스에 관한 분석 및 의사결정을 담당하며 우리가 섹스에 대해 느끼는 감정을 조절하는 모든 신경체계 영역이 포함된다. 성적 두뇌가 그토록 복잡하고 성적 미학을 예측하기가 어려운 이유는 신경 처리과정이 대부분 서로 다른 과업을 처리하기 위해 여러 영역에 걸쳐 다목적으로 이루어지기 때문이다. 예를 들면 동물들은 똑같이 망막과 광색소를 이용하여 먹잇감과 배우자감을 평가한다. 또한 섹스, 마약, 로큰롤이라는 각기 다른 대상을 향한 우리의 감정 반응을 조절하는 주체는 모두 동일한 뇌의 보상센터이다.


다음에 이어질 세 장에서 우리는 3대 주요 감각인 시각, 청각, 후각을 통해 아름다움을 탐구할 것이다. 이 장에서 우리는 뇌가 성적 미학을 가지게 된 원인과 과정을 조사해보고, 이것이 동물마다 서로 다르게 나타나는 이유, 또한 두뇌가 기능하면서 필연적으로 연루되는 여타 영역들이 우리의 미적 판단에 어떤 영향을 주는지 고찰해볼 것이다.

## 성적 미학의 차이는 감각기관의 차이로부터 비롯된다

당신 주변에도 자신만의 세계에 빠져 사는 사람이 하나쯤 있을 것이다. 동물들도 마찬가지인데 독일의 인공두뇌학자 야콥 폰 웩스쿨Jakob von Uexküll은 이를 지칭하여 움벨트라는 용어를 만들기도 했다. 그의 주장은 동물들이 같은 물리적 공간에 살더라도 마치 다른 행성에 있는 듯이 서로 상이한 감각 세계를 경험하며 살 수 있다는 것이다. 움벨트는 각 종의 생김새나 DNA만큼이나 서로 다르다. 동물들이 어떻게 환경을 인식하며, 동종의 개체끼리도 얼마나 다르게 세계를 인식할 수 있는지 이해한다면, 그들이 아름다움을 경험하는 방법을 헤아려보는 데 도움이 될 것이다.

아일랜드 소설가 브램 스토커가 《드라큘라》를 쓰기 훨씬 전부터 박쥐들은 대중에게 공포의 대상이자 동물학자들을 혼란에 빠뜨리는 존재였다. 박쥐는 스스로 비행할 줄 아는 유일한 포유류이다. 눈은 작지만 깜깜한 밤중에도 초능력이라도 지닌 듯 하늘을 누비며 능숙하게 길을 찾아낸다. 이탈리아 가톨릭 사제이자 과학자였던 라차로 스팔란차니[Lazzaro Spallanzani]는 1700년대 후반 박쥐의 제6감을 찾아낸다는 명목으로 고문을 불사하기도 했다. 그는 박쥐가 어떻게 완전한 어둠 속에서 길을 찾는지 알아내기 위해 박쥐의 눈을 불태우고 귀와 코에 밀랍을 채우기까지 했으나 결국 답을 얻지는 못했다. 그로부터 한 세기 반이 지난 1930년대, 도널드 그리핀과 로버트 갈람보스[Robert Galambos]는 조금 더 상냥한 방법으로 수수께끼를 풀었다. 초음파 측정 신기술과 비외과적인 행동 실험을 이용하여 어둠 속에서 길을 찾는 박쥐의 능력을 입증한 것이다. 그들은 최초로 박쥐의 초음파 반향정위 세계에 대해 진정한 통찰을 제시하는 공을 세웠다.

우리의 가청 범위 밖인 박쥐의 초음파는 박쥐가 발사했을 때 목표물에 반사되어 되돌아오면서 인간의 시각 이미지와 어느 정도 유사한 청각 이미지를 제공한다. 그러나 그것은 말 그대로 어느 정도일 뿐이다. 저명한 철학자 토마스 네이글[Thomas Nagel]은 "박쥐가 된다는 것은 어떤 느낌일까?"라는 수사적 질문을 하기도 했다. 언젠가는 과학자들이 반향정위를 가능하게 하는 행동·신경적 메커니즘을 아주 낱낱이 파헤쳐 낼 수 있을지도 모른다. 그럼에도 불구하고 네이글은 우리가 절대 박쥐와 같은 감각 및 인지 경험을 공유할 수 없기에, 박쥐가 된 기분을 영영 느끼지 못할 것이라고 주장했다.

아름다움도 역시 감각경험이라서 우리는 이를 묘사할 때 '그림이 아름다워 보인다', '맛있는 음식 냄새가 난다', '노랫소리가 황홀하다'라는 식의 표현을 사용한다. 동물들은 각기 다른 감각을 통해 성적 아름다움을 경험한다. 나방, 물고기, 포유류는 상대방의 냄새에 관심이 많으며, 귀뚜라미, 개구리, 새는 소리에 집중한다. 동물왕국의 다채로운 성적 미학을 이해하려면, 성적 아름다움이 감각기관과 두뇌에서 어떻게 출현하는지를 이해할 수 있어야 한다. 네이글이 했던 이야기에 비추어봤을 때, 우리는 발정기 수사슴의 사향을 채취해도 암사슴과 동일한 황홀감을 느끼지는 못할 것이다. 하지만 우리가 암컷의 후각체계를 탐구한다면, 최소한 암컷이 왜 황홀감을 느끼는지는 이해하게 될 것이다.

동물이 아름다움을 지각하는 방법을 이해하기 위해 우리는 눈, 귀, 코와 같은 감각기관을 먼저 살펴볼 것이다. 이것들은 개체를 외부 세계와 연결하는 입구이자, 감각 정보를 두뇌로 흘려보내는 통로이기도 하다. 또한 이 감각기관은 문지기이기도 해서 모든 감각을 다 안으로 들여보내지는 않는다.


나는 아일랜드 서해안의 딩글반도 하늘에서 내 인생 최고의 무지개를 만났다. 바다에서 뻗어 나온 무지개는 하늘에 둥글게 아치를 그리고 초록빛 해안 언덕에 내리꽂혀 있었는데, 그 끝자락에는 금단지라도 하나 놓여 있을 것만 같았다. 무지개는 햇빛이 공기 중 물질에 굴절되어 여러 빛깔의 띠로 나눠진 것이다. 우리는 파장이 긴 띠를 빨강색으로 인식하며 파장이 짧은 띠를 보라색으로 인식한다. 그 사이를 채우고 있는 색은 주황, 노랑, 초록 등으로 보일 것이다. 그런데 내 머리 위로 날아가는 갈매기는 무지개를 볼 때 나와 같은 느낌을 받지 않을뿐더러, 나와 똑같이 색깔을 인식하지도 않는다.

갈매기의 시력은 다른 많은 조류처럼 짧은 파장에 맞춰져 있다. 우리는 살이 햇빛에 탔을 때나 간접적으로 자외선을 느낄 수 있지만 새들은 자외선을 직접 눈으로 볼 수 있다. 그러므로 아일랜드에서 무지개를 보는 갈매기의 눈에는, 내게 보였던 것 이상으로 보라색 너머에 여러 색깔의 띠가 펼쳐져 있었을 것이다. 한편, 벌들도 자외선을 볼 수 있다. 벌을 유인하는 꽃들은 자신의 성기관이 어디 있는지 알리기 위해 자외선을 내뿜는 유혹적인 무늬로 잎을 꾸민다. 마치 '들어와서 내 작품 좀 보고갈래요?*'라며 벌을 유혹하는 듯하다. 이런 차이점에 대한 유사 사례는 동물의 다른 감각에서도 발견된다.

우리는 밤중에 박쥐가 날개를 퍼덕이고 지나가는 소리를 들을 수 있지만, 주변 곳곳에서 반향되는 초음파는 전혀 인식하지 못한다. 또한 우리는 코끼리 울음소리는 들을 수 있지만, 이들이 수 킬로미터 멀리 있는 다른 코끼리와 소통하기 위해 쓰는 초저주파는 들을 수 없다. 우리가 지각할 수 없는 냄새의 종류도 너무나 많다. 네이글조차도 개의 후각을 갖는 것이 어떤 느낌일지 고찰해볼 엄두를 내지 못했을 것이다.

---

* Come see my etchings: 사실은 작품을 보여주기보다는 성적인 만남을 염두에 둔 농담조의 관용 표현이다. '라면 먹고 갈래?'와 비슷한 뉘앙스

우리는 지각 가능한 것들만 평가할 수 있기 때문에, 동물의 성적 미학 차이는 감각기관의 차이로부터 비롯된다. 이것이 바로 성적 아름다움이 그렇게 수많은 형태로 나타나게 된 주요 원인이다.

그런데 진화생물학자들이 주장하듯 감각체계가 생존과 번식을 위해서 진화해왔다면, 모든 감각체계가 주변 세계를 정확하게 반영할 수 있어야 하지 않을까? 특정한 자극 범위에만 국한되지 않고 편향 없는 완전한 정보로 세계를 인식하는 것이 최선이지 않겠는가? 이것은 논리가 생물학으로 연결되지 않는 또 다른 사례이다. 실상은 그렇지 않아서, 각각의 감각기관들은 오직 이 세계의 단편적인 양상에만 반응을 나타낸다.

앞서 언급했듯이 인간의 귀는 20~2만 Hz 사이의 주파수만을 지각할 수 있으며 20Hz 이하의 초저주파나 2만 Hz 이상의 초음파는 듣지 못한다. 우리 눈은 말 그대로 가시광선, 즉 400~700nm 사이의 파장만을 볼 수 있는데, 이는 0.01nm 이하의 감마선에서 1,000nm 이상의 라디오전파를 아우르는 전자기파 스펙트럼 중 놀라우리만큼 좁은 범위에 불과하다. 후각체계도 마찬가지다. 훨씬 더 풍부하게 세계를 경험하는 동물들과 비교했을 때 우리가 주위 환경에서 휘발성 화합물의 향취를 맡아내는 후각 능력은 거의 없는 것과 다름없다. 게다가 우리의 청각, 시각, 후각은 지각 가능한 범위 내의 자극일지라도 해당 자극의 특정 하위 표본에 더 민감하게 반응하도록 '조율'되어 있다.

우리의 감각은 왜 이렇게 무딘 걸까? 여기에는 제약과 적응이라는 두 가지 주원인이 존재한다. 우선 우리에게는 주변 세계에 모두 접근할 수 있는 장비가 없다. 짧은 자외선 파장에는 망막 내부를 파괴할 수 있을 정도로 많은 에너지가 담겨 있는 반면, 적외선 파장에는 에너지가 너무 적게 들어 있어 우리 광수용체가 이를 포착해낼 수 없다. 또한 얻는 것이 있으면 잃는 것도 생긴다. 만약에 초음파를 들을 수 있는 귀를 설계하고 싶다면, 저주파를 듣는 것은 포기해야 한다.

감각 세계가 제한되는 것은 적응상의 이유 때문이기도 하다. 요즘과 같은 '빅데이터' 시대에 정보를 얻는 것은 그리 어렵지 않다. 그러나 수집한 데이터를 처리하여 의미 있는 패턴으로 산출하는 것은 여전히 주요한 과제로 남아 있다. 이제 게놈 배열 순서를 밝히는 것은 식은 죽먹기나 다름없지만, 그것이 무엇을 의미하는지 알아내는 것은 아주 다른 이야기이다. 뇌에게도 똑같은 문제가 있다. 계산 작업은 비용이 많이 들며, 더 많은 정보가 쏟아져 들어올수록 뇌의 처리 효율은 떨어진다. 감각경로는 온갖 신호에서 발생되는 소음이 뇌에 도달하기 전에 필터링을 해서 두뇌의 처리 효율을 높인다. 진화적 관점에서는 우리의 생존과 번식 능력을 증가시키거나 감소시키는 것들만이 중요한 자극이다. 그러니 생물체가 지각 가능한 범위 내의 자극이라면, 감각기관은 가장 중요한 자극에 가장 민감하게 반응할 것이라고 우리는 예측할 수 있다.

많은 개구리종에서도 비슷한 사례가 발견된다. 개구리의 내이기관은 같은 종의 음성을 가장 잘 듣도록 조율되어 있다. 이보다 더 적응에 중요한 소리가 어디 있겠는가! 당신은 개구리의 청각이 사마귀입술박쥐의 반향정위를 들을 수 있도록 조율되는 적응 역시 발생할 수는 없었을지 의문이 들지도 모르겠다. 이것은 아마 적응에 제약이 발생한 한 가지 예일 것이다. 확실치는 않지만 우리는 퉁가라개구리의 귀가 퉁 소리와 그르그르 소리의 낮은 주파수에 민감하면서도 초음파를 듣는 추가적 능력을 발달시키는 데 설계상 제약이 따를 것이라고 추측하고 있다. 그런데 중국에 서식하는 어떤 개구리종은 초음파를 사용하여 울뿐만 아니라 초음파를 들을 수도 있는 것으로 보인다. 그렇다면 퉁가라개구리도 반향정위 음성을 탐지할 수 있을 것 같지만, 실제로는 그렇지 않다. 아마도 언젠가는 그 이유를 알 수 있을 것이다.

## 두뇌는 자신이 매력적이라 판단한 자극에 편향된다

감각기관들은 우리가 지각하는 대상에 대해 최초로 편향을 일으키며 우리 성적 미학의 기초를 수립한다. 하지만 본격적인 일들은 모두 뇌에서 일어난다. 각각의 감각기관은 우리의 중앙처리본부로 시각·청각·후각 정보를 보내며, 이 정보들은 처리 허브인 핵에서 핵으로 전달되면서 더욱 정교하게 다듬어진다.

귀뚜라미와 개구리 뇌의 뉴런은 같은 종의 짝짓기 음성을 이루는 속도, 높낮이, 지속 시간 등의 서로 다른 속성에 맞게 조율되어 있다. 이 뉴런들은 여러 정보를 결합하여 적당한 후보의 음성이 매력적인 짝의 표상과 일치되는지를 판단하는 한편, 다른 종이나 심지어 같은 종 일부 수컷의 음성이 그 기준을 충족시키지 못할 경우 필터링을 하기도 한다.

전 장에서 언급했듯 암컷 퉁가라개구리 두뇌의 주요 청각중추는 이종의 음성을 들을 때보다 동종의 단순음성 또는 복합음성을 들었을 때 훨씬 강력하게 반응을 일으킨다. 성적인 냄새에 이끌리는 노랑초파리의 경우도 동일하다. 파리의 감각경로와 두뇌가 비교적 더 직접적으로 연결되어 있긴 하지만, 이들 뇌의 뉴런 집단은 이성의 성적 냄새에는 극도로 민감하게 반응하고, 다른 종류의 냄새에는 반응을 나타내지 않는다.

수컷 노랑초파리에게는 cVA라는 성적 페로몬이 있는데, 이것은 암컷의 구애 욕구를 자극하는 동시에 수컷의 구애 욕구를 억제한다. 이 페로몬의 분자 구조는 초파리 더듬이의 Or67d라는 후각수용기와 상호보완적이다. 마치 둥근 구멍에 둥근 못처럼 cVA 분자는 Or67d에 꼭 들어맞으며, 이 적합성은 암컷이 동종의 수컷을 감지하고 있다는 신호가 되어준다. 다른 종이 내뿜는 페로몬, 이를테면 네모난 못은 이 구멍에 맞지 않으므로 적합한 상대가 아닌 것으로 판별된다. 이 완벽한 짝의 만남이 이루어지면 Or67d는 초파리 뇌에 메시지를 보내고, 뇌는 이 것과 다른 입력 자극들을 결합하여 암컷이 수컷에게 성적 매력을 느껴 구애에 응하도록 유도한다. 초파리의 짝짓기 유혹에서 이 자극만이 중요한 것은 아니지만, 이 수용기를 자극하는 것은 암컷이 구애를 시작하게 하는 필요충분조건이다.

암컷 노랑초파리의 성적 미학을 결정하는 데 이 수용기는 얼마나 중요한 역할을 할까? 연구자들이 노랑초파리의 수용기를 나방의 페로몬 수용기로 바꾸어놓자, 그 돌연변이 초파리는 수컷 나방의 냄새를 맡고나서 구애를 시작했다!

어떤 동물들이 한 가지 감각양상에만 집중하는 것처럼 보일지라도 그들은 다중 감각양상을 통해 이 세계를 인식하고 있다. 실제로 우리는 동물의 구애가 한 가지 감각양상의 맥락에서만 이뤄질 것이라고 생각하곤 한다. 물고기와 나비는 시각, 나방과 포유류는 후각, 개구리와 귀뚜라미는 청각에 의존하는 구애자가 아니었던가? 그러나 선택자들은 구애자의 행동으로부터 최대한 많은 정보를 얻으려고 하기 때문에, 대부분의 동물들은 구애를 할 때 한 가지 감각양상에 주력하면서도 다중의 감각을 함께 활용한다.

사람이 말을 할 때를 생각해보자. 입술은 입에서 소리가 빠져나오도록 움직이면서 그 소리를 식별 가능한 음소로 만든다. 그러나 입술은 소리 외의 부차적인 방법으로도 우리가 하는 말에 대한 정보를 제공해줄 수 있다. 주위가 시끌벅적하거나 말소리가 아주 작을 때, 입술이 움직이는 모양을 보면 그 뜻을 이해하는 데 도움이 된다.

인간의 입술과 유사하게 개구리의 울음주머니는 수컷이 소리를 만들 때 사용하는 부위이자, 감상자들의 구애자 인식에 함께 포함되는 요소이기도 하다. 많은 개구리종에서 암컷은 수컷이 노래를 할 때 울음주머니가 함께 부풀어 오르는 것을 보면 더 큰 매력을 느낀다. 그러나 메트로놈이 박자를 쳐주지 않고 조용히 흔들리기만 한다면 박자 감각을 얻는 데 별다른 도움이 되지 않듯, 이 시각적 단서는 짝짓기 음성과 관련이 없을 때는 별다른 활약을 하지 못한다.

심지어 파리들도 다양한 감각양상으로 이루어진 성적 미학을 가지고 있다. 파리가 구애에 사용하는 감각양상의 칵테일에는 날개를 진동시켜서 만드는 '사랑 노래' 소리, 화려한 '춤'으로 일으키는 시각 자극, 잠재 배우자의 '맛', 그리고 앞서 이야기한 성적인 '향'의 조합이 포함된다. 이 서로 다른 유형의 자극은 모두 뇌에 입력되어 있다가 매력적인 배우자를 결정하는 순간에 아주 구체적인 방식으로 나타난다. 예를 들어 노랑초파리는 구애를 할 때 상대를 많이 더듬는데, 이들은 몸 곳곳에 미각수용기가 있기 때문에 구애를 하는 동안 상대의 맛을 볼 기회가 많다. 수컷이 적절한 상대의 맛을 보면 그들의 미각수용기(더 낭만적인 이름은 ppk23+이다)가 활성화되어 방금 맛을 본 암컷에 대한 이끌림이 더욱 강화된다. 하지만 그 매력이 더욱 어필되려면 암컷의 맛에 적절한 후각 및 시각 자극이 더해져야 하며, cVA도 그중에 하나이다.

모든 동물 및 인간의 성적 두뇌가 처리해야 하는 가장 중요한 과업 중 하나는, 서로 다른 감각에서 오는 자극을 하나로 모아 통합한 다음, 새로운 배우자감이 아름다운 배우자에 대한 우리의 성적 미학에 얼마나 잘 부합하는지를 판단하는 것이다.

각각의 감각은 그것을 자극하는 성적 형질에 편향되어 있으며, 두뇌는 자신이 매력적이라고 판단하는 자극들의 조합에 편향되어 있다. 그렇다면 성적 미학은 어떠한 규칙들에 의해 지배되고 있을까? 나는 앞서 뇌가 중요한 사안들을 잘 포착하기 위해 진화해왔다는 이야기를 했다. 그런데 적당한 짝을 찾는 것보다 더 중요한 것이 있을까?

내가 말한 '적당한' 짝은 최고의 짝을 의미하지는 않는다. 그에 대해서는 추후에 논의하고, 지금은 목전에 있는 주제에 집중하겠다. 가장 우선이 되어야 하는 것은 서로의 생식세포를 융합시켜 스스로 생존 가능한 자손을 만들어낼 수 있는 상대를 만나는 것이다. 이 최우선적이고 가장 중요한 배우자 요건은, 당신이 누구이든 배우자가 같은 종의 출신이어야 한다는 것을 의미한다.

어떤 동물의 성적 미학에서든 올바른 짝, 곧 올바른 종을 찾는 것은 결정적인 요소이다. 이는 유전자가 단독이 아닌 통합된 게놈의 일부로서 행동하며, 같은 종 내부의 다른 유전자들과 함께 그들만의 고유한 유전적 배경에 맞게 기능하도록 진화했기 때문이다. 예를 들면 플래티 물고기는 종에 따라 서로 다른 종양억제 유전자를 가지고 있다. 그런데 서로 다른 종이 교배되는 순간 이 유전자의 기능은 중단되며, 잡종은 매년 인간 5만여 명의 목숨을 빼앗아가는 피부암 흑색종을 가지고 태어나게 된다.

일반적으로 서로 다른 종의 유전자는 호환이 불가능하기 때문에 이종교배는 바람직하지 않다. 다양한 유전적 비호환성으로 인해 거의 수정이 이루어지지 않으며, 설사 이루어진다 하더라도 발달이 잘못 진행되는 경우가 많다. 배우자 선호의 오류에 따르는 대가는 이토록 값비싸며, 특히나 난자 생산에 큰 노력을 들여야 하는 암컷들에게는 더욱 그렇다. 그러나 다행히도 유능한 두뇌 덕분에 선택자들은 다른 종(이종)보다는 자신이 속한 종(동종)이 가진 형질에 더 매력을 느낌으로써 올바른 종을 잘 구별해낼 수 있다. 뇌가 짝짓기를 성사시키는 세부적인 방법은 다를 수 있지만, 종 내부나 감각양상에서 나타나는 일반 원칙들은 유사한 편이다.

지난 장에서 나는 개구리의 6,000종이 모두 고유한 종 특유의 짝짓기 음성을 가지고 있다고 언급했다. 이 음성은 제대로 전달되기만 한다면 암컷의 두뇌가 이종의 수컷과 동종의 수컷을 올바르게 분별하는 데 필요한 충분한 정보를 제공할 것이다. 지금까지 관찰된 모든 개구리 종에서 그들의 뇌가 이 일을 잘 처리할 수 있도록 배선되어 있다는 것이 확인되었다. 개구리의 청각체계는 같은 종이 내는 소리의 조합에 더 민감하게 반응하도록 편향되어 있다. 이를 가능하게 하는 것은 동종의 고유한 소리 패턴에 편향되어 있는 뉴런 집단들이다. 귀뚜라미와 새들의 청각체계, 물고기와 나비의 시각체계, 나방과 포유류의 후각체계도 동일하다. 동물의 성적 미학에서 첫 번째로 오는 속성은 대부분 동종의 상대를 얻는 것을 기본으로 한다. 어떤 종의 성적 매력이 다른 종에게 까지 어필되는 경우가 거의 드문 이유가 여기에 있다.

이 성적 매력의 첫 번째 규칙은 의도치 않은 중요한 결과를 불러올 수 있다. 번식기의 수컷 산쑥들꿩 무리나 산호초 사이에서 구애 행동을 하는 수컷 물고기 무리를 보면, 일부 개체가 나머지보다 '동종'이라는 자격 요건에 더 잘 부합하는 것처럼 보인다. 모두 다 '적당한' 짝이지만, 뇌의 성적 미학에 더 잘 부합되는 수컷들은 배우자감으로서 더욱 선호될 것이다. 그들에게는 성적으로 더 아름답다는 것 외에는 다른 강점이 없을 수도 있다. 더 건강하지도, 자원이 풍부하지도, 똑똑하지 못할지라도 아름답다는 이유로 선택을 받는다는 의미이다.

선택자들이 같은 종의 배우자감을 찾아냈다면 이제는 다음 기준으로 넘어가 '우월한' 상대를 찾을 차례이다. 다음 장에서 보겠지만, 어떤 성적 형질은 구애자가 선택자에게 유익을 가져다줄만한 자질을 갖추고 있다는 사실을 알리기도 한다. 만약 배우자감의 큰 뿔, 넓은 어깨, 풍부한 성량 등의 형질을 토대로, 그들이 자원을 더 잘 조달하거나, 더 좋은 부모가 된다거나, 유전자가 더욱 잘 호환되리라는 사실을 알 수 있다면, 뇌가 선택자의 성적 미학에 이러한 형질을 추가하는 방향으로 진화할 것이라는 예상이 가능하다. 그러므로 동물 성적 미학의 두 번째 규칙은 단순히 동종의 짝을 얻는 것(규칙1)을 넘어 우월한 짝을 얻는 것(규칙2)이다. 궁극적으로 우월한 짝의 정의는 선택자의 자손 수를 늘릴 수 있는, 다시 말하면 선택자의 다윈 적합도를 높일 수 있는 개체이다.

지금까지 우리는 '동종의 짝'과 '우월한 짝'을 얻게 하기 위해, 두뇌가 그 기준에 부합하는 개체로부터 성적 아름다움을 지각하도록 배선되는 과정을 집중적으로 살펴보았다. 동물들이 주어진 환경에서 생존하도록 진화해온 과정을 생각할 때, 사람들은 동물 형질의 진화를 일으킨 선택의 동인은 환경이고, 선택의 표적은 환경에 자신을 적응시키는 동물일 것이라고 유추할 것이다. 많은 포유류에게 추운 기온(동인)은 더 두꺼운 털(표적)을 선택하게 했지만, 반대로 포유류에게 두꺼운 털이 생겼다고 해서 기온이 낮아지지는 않기 때문이다. 그런데 성적 두뇌는 표적이면서 동시에 동인이기도 하다. 선택작용에 부응하는 진화를 일으켜 특정 유형의 개체를 태어나게 하고(표적), 반대 성별에게 성적 미학의 진화를 주도(동인)할 수도 있기 때문이다. 그러므로 성적 아름다움이 진화하는 한 가지 방식은, 구애자가 선택자의 성적 미학을 이용하는 형질을 발달시키는 것이다. 같은 맥락에서 수컷 퉁가라개구리들은 기저유두 청각기관의 기존 조율 상태를 이용할 수 있도록 그륵그륵 소리를 진화시켜왔다. 이것이 바로 우리가 말하는 감각 이용이다.

다음에 이어질 세 장에서 나는 감각 이용의 다양한 예를 살펴볼 것이다. 그중에서 알렉산드라 바솔로$^{Alexandra Basolo}$가 석사과정 중에 밝혀낸 플래티와 소드테일의 사례가 가장 널리 알려져 있다. 두 물고기종은 모두 동네 수족관에서 쉽게 접할 수 있다. 이들은 근연종이지만 한 가지 성적 형질의 존재 유무에서 차이를 보인다. 수컷 소드테일에게는 꼬리에서 뻗어 나오는 긴 검$^{sword}$이 있으며, 암컷 소드테일은 보통 더 긴 검을 가진 수컷을 선호한다.

플래티는 어떨까? 이들에게는 검이 없다. 그런데 어느 날 갑자기 수컷 플래티에게 검이 생기면 어떤 일이 벌어질까? 바솔로는 답을 얻기 위해 수컷 플래티 꼬리에 플라스틱 검을 붙여주고, 암컷으로 하여금 평범한 수컷과 가짜 검을 부여받은 수컷 중 하나를 선택하게 했다. 그 결과, 암컷은 검이 달린 수컷을 선호한다는 사실이 밝혀졌다. 비록 수컷 플래티 고기에게 검이 없더라도, 암컷에게는 검에 대한 숨겨진 선호가 존재했다는 뜻이다. 플래티와 소드테일이 서로 가장 가까운 친척인만큼, 이들의 조상은 최근까지도 동일했을 것이다.

내가 2장에서 퉁가라개구리의 청각과 복합음성 사례에서 그랬듯이 바솔로는 여기에 절약성이라는 진화 원칙을 대입하고, 플래티와 소드테일이 공통의 조상으로부터 검에 대한 선호도를 함께 물려받았을 것이라고 결론지었다. 그러므로 바솔로가 수컷 플래티에게 검을 달아주었을 때 즉각적으로 그에 대한 선호가 나타난 것이다. 바솔로는 암컷 플래티에게 이런 선호가 발달될 때까지 실험실을 서성거릴 필요가 없었고, 수컷들은 우연히 진짜 검을 갖게 되더라도 암컷에게 더 아름답다고 인정받을 때 까지 오랫동안 기다리지 않아도 되었다. 그는 암컷들 사이에서 일약 스타가 된 것이다.

동물의 성적 미학에서 어떤 선호를 밖으로 이끌어낼 성적 형질이 아직 발달하지 않아 감춰진 선호로서만 존재하는 일은 자주 일어난다. 그러나 이 숨겨진 성적 미학에 부합하거나 그것을 이용하는 형질이 발달된다면, 이 형질은 즉각 성적으로 아름답다고 평가될 것이다. 또한 특별한 변수가 없다면 곧 수컷 사이에서 흔해지도록 진화될 것이다. 이런 성적 아름다움의 진화 개념은 이전까지 거의 알려지지 못했다가 1990년대에 이르러 소수 연구자들에 의해 발전되기 시작했다. 이제 숨겨진 선호는 성적 아름다움의 진화를 주도하는 주요인 중 하나로 간주되고 있다.

검을 가진 소드테일이나 그륵그륵 소리를 내는 퉁가라개구리는 비교적 최근에 성적으로 바람직한 형질을 얻은 몇 안 되는 존재들이므로, 어떤 사람들은 이들이 유사종 사이에서 진화적 발달의 선구자적 위치에 있다는 의견을 제시할 수도 있겠다. 그러나 반대로, 이들은 포식 위험 등의 경쟁 압박으로 다른 종들이 멸종해버리는 동안 해당 형질을 간직하고 살아남은 마지막 종일지도 모른다는 가설도 가능하다. 그러니 우리는 '주는 이도 진화요, 가져가는 이도 진화'라는 사실을 꼭 기억해야만 한다.

수컷이 암컷의 감각체계를 '이용'한다고 해서, 즉 짝짓기에 응하게 만들려고 암컷의 어떤 형질을 진화시켰다고 해서 암컷이 손해를 감수해야 하는 것은 아니다. 수컷의 신호가 암컷의 신경 편향을 더 잘 충족시킨다면 수컷의 신호는 더 쉽게 포착될 것이다. 그 결과 암컷은 더 신속하고 효율적으로 결정을 내리게 된다. 보통 번식지는 포식자와 기생동물들이 곳곳에 도사리는 위험한 공간이므로, **빠른 선택은 곧 안전한 선택**이며 **빠른 섹스가 곧 안전한 섹스이다**. 그러니 수컷이 감각 이용을 위해 진화시킨 형질에 암컷들의 감각이 '이용'당할 때 오히려 유익을 얻을 수도 있는 것이다.

물론 감각 이용이 선택자들에게 부정적인 영향을 줄 때도 있다. 그런데 성적인 이용에 명백하게 손해가 있어 보이더라도, 그에 따른 비용을 계산할 때는 선택자의 다른 활동을 모두 포함한 맥락을 고려해야 한다. 조목조목 계산을 해보았을 때 손해가 그리 크지 않았다는 사실이 드러날 수도 있다.

동물과 식물 사이의 교미에서 좋은 예를 얻을 수 있다. 꽃들은 대부분 수분을 도운 곤충에게 꿀이나 꽃가루를 보답으로 제공한다. 그런데 오프리스는 큰 예외이다. 이 난은 암벌의 실루엣과 체취를 흉내 내는 감각 이용을 써서, 이런 모양과 냄새에 반응하도록 감각체계와 신경

경로를 진화시켜온 수벌을 유혹한다. 수벌은 이 꽃과 짝짓기를 시도하는 과정에서 몸에 꽃가루를 묻히고, 결국에는 욕망을 품었던 대상이 암컷이 아니었다는 사실을 깨닫고 날아가 버린다. 그다음에 이 벌을 속이는 오프리스는 수벌이 옮겨주는 꽃가루로 수분을 하고, 수벌은 이번에도 잘못 식별한 성적 대상으로부터 꽃가루를 조금 더 묻혀 자신을 또다시 속일 오프리스에게 옮겨줄 것이다. 결국에는 수벌이 암벌을 찾아내겠지만 이 일은 쉽게 이루어지지 않는다. 그러니 언뜻 보기에는 수컷의 시간 낭비가 값비싼 손해인 것만 같다.

이 벌은 얼마나 멍청한가? 공정하게 말하자면 잘못된 상대를 향한 수컷 벌의 이끌림은 신호 탐지의 문제로 간주되어야 한다. 여러 자극이 한데 모여서 다른 동물(또는 이를 흉내 내는 식물)이 적합한 배우자감인지의 여부를 알린다는 점을 생각해보자. 이 상황에서 동물이 내릴 수 있는 두 가지 올바른 결정은 '적합한 짝을 수용하는 것'과 '부적합한 짝을 거절하는 것'이다. 하지만 우리는 모두 실수를 하기 마련이며, 신호 탐지 이론에서는 그것을 '오경보(부적합한 개체를 짝으로 잘못 식별하는 것)'와 '누락(적합한 짝을 잘못 판단하여 거절하는 것)'의 두 종류로 구별한다. 둘 중에 어느 실수가 낫다고 생각하는가?

각각의 실수에 따르는 비용을 계산해보면 판단이 가능하다. 만약 암벌을 만나기가 쉽고 꽃과의 교미에 큰 손해가 따른다면, 설사 진짜 암벌을 놓칠 확률이 있더라도 배우자 선택의 문턱을 높이는 것이 더 유리할 것이다. 하지만 난초벌의 경우처럼 짝짓기 기회가 드물고 꽃과 교미를 시도하는 것에 그리 큰 대가가 따르지 않는다면, 이들에게는 수용 문턱을 낮추는 것이 최선이 될 것이다. 어렵사리 암컷을 만났을 때 그 기회를 절대 놓치지 않으려면, 꽃에게 몇 번 속는다 한들 어떻겠는가? 오프리스에 이끌리는 벌의 모습이 처음에는 부적응적으로 보이겠지만, 벌의 일생이라는 더 큰 맥락에서 이러한 행동은 충분히 합리적이라고 볼 수 있다. 성적 아름다움의 기준을 너무 까다롭게 잡아 진짜 암컷을 놓치는 것에 비하면, 꽃과 교미를 시도하는 것의 비용은 아주 미미한 것에 불과하다.

마지막으로, 감각 이용을 쓰는 구애자와 짝짓기하는 것이 정말 선택자에게 큰 손해를 가져다준다면 선택자들은 감각 이용과 관련된 형질에 대해 이를테면 '무반응'과 같은 새로운 대항 반응을 발달시킬 것이다. 이 말은 진화적 시간의 흐름에 따라 어떤 감각 이용을 탄생시켰던 감각 편향이 이제는 다른 선호를 일으키도록 변화할 것이라는 의미이다. 한 가지 방법으로 암컷들은 과거의 선호를 포기하고 자손 번식에 실제적 이득이 될 구애자의 자질을 정직하게 대변하는 성적 형질을 선호하도록 진화할 것이다.

우리는 이미 올바른 종과 짝짓기를 하는 것의 중요성으로 인해, 구애자가 동종임을 알리는 형질을 향한 선호가 발달될 수 있다는 사실을 확인했다. 또한 종 내부적으로도 어떤 개체가 '우월한' 짝이라는 것을 알리는 형질이 존재하며, 선택자들이 그런 형질에 관련된 선호를 발달시켜 배우자 선택에 활용하리라는 기대 역시도 해볼 수 있다.

저명한 사회생물학자 아모츠 자하비^Amotz Zahavi 는 공작의 깃털과 같은 고비용의 형질은 구애자들이 그런 핸디캡을 감당할만한 강건한 체력을 가지고 있음을 선택자에게 은근히 과시하는 수단이라는 주장을 하기도 했다. 이런 핸디캡을 무릅쓰고 생존에 성공하는 구애자의 능력이 유전자에 기인한 것이라면, 수컷은 이 유전자를 자손에게 물려줄 것이고 '우월한' 짝을 찾는 암컷에게 꽁지 길이는 정직한 지표가 되어줄 것이다. 8장에서 핸디캡 원칙의 시사점을 차근차근 알아보겠다.

## 빨간 건 사과 사과는 맛있어

두뇌는 가장 중요한 성기관일지도 모르지만 다른 것에도 관심이 많다. 두뇌와 그 속의 감각체계는 우리 환경·사회적 세계의 모든 면면을 탐지하여 입력되는 데이터를 해석하고 적절하게 반응하도록 만드는 결정적인 역할을 한다. 뇌에게는 우선순위가 있고 어떤 경우에는 한 영역에서 과업을 처리하는 방식을 최적화해야 하는데, 이로 인해 다른 영역의 과업 처리에도 영향이 생길 수 있다.

우리 문화에서 음식과 섹스는 오랜 세월 서로 긴밀하게 얽혀왔다.

우리는 흔히 저녁 식사를 구애 의식의 한 부분으로 생각한다. 또 굴과 초콜릿에는 최음제 성분이 있다고 생각하고, 체리를 동정의 상징으로 사용한다. 심지어 우리는 성욕을 식욕에 빗대기도 한다. 그런데 인간을 제외한 동물계에서 음식과 섹스의 관계는 조금 달라서, 두 영역의 상호작용은 그리 눈에 띄지 않는다. 그런데 어떤 경우에서는 동물의 눈이 음식을 찾기 위해 진화해온 과정을 통해 그들이 어떤 속성을 가장 잘 볼 수 있게 되었는지를 설명할 수 있다.

예를 들면 영장류는 잘 익은 과일의 붉은색을 구별하기 위해 색각을 발달시켰다고 추정된다. 우리 조상들이 흑백의 음식만을 찾아다녔다면, 수컷 원숭이가 발정기 암컷 엉덩이의 선명한 빨간색에 반응하거나, 우리가 신호등의 빨간불과 파란불을 구분하고, 잭슨 폴록의 작품 속 다채로운 터치에 시선을 뺏기는 일은 불가능했을 것이다. 다른 종들 중에서도 특히 어류는 수중 환경의 특징인 복잡한 주변광에서 먹이를 포착하도록 망막의 광색소가 가장 민감하게 반응하는 파장에 맞게 진화가 이루어졌다. 일부 물고기가 더 선명한 구애색을 지닌 수컷을 선호하기 시작한 것은, 그들의 눈에서 먹이 사냥에 유리한 색상에 대한 편향이 발달되고 난 뒤의 일이다.

앞으로 이어질 세 장에서 나는 우리의 시각·청각·후각 체계가 성적 아름다움을 감지하는 방법을 살펴보고, 각 사례에서 섹스가 아닌 다른 필요를 위해 편향을 발달시켰던 배경을 설명할 것이다. 우리 감각의 진화에서 환경이 끼치는 종합적인 영향을 '감각 구동'이라고 하는데, 감각 구동은 동물왕국 전반에서 성적 미학의 토대를 마련한 중요한 작용이었다.

## 뇌는 중요한 것을 지각하기 위해 진화한다

감각 구동은 한 가지 감각양상에 한정되지 않는 고차원적인 두뇌 기능이다. 감각 구동은 일종의 범용 프로세서로서 일부 또는 전체 감각에서 작동하면서 여러 두뇌 영역에 적용될 수 있다. 감각 구동은 인지 처리과정이며, 방금 언급한 감각 처리과정과 같이 개체의 성적 미학에 중요한 영향을 끼칠 수 있다. 이는 심지어 섹스라는 맥락 외의 진화에서도 가능하다. 나는 이 처리과정 중 세 가지를 자세히 조사하여 이후에 이루어질 분석을 위한 기초를 마련할 것이다. 그러면 이제 습관화, 일반화, 비교 법칙이 어떻게 성적 미학의 중요한 일부가 될 수 있는지 알아보도록 하자.

유명한 야구 통계학자이자 정치여론조사가인 네이트 실버는 저서 《신호와 소음》에서 근본적인 질문을 하나 던졌다. 우리는 신호와 소음을 어떻게 구분하는가? 동물들은 이 일에 아주 능숙하다. 그들은 손쉽게 소음을 무시하고 신호에 주의를 집중시킨다. 이론상으로 감각기관들은 자극이 뇌에 도달하기도 전에 불필요한 소음을 필터링한다. 그런데 만약 필터링이 제대로 이루어지지 않았다면, 뇌는 '습관화'라는 훌륭한 방식으로 소음을 처리할 것이다.

해안가의 새가 바위에 부딪히는 파도소리를 끊임없이 듣고 처리하는 것은 불합리한 일이다. 새의 두뇌는 파도 속의 작은 고기를 찾거나, 머리 위로 나타날지 모르는 매의 울음소리를 듣는 데 집중하는 편이 더 나을 것이다. 그 누가 매일 똑같이 들려오는 소음에 신경을 쓰느라 시간을 낭비하겠는가? 소음을 무시하는 것, 구체적으로 표현하면 '습관화'하는 것이 최선일 것이다.

습관화는 뇌의 시간과 공간을 아껴주는 것 외에도, 어떤 변화가 생겼을 때 경보를 보냄으로써 중요한 일이 일어났는지 여부를 판단하게 하는 임계치를 설정해준다. 혼잡한 거리를 걸어갈 때, 어느 순간 지나가는 차들의 끊임없는 소음이 들리지 않게 되는 경험을 해봤을 것이다. 그것은 우리가 소음을 습관화시키고 머릿속에서 지워버리기 때문이다. 하지만 누군가 경적을 울리면 우리는 즉각적으로 탈습관화하여 경계태세를 취할 것이다. 습관화와 그 반대면의 탈습관화는 생존을 위한 중요한 적응형태이다. 끊임없이 들려오는 바람 소리보다는 포식자의 발에 밟혀 부스러지는 나뭇가지의 소리에 귀를 기울이는 것이 더 중요하다. 그리고 앞서 언급했듯이 뇌는 중요한 것을 지각하기 위해 진화한다.

구애에서는 종종 과시행동이 계속해서 되풀이되므로 습관화는 큰 문제가 아닐 수 없다. 실제로 어떤 구애 표현들은 선택자의 지루함을 방지하기 위해 더 복잡하게 진화된 것으로 보인다. 이를테면 하룻밤 동안 1,000곡 이상 노래를 부르는 수컷 나이팅게일은 어떻게 암컷의 흥미를 유지시킬까? 노래를 멈출 수 없다면 한 가지 해결책은 멜로디에 변주를 주는 것이다. 야생에서는 한 가지 유형의 노래만으로 구애를 하는 큰검은찌르레기 실험에서도 암컷은 네 종류의 확연히 구별되는 노래로 구성된 인공적인 구애 자극에 더 고조된 반응을 보였다. 복잡성은 무료함을 물리칠 수 있는 좋은 해독제이다. 다음 몇 장에서는 우리의 감각 전반에 뿌리박혀 있는 성적 미학에서 복잡성이 어떤 중요한 역할을 수행해왔는지를 살펴볼 것이다.

## 성적 미학 진화의 배후에는 일반화가 있다

우리의 미적 인식에 중요한 역할을 하는 또 다른 인지 처리과정은 '일반화'이다. 우리가 적절한 배우자감을 얻도록 뇌가 설계되었듯이, 뇌는 반복적으로 조우하는 개체나 상황을 알아봐야 한다는 강한 선택적 압박을 받는다. 그래야 해당 개체나 상황에 대한 반응 여부와 반응 방식을 결정할 수 있기 때문이다. 뇌는 정말 놀라운 기관이지만 모든 것을 다 알지는 못한다. 그러므로 우리가 새로운 개체나 상황을 조우했을 때 기존에 알던 정보에 근거하여 추측을 할 수 있게 해주는 중요한 메커니즘이 존재하며, 그것이 바로 일반화이다.

우리는 누군가를 처음 보더라도 그 사람이 인간인지 영장류인지를 손쉽게 구분해낼 수 있다. 더 나아가 남성인지 여성인지 또는 소년인지 소녀인지도 거의 맞출 수 있다. 이러한 안목은 우리의 종, 생물학적 성, 사회학적 성에 대한 지식을 기반으로 한 일반화로부터 형성된 것이다. 우리는 일반화를 통해 꽤 정확한 추측을 할 수도 있고, 반대로 끔찍하게 잘못된 추측을 할 수도 있다. 그러나 평균적으로는 일반화가 어림짐작보다 더 정확한 편이다. 이런 일반화는 성적 아름다움의 탄생 기틀을 마련해주기도 한다.

유성생식에 요구되는 핵심 기술은 성별을 구분할 줄 아는 것이다. 모든 동물이 이 기술을 학습하는데, 금화조의 사례에서는 성별 구분법의 학습이 성적 매력에 대한 흥미로운 편향으로 이어진다. 생물학적 부모는 하나의 수컷과 하나의 암컷으로 구성된다. 그러므로 부모가 함께 자녀를 양육한다면 자녀의 어린 시절에 성별 구분법을 학습할 수 있는 좋은 기회가 될 것이다.

어린 금화조는 엄마 부리의 주황색을 '여성성'으로, 아빠 부리의 빨간색을 '남성성'으로 인식하여 학습한다. 성년이 된 금화조는 오직 부모와의 경험에서 습득한 정보로 조우하는 다른 모든 금화조의 성별을 구별한다. 하지만 같은 주황색과 빨간색이라도 색상 차이가 있기 때문에 다른 개체의 부리 색깔이 부모의 것과 완전히 같지는 않다. 금화조의 뇌에 미래에 만날 모든 새 부리의 색조가 목록별로 입력되어 있지는 않으므로, 그들은 자신이 아는 것을 토대로 최대한 추측을 해야 한다. 부리가 더 주황빛을 띠면 암컷이고 빨간빛을 띠면 수컷일 공산이 크다. 그러나 빨강과 주황 사이의 중간 색조가 주어진다면 금화조는 실수를 할 가능성이 많다. 이제 곧 살펴보겠지만, 이 일반화 규칙은 금화조의 정확한 성별 식별을 가능하게 할 뿐 아니라 양쪽 성별의 부리 색상에 극단적인 차이를 발달시킨 배경이 되기도 했다.

타인에게 '당신이 누구인지'보다 '당신이 누가 아닌지'를 인지시키는 것이 더 중요할 때도 있다. 수컷 금화조가 짝을 찾고 있다고 생각해 보자. 먼저 금화조는 부리 색이 엄마와 유사한 상대를 물색해볼 것이다. 그런데 또 다른 방법은 아빠와 부리 색이 가장 다른 개체를 찾는 것이다. '엄마를 찾는 것'은 특정한 색조의 주황색만을 찾는 일인 반면, '아빠가 아닌 것'을 찾다 보면 다양한 색조의 주황색에 대한 열린 결말 선호가 만들어진다. 이것이 바로 수컷 금화조의 방식이다. 정점이동<sup>peak</sup> <sup>shift displacement</sup>이라고 불리는 이 현상은 개체의 형질을 더욱 극단적으로 진화시키는 원인이 될 수 있다. 더 뚜렷한 주황색은 암컷의 성별을 알리는 믿을만한 지표이자 수컷의 성적 미학에 더욱 잘 부합하는 형질이었기에 그것을 향한 진화가 시작된 것이다. 이러한 결과를 만들어낸 배후에는 일반화가 있다.

인간에게도 이 현상이 나타난다는 것을 알리는 힌트가 있다. 우리는 어깨가 넓고 목소리가 낮은 남성적 특징이나 풍만한 가슴과 콜라병 같은 몸매의 여성적 특징을 더 매력적으로 인식한다. 일반화와 일반화에서 파생된 열린 결말 선호는 성적 아름다움이 아주 정교한 양상으로 진화되어온 이유를 설명하는 데 크게 기여하는 두 가지 심리 기제이다.

## 성적 아름다움의 차이는 상대적이다

마지막으로 우리는 크기 차이의 인식에 편향을 주는 인지 처리과정인 베버의 법칙을 살펴볼 것이다. 우리는 흔히 인간과 동물의 배우자 선택을 선택자가 구애자들을 비교하고 쇼핑하는 시장에 비유한다. 여기서 이루어지는 비교는 보통 구애자들이 지닌 성적 형질의 차이를 기준으로 한다. 수백 건 이상의 연구에서 암컷들은 색상이 더 뚜렷하고, 꼬리가 더 길며, 더 복잡한 노래를 부르고, 뿔이 더 큰 수컷을 선호한다는 것이 확인되었다. 그런데 차이가 어느 정도 커야지만 다르다고 인식될 수 있을까? 더 정확하게 표현하면, 우리는 자극의 크기를 비교할 때 어떤 규칙을 사용하는가? 뇌가 대상을 비교하는 방법을 알 수 있다면 선택자가 무엇을 더 아름답다고 여기는지 이해하는 데 도움이 될 것이다. 또한 간단한 규칙 하나가 수많은 종류의 선호가 존재하는 이유와 그것들이 어떤 제약에 따라 작용하는지를 설명해줄 수 있을지도 모른다.

'얼마나 다른가'에 대한 인간의 비교 작업은 절대적 차이보다 상대적 비율에 근거하는 경우가 많다. 1800년대에 이 개념을 처음으로 상정한 것은 초기 정신물리학자인 독일의 과학자 에른스트 하인리히 베버Ernst Heinrich Weber였다. 우리가 500g과 550g의 차이를 거의 감지하지 못한다고 할 때, 50kg과 그보다 더 무거운 물체의 무게를 구분할 수 있으려면 50g보다는 훨씬 큰 차이가 필요할 것이다.

베버의 법칙은 최소한 한 가지 종에서 과장된 성적 아름다움의 진화 속도를 늦춰주는 인지적 브레이크 역할을 할 수 있었다. 전 장에서 언급했듯 암컷 퉁가라개구리는 그륵 소리를 많이 쓰는 수컷의 짝짓기 음성을 선호한다. 이런 선호도가 절대비교에 기인한다면, 그륵그륵 소리의 총 횟수는 중요치 않고 그륵그륵 소리 횟수의 절대적 차이만이 중요하게 여겨질 것이다. 예를 들면, 그륵그륵 소리가 한 번 들어간 음성보다 두 번 들어간 음성을 암컷이 선호할 확률은 그륵그륵 소리가 다섯 번 들어간 음성보다 여섯 번 들어간 음성을 선호할 확률과 같을 것이다. 그러나 퉁가라개구리가 베버의 법칙을 따른다면, 음성 횟수 다섯 번과 여섯 번을 비교할 때보다 한 번과 두 번을 비교했을 때 선호 강도가 더 강력하게 나타날 것이다.

카린 애커Karim Akre와 내가 속한 팀이 암컷을 대상으로 음성 횟수 실험을 수행했을 때, 암컷이 베버의 규칙을 따라 배우자 선택에서 절대적 차이가 아닌 비율적 차이를 본다는 사실이 분명히 드러났다. 암컷들이 음성 횟수가 다섯 번일 때와 여섯 번일 때를 거의 구별하지 못하기 때문에, 수컷들은 구태여 그륵 소리를 더 많이 내는 능력을 진화시켜야 할 압력을 받지 않아도 되며 결과적으로 그륵 소리 횟수가 추가되는 속도는 늦춰진다.

사마귀입술박쥐도 퉁가라개구리의 음성에 이끌린다. 이들도 암컷 개구리처럼 그륵 소리가 더 많은 음성을 선호하지만, 차이점은 이들이 짝이 아닌 먹이를 찾고 있다는 사실이다. 우리는 박쥐를 대상으로 그륵 소리 횟수에만 변화를 주어 선택하게 하는 실험을 진행했고, 박쥐들도 베버의 법칙을 따른다는 사실을 알게 되었다. 이 실험 결과에 따라 우리는 암컷 퉁가라개구리가 그륵 소리의 횟수를 비교하는 방식이 이 종에서만 고유하게 발견되는 배우자 선택을 위한 적응형태가 아니라는 해석을 얻을 수 있었다. 중앙아메리카 열대의 밤을 채우는 개구리의 음성이 탄생하기 이전에, 자극의 크기를 비교하는 방식이 진화됨에 따라 개구리들의 선호도 그에 맞게 발달했을 것이다.

## 좋아함과 원함은 다르다

지금까지 나는 뇌가 어떻게 동물의 성적 미학을 형성하며, 우리의 미적 인식이 좋은 배우자를 얻게 하기 위해 어떻게 설계되었는지, 그리고 다른 영역의 처리를 위한 두뇌의 설계에서 어떻게 미적 인식이 파생될 수 있는지를 논의했다. 하지만 우리가 왜 그렇게 타인을 성적으로 아름답게 느끼는지를 이해하는 것만큼, 왜 타인에게 성적인 욕구를 느끼는지를 이해하는 것도 중요하다. 우리 언어는 이끌림과 호감을 동일시하며, 흔히 좋아하는 것과 원하는 것을 같은 것으로 취급한다. 하지만 그것은 잘못되었다. '좋아함'에서 '원함'이 비롯되기는 하지만 이 둘은 동의어가 아니다. 엉켜버린 이 두 개념을 풀어내려면 뇌 깊숙이에 있는 쾌감센터를 탐구해야 한다.

뉴올리언스는 빅이지<sup>Big Easy</sup>라고 알려져 있다. 이것은 정신없이 바쁜 뉴욕의 별칭인 빅애플<sup>Big Apple</sup>과 대비하여 더 느긋하고 태평한 그들의 라이프스타일을 가리키는 표현이다. 기분이 좋아지고 싶을 때 버튼만 누르면 만사가 해결된다면, 이보다 삶이 더 수월해질 수 있을까? 판타지 소설에나 나오는 이야기 같겠지만, 툴레인대학교 소속 정신과 의사 로버트 히스<sup>Robert Heath</sup>는 1950년대 뉴올리언스에서 이 판타지를 현실로 구현해냈다.

히스는 다양한 병을 앓는 환자들의 두뇌 '심층부'에 전극을 심었다. 그가 이 영역에 자극을 주자 긴장성 조현증을 보일 정도로 우울감에 빠져 있던 환자들이 미소를 짓기 시작했다. 그다음 히스는 일부 환자들에게 뇌의 쾌락 관련 부위를 전기적으로 자극할 수 있는 버튼을 주고 자율적으로 누를 수 있게 했다. 결과는 섬뜩했다. 어떤 환자는 세션이 진행된 3시간 동안 1,500번이나 자극을 주었다. 그러나 이 환자를 포함한 모든 환자들에게 희열감은 오래 지속되지 않았다. 자극이 멈추면 쾌감도 사라졌기 때문이다. 같은 시기에 쥐를 대상으로 한 연구에서도 비슷한 결과가 나왔다. 어떤 쥐들은 밥 먹는 것도 잊고 이 강력한 쾌감을 1시간에 1,000번이나 느꼈다.

히스는 뇌의 쾌감센터를 깊이 조사하면서 새로운 연구 분야를 개척했고, 이 분야는 기하급수적으로 성장했다. 여기서 이루어진 중요한 발견 중 하나는 보상센터와 관련된 신경전달물질이 도파민이라는 사실이다. 아편, 헤로인, 모르핀, 퍼코댄, 코데인 등은 모두 도파민 생산을 자극하는 수용체와 결합하는 마약성 진통제로, 도파민과 성질이 유사하다. '섹스, 마약, 로큰롤'이나 폭식 및 도박과 같은 쾌락적 탐닉은 도파민 분비량의 증가와 연관이 있다. 따라서 이 신경전달물질은 다양한 유형의 중독에 경멸적인 꼬리표처럼 따라 붙곤 했다. 그런데 과학적 발견에서 자주 그러듯, 초기에 발견된 내용과 실제 세부 내용에 약간의 차이가 있었다는 사실이 후속 연구들을 통해 밝혀졌다. 이제 우리는 보상센터가 '좋아함'과 '원함'에 관련된 두 부분으로 구성되어 있다는 것을 안다. 도파민은 뇌에서 많은 기능을 수행하지만 쾌락 그 자체를 만드는 역할은 하지 않으며 '좋아함'과는 관련이 없다.

켄트 베리지Kent Berridge와 동료들은 도파민 활동이 '유인적 현저성을 각인시킴'으로써 '원함'을 조절한다는 사실을 밝혀냈다. 이것이 무슨 의미인지 설명해보겠다. 우리는 사람들에게 어떤 음식을 좋아하는지 물어

볼 수도 있고 단순히 얼굴 표정으로 그들의 반응을 살필 수도 있다. 〈해리가 샐리를 만났을 때〉에서 맥 라이언은 뉴욕의 유명 식당 카츠 델리에서 식사를 하면서 오르가즘을 흉내 낸다. 그녀의 가짜 절정이 끝나자 근처에 있던 여성은 여주인공이 접시에 있는 음식 때문에 오르가즘의 쾌락을 느꼈다고 생각하고, "저 사람과 같은 것으로 주세요"라고 웨이터에게 주문을 한다.

물론, 음식에 대한 누군가의 반응을 표정으로만 판단하는 것이 그렇게 쉬운 건 아니지만, 꽤 정확하게 추측을 할 수는 있다. 우리는 초콜릿을 먹을 때와 상한 우유를 먹을 때, 훌륭한 와인과 형편없는 와인을 먹을 때 각각 다른 표정을 짓는다. 설치류들의 표현 방식은 조금 다른데, 베리지는 쥐들에게 음식을 준 다음 그들의 얼굴을 보고 반응을 파악할 수 있었다. 구체적으로 설명하자면 베리지는 쥐들이 단 음식을 앞에 두고 입술이나 수염을 핥는 횟수를 측정함으로써 그들의 취향을 조사했다.

이제는 고전이 되어버린 이 연구에서 연구자들은 도파민 보상센터 주요 영역 한 곳에 일종의 각성제인 암페타민을 주사하여 도파민 양을 증가시켰다. 이렇게 '도핑'을 한 쥐는 단 음식에 대해 정상 쥐들보다 더 높은 쾌감을 보이지는 않았지만, 간식을 위해 실험 쳇바퀴에서 더 오래 달림으로써 음식을 얻기 위해 더 노력하려는 의지를 보였다. 반면 도파민이 부족한 쥐들은 음식을 얻기 위해 노력하지 않으려 했고 식욕이 거의 없었다. 그러나 이들에게 억지로 먹이를 먹이자 쥐가 음식으로부터 쾌감을 얻었다는 것은 명백하게 확인할 수 있었다.

이 연구는 도파민이 '좋아함'이 아닌 '원함'과 관련 있다는 사실을 보여준다. 이러한 구분으로 널리 알려져 있는 마약, 섹스, 도박, 식탐과 같은 중독에서 도파민의 역할이 설명될 수 있다.

나는 감각기간과 입력되는 감각을 통합하는 두뇌 영역, 그리고 그 감각 정보를 분석하는 인지 처리과정이 우리의 아름다움 인식에 어떻게 중대한 영향을 줄 수 있는지를 강조해왔다. 보상 시스템은 다윈 적합도를 향상시키는 욕구에 즉각적인 긍정적 강화*를 결부시키도록 진화될 수 있는 또 다른 두뇌 영역이다. 이것은 또한 욕망의 대상이 되고 싶은 이들이 이용할 수 있는 시스템이기도 하다. 실제로 2015년 미국의 제약회사 스프라우트는 미국식품의약국으로부터 플리반세린을 판매할 수 있는 허가를 얻었다. 이 약은 도파민 분비량을 늘리고 그와 유사하게 '원함'을 강화하는 노르에피네프린을 증가시키는 동시에 성욕을 억제하는 것으로 알려진 신경전달물질 세로토닌을 감소시켜 여성의 성적 욕구, 즉 성적인 '원함'을 촉진한다.

이제 우리가 성적 두뇌의 기초에 친숙해진 만큼, 뇌가 주요 감각을 통해 아름다움을 인식하는 방법을 조금 더 자세하게 알아보는 시간을

---

* positive reinforcement, 바람직한 행동에 보상을 제공함으로써 행동과 보상의 상관관계를 수립하고 발생 빈도를 늘리는 것

가질 것이다. 나는 우리에게 가장 익숙한 '시각'에서부터 출발하려 한다. 만약 내가 BCI의 열대우림이 아름답다고 말한다면, 당신은 무성한 초목과 아른거리는 햇빛 등의 시각적 요소를 가장 먼저 떠올릴 것이다. 물론 새와 곤충 및 개구리의 소리와 꽃이나 과일의 향기도 풍경의 매력을 크게 끌어올리는 것은 틀림없지만 말이다. 우리가 개체나 사물을 알고, 이해하고, 평가하기 위해 시각화할 필요를 느끼는 것은 유별난 습성이 아니다. 다른 동물들도 누구와 짝짓기를 할 것인가와 같이 중요한 결정을 내릴 때 시각에 의존하곤 한다. 그러므로 시각적 아름다움은 동물왕국 전체에 만연하다. 다음 장에서는 우리가 자주 묻곤 하는 "뭘 보고 그 사람을 좋아하는 거야?"라는 질문에 대한 통찰을 얻을 수 있을 것이다.

케찰
(Resplendent Quetzal)

# 목숨을 건 도전 혹은 도발
## : 아름다워 '보이는' 것들의 비밀

눈이 무언가를 보기 위해 만들어졌다면,
아름다움은 그 자체가 존재 이유이다.

- 랄프 왈도 에머슨 -

밴드 후<sup>The Who</sup>의 록 오페라 〈타미<sup>Tommy</sup>〉에서 주인공 타미는 여름 캠프에 모여든 추종자들에게 자신을 보고, 느끼고, 만지고, 치유하라고 애원한다. 그리고 자연스럽게 추종자들의 시각에 먼저 어필한다. 우리는 다양한 감각적 도구를 부여받았지만 무엇보다도 눈으로 세상을 감지하는 동물들이다. 눈에 상당 부분을 의존하는 우리는 시각과 관련이 없는 상황에도 시각을 끌어들인 관용구를 사용한다. '보다'는 '이해하다'의 은유적 표현으로 사용되는데, 영어의 "I see(잘 알겠습니다)", "그 사람은 나무만 보고 숲은 볼 줄 몰라", "그 사람은 상황을 잘못 보고 있어" 등의 표현이 그렇다.

우리가 눈으로 지각할 수 있고 특별한 기쁨을 느끼게 해주는 한 가지는 요소는 '색상'이다. 아일랜드 해안에서 둥글게 펼쳐진 무지개의 장관에 내가 그렇게 감동을 받은 이유가 무엇이겠는가? 또 우리 시각장면의 중요한 속성 하나는 추상표현주의와 같은 예술작품을 감상할 때특히 중요한 요소인 '패턴'이다. 이 장의 시작 부분에서 우리는 색상과패턴에 대한 시각체계의 편향이 섹스와 관련 없는 인간의 영역에서 이용되는 모습을 살펴볼(또 다른 시각 관용구이다!) 것이다. 이를 기틀로삼아 색상과 패턴을 포함한 다른 시각 편향이 어떻게 동물의 성적 미학에 영향을 주었고, 성적 아름다움의 진화가 어떻게 예술작품에 버금가는 멋진 결과물을 만들어내는지 탐구해볼 수 있을 것이다.

반 고흐의 〈붓꽃〉에서 볼 수 있는 초록과 파랑이든, 멕시코의 러그 장인들이 애용하는 선명한 검정과 빨강이든, 뉴잉글랜드의 가을에 볼 수 있는 노랑, 빨강, 주황의 눈부신 아상블라주이든, 우리의 감탄을 자아내는 아름다움은 생생한 색상으로 살아 숨 쉬고 있다. 내가 처음으로 수컷 케찰을 목격했을 때 느낀 흥분과 암컷의 감상이 완전히 같을 수는 없겠지만, 우리는 옅은 초록, 선명한 빨강, 변화무쌍한 파랑의 콜라주를 보면서 미적 감각이 자극되는 같은 경험을 공유했다.

이와 대조하여 케찰보다 우리와 더 진화적으로 가까운 신세계원숭이류의 고함원숭이를 생각해보자. 이 원숭이의 이름은 신세계(아메리카와 오스트레일리아) 열대 숲속 곳곳에서 울려 퍼지던 원숭이의 원거리 고함에서 유래했다. 이 고함 소리를 이끌어낸 것은 다른 고함원숭이 무리의 음성과 함께 조금 이상하긴 하지만 열대우림의 우기에 간간히 들려오는 천둥소리이다. 이 원숭이들은 고함 소리에 적합하게 잘 적응해왔다. 이 고함 소리는 수 킬로미터 밖에서도 들을 수 있는데, 그것이 가능한 한 가지 이유는 이들의 성대 근처에 있는 속이 빈 뼈가 소리를 울려주기 때문이다. 이 뼈의 크기는 고함 소리를 내지 않는 원숭이보다 25배 더 크다.

그러나 고함을 제외하고 이 원숭이를 흥분시킬 수 있는 활동은 없는 것 같다. 고함원숭이는 그다지 활발하지 않은 동물이다. 유명한 탐험가 알렉산더 폰 훔볼트는 "그들의 눈, 목소리, 걸음걸이를 보면 우울증을 앓고 있는 것 같다"라고 말하기도 했다. 이들이 과일을 먹고 산다지만 나는 파나마에서 망토고함원숭이들이 나뭇잎을 뜯어 먹는 모습을 자주 목격하곤 했다. 그 경험 때문에 나는 그들이 나뭇잎에 함유된 초식동물 퇴치용 화학물질을 대량으로 섭취한 나머지 우울증이나 무기력 증상이 나타나는 것은 아닐지 항상 궁금했다. 이들의 경이로운 고함 소리와 달리 외모는 수수한 편이다. 망토고함원숭이는 검정색의 단색으로만 이루어져 있고 다른 선명한 색깔은 전혀 볼 수 없다. 그러나 이들은 인간을 제외하고 신대륙에서 유일하게 암수 모두 색각이 발달된 포유류이다.

시각 처리과정은 눈, 정확히 말하면 망막의 광수용체에서 시작된다. 광수용체는 간상체와 추상체 두 종류로 이루어져 있는데, 간상체는 빛이 적은 환경에서 사물을 볼 수 있게 해주고 추상체는 색상과 그에 담긴 아름다움을 볼 수 있게 해준다. 추상체가 없었다면 반 고흐의 붓꽃은 회색으로 바래져 버릴 것이다. 색각이라는 선물은 고함원숭이뿐만 아니라 인간과 가장 가까운 유인원을 포함한 대부분의 구세계원숭이들에게서도 공유된다.

우리가 색을 볼 수 있는 이유는 추상체가 전부 같지 않기 때문이다. 서로 다른 추상체는 서로 다른 빛의 파장에 의해 자극을 받으며, 우리는 그것을 서로 다른 색으로 인식한다. 또한 단순히 추상체가 있다고 색상을 인식할 수 있는 것이 아니라 최소한 세 가지 종류가 필요하다. 우리 추상체는 단파장·중파장·장파장용으로 구성되어 있다. 각각은 파랑(419nm), 초록(531nm), 빨강(558nm) 색상(파장)에 가장 민감하다. 다른 포유동물들은 대부분 이색형 색각자이기 때문에 실제 색상<sup>true color</sup>을 볼 수 없다. 그들에게는 장파장 추상체가 없어, 빨강과 초록의 차이를 인식할 수 없다. 그에 반해 우리는 삼색형 색각자로 다른 동물들 대다수가 보지 못하는 멋지고 생생한 색상의 세계를 감지할 수 있다.

포유동물 사이에서 색각의 발달이 흔치 않은 이유는 우리의 먼 조상들이 지금의 많은 동물이 그렇듯 야행성이었기 때문이다. 그러므로 삼색형 색각자에게 발달된 빨강과 초록을 구분하는 색각 능력에는 이점이 거의 없었을 것으로 예상된다. 그런데 고함원숭이나 다른 삼색형 색각자에게 색상 구분, 구체적으로 빨강과 초록의 구분은 아주 중요한 감각도구의 역할을 해왔다.

과일을 찾아 숲속을 어슬렁거리는 원숭이들은 초록빛에 둘러싸여 있다. 고함원숭이나 다른 영장류에서 색각이 발달한 것은 녹색의 배경 속에서 보통 붉은빛을 띄는 과일을 찾는 능력을 강화하기 위해서였을 것이다. 여기에 더하여 나뭇잎을 먹고 사는 원숭이 몇몇 종의 경우에는 모든 잎이 다 똑같지 않다는 것을 분간할 줄 아는 것도 중요하다. 종종 붉은빛으로 돋아나는 어린잎은 일반적인 잎보다 영양이 더 풍부하기 때문이다. 그러니 당신이 빨간불에 멈추고 초록불에 움직일 줄 아는 것은 모두 수렵채집을 하던 영장류 조상 덕분이다. 또한 우리가 케찰의 깃털 색이나 잭슨 폴록의 물감 범벅에서 뚝뚝 떨어지는 색상의 향연에 마음을 뺏긴다면, 이런 기쁨을 느낄 수 있는 것도 조상 원숭이들이 미학과는 아무런 상관이 없는 과업을 처리하기 위해 광색소를 진화시킨 덕택이다.

최근에는 색각의 또 다른 잠재적 유익이 영장류에게서 삼색형 색각을 발달시키는 계기가 되었을지도 모른다는 주장이 제기되었다. 이생각은 꽤 급진적이지만, 사실 다윈도 이 주제를 연구하는 데 많은 시간을 할애했었다. 동물행동이라는 오직 한 가지 주제에 초점을 맞춘 저서《인간과 동물의 감정 표현》에서 다윈은 가장 '별난' 인간행동에 대해 논의한다. 그가 그토록 특이하다고 말한 특성은 무엇이었을까? 언어, 도구 사용, 폭식, 다른 동물의 젖을 먹는 것? 모두 틀렸다. 다윈은 '홍조'를 지목했다. 반대 의견도 존재하지만, 루 리드Lou Reed가 작사하고 벨벳언더그라운드Velvet Underground와 함께 부른 곡 '스위트 제인'에서처럼 우리는 모두 얼굴이 빨개진다. 리드와 다윈이 같은 주장을 펼치고 있으며 얼굴이 빨개지는 건 어린아이들만이 아니다. 그러니 엄마의 심술궂은 말을 믿지 말자.

다윈은 자신의 폭넓은 네트워크를 이용하여 홍조와 관련된 데이터를 수집했다. 그의 특파원들은 성인보다는 아이에게, 남성보다는 여성에게 홍조가 더 자주 나타났지만 홍조가 남녀노소(신생아 이후)를 불문하고 모든 지역의 모든 문화권에서 발견되며, 홍조가 나타나는 범위는 대부분 얼굴과 목에 제한되었다고 확인해주었다. 후자에 대해서는 약간의 예외도 존재하기는 했으며, 다윈의 제보자 중 일부 의사들은 여성들의 홍조가 거의 가슴 부위까지 내려오는 경우도 있다고 보고했다. 다윈은 홍조가 수치감이나 당혹감과 같은 특정한 감정 상태와 관련 있으며, 결정적으로 우리가 전혀 통제할 수 없는 영역이라는 점에 주목했다. 홍조는 꽤 중요한 신호인 것도 같다. 고함원숭이가 과일을 찾기 위해 적응했듯 인간에게도 이를 이용하기 위한 시각적 적응이 있었을 것이라고 생각하는 이가 있을지도 모르겠다.

이론신경과학자 마크 챈기지<sup>Mark Changizi</sup>는 저서 《우리 눈은 왜 앞을 향해 있을까?》에서 인간이 색각을 통해 상대의 미묘한 감정 상태에 대한 '안목'을 얻을 수 있다고 했다. 여기서 안목은 문자 그대로의 의미이자 은유적 표현이기도 하다. 그는 홍조가 일어나는 동안 피부에 나타나는 색상 변화와 추상체 조절을 비교하는 분석모델을 활용했고, 이 둘에 강한 관계성이 있다는 사실을 알아냈다. 그의 결론은 광수용체의 조율로 인해 우리가 홍조를 아주 잘 알아차릴 수 있다는 것이었다. 더 나아가서 챈기지는 실제로 영장류의 색각 기능이 진화한 이유가 격렬한 신체운동 등의 생리적 활동이나 사회적 상황에서의 감정 반응으로 혈액순환이 변화하면서 나타나는 미묘한 피부색의 변화를 감지하기 위해서라는 주장을 제기했다.

나는 벨기에에서 개최된 컨퍼런스에서 챈기지와 만났는데, 그는 당시 자신의 회사가 인간의 홍조 탐지 범위 밖의 피부색 변화를 역학적으로 측정할 수 있는 기기를 개발하기 위해 연구 중이라고 이야기했었다. 우리는 이미 얼굴에서 감정을 잘 읽어내고 있지만, 미묘한 피부색 변화를 측정할 수 있다면, 평소 눈으로는 볼 수 없었던 감정 관련 정보에 접근하는 것이 가능해질 것이다.

색각은 성적인 장면을 포함한 우리 시각장면의 한 가지 구성 요소일 뿐이며, 또 다른 요소에는 패턴이 있다. 우리는 다른 동물의 시각체계가 특정 형태에 더 민감하게 반응하며 상이한 반응을 나타낸다는 것을 알고 있다. 신경행동학자 요르크-피터 에베르트Jörg-Peter Ewert의 유명한 실험에서 연구자들이 두꺼비에게 벌레와 유사한 가로 방향의 선을 보여주었을 때 두꺼비들은 그쪽으로 덤벼들었고, 같은 선을 수직으로 세워 공격하는 뱀의 모습과 비슷하게 만들었을 때 두꺼비들은 무서워서 고개를 숙였다.

한편 데이빗 허블David Hubel과 토르스텐 비셀Torsten Wiesel도 시각 패턴 인식에 대한 연구를 한 단계 끌어올림으로써 1981년에 노벨상을 수상했다. 그들은 고양이 뇌의 단일 세포가 특정 방향성의 움직임에만 반응한다는 것을 입증하고 고양이의 시각체계 연구를 시작했다. 고양이의 패턴 인식체계가 가진 한 가지 강점은 이들이 가장자리를 아주 민감하게 인식할 수 있어 절벽에서도 잘 걸을 수 있다는 것이다. 이 연구 및 다른 수많은 시각장면 분석 연구를 통해, 망막이 모든 파장에 균일하게 민감한 반응을 보이지 않듯 시각체계도 모든 패턴에 균일하게 민감한 반응을 보이지 않는다는 사실이 확인되었다.

자연 패턴을 민감하게 인식하는 능력은 다윈 적합도에도 영향을 줄 수 있기에 생물학적으로 중요하다. 그로 인해 우리는 인간과 동물들이 이 능력을 줄곧 진화시켜왔을 것이라고 예상할 수 있다. 바로 지금 당신은 우리가 인간으로서 인식할 줄 알아야 하는 가장 중요한 패턴 중 하나인 문자 언어, 곧 글자의 모양을 보고 있다. 그러나 문자는 우리 뇌가 주변 세계의 시각장면에 대한 민감성을 진화시킨 다음에야 발달했기 때문에 인류의 혈통에서 상대적으로 뒤늦게 발달을 시작했다. 그렇다면 시각 패턴에 대한 우리 두뇌의 민감성이 글자의 형태에 대해서는 편향을 일으키지 못할까? 꼭 그렇지만은 않다. 챈기지와 동료들은 글자의 형태가 우리의 시각장면에 가장 흔하게 등장하여 두뇌에게 익숙한 패턴들에서 유래되었을 거라는 주장을 펼쳤다.

다양한 언어의 문자를 조사한 챈기지 팀은 인간이 표현 가능한 모든 형태가 골고루 문자로 채택된 것이 아니라, 일부 형태가 더 빈번하게 사용되었다는 사실을 발견했다. 가장 널리 사용된 형태로 대문자나 소문자 T 모양은 자연에서 아주 쉽게 접할 수 있다. 실제로 우리가 조사한 93개 음성·문자 체계에서 글자당 평균 획 수는 3획으로 자연의 시각장면에서 나타나는 평균 획수와 매우 근접했다. 어떤 언어체계의 문자 개수가 10개(예: 망얀어, 구르무키어, 아라비아어)든 150개(데네어, 국제음성기호)든, 필요가 생겼을 때는 글자당 획의 개수를 추가하는 것이 아니라 더 다양한 종류의 획을 만들어 더하는 방식으로 새로운 글자를 만들었다. 그러나 가장 주목할만한 결과는, 연구자들이 인간의 시각신호에서 가장 자주 등장하는 구조 19개를 추려냈을 때 이것이 자연에서 발생하는 유사한 이미지의 등장 빈도와 거의 일치했다는 사실이다.

예를 들어 T와 L은 인간의 문자와 자연에서 가장 흔히 발견되는 형태였으며, 별(*)은 두 영역에서 동일하게 출현 빈도가 가장 낮았다. 우리의 시각체계와 그를 통해 인식되는 글자는 서로에게 맞게 조율되어 있지만, 시각적 두뇌는 자신이 거주하는 자연의 시각장면에 먼저 조율되어 있었다. 문화의 영향으로 시각적 두뇌에 맞게 글자의 형태가 조율되었다는 것이 챈기지의 주장이다. 우리가 연애편지를 쓸 때 문자를 사용하기는 하지만, 이 멋진 발명품이 성적 미학과 직접적으로 밀접한 연관성을 띠는 것은 아니다. 그러나 문자의 진화는 우리 뇌에 이미 존재하는 편향을 이용하기 위해 신호가 진화해온 전반적 과정을 이해하는 데 유용한 사례임은 틀림없다.

## 성적 아름다움은 뇌에 숨겨져 있다

이 책에서 우리의 관심은 동물의 성적 미학을 이해하는 데 있다. 그와 같은 선상에서 학자들은 비슷한 질문을 던지곤 했다. 우리는 어떤 기준으로 예술작품이나 그림을 평가하는가? 궁극적인 목표는 단순히 무엇이 아름답다고 간주되는지를 예측하는 것일 수도 있다. 그보다 더 높게는 아름다움의 공식을 발견하는 것일 수도 있다.

데이비드 로텐버그David Rothenberg는 진화와 예술에 관한 그의 책《자연의 예술가들》에서 1933년 조지 버코프George Birkhoff가 제시한 예술 공식 $M=O/C$ 를 소개한다. 여기서 M은 아름다움의 척도measure이고, O는 질서order를, C는 복잡성complexity을 가리킨다. 예상했겠지만 이 공식은 예술 분야에서 획기적인 인식전환을 일으키지 못했으며, 이 공식의 영향으로 예술가들이 캔버스에서 붓을 움직이는 방식을 바꾸거나 감상자들의 미적 선호에 관한 새로운 정보를 얻을 수 있었던 것도 아니었다. 마찬가지로 나는 이 공식이 동물들에게도 적용되지 않으리라는 것을 장담할 수 있다.

동물의 성적 아름다움을 세세히 예측하기 어려운 이유는 각각의 종마다 두뇌가 다를뿐더러, 같은 종의 서로 다른 개체끼리도 두뇌에 차이가 있기 때문이다. 이 차이로 인해 수없이 많고 독특한 성적 미학의 발달이 촉진되며, 결과적으로 성적 아름다움에도 다양성이 꽃피게 된다. 그럼에도 불구하고 모든 종과 감각양상 전반에서 나타나는 보편적인 주제가 있다. 그중에 가장 흔한 것은 더욱 크고 더욱 복잡한 형질에 대한 선호이다. 또한 같은 감각양상에 의존하는 동물 개체군 내에서는 비슷한 패턴의 미적 선호가 발달한다는 것이다. 예를 들면, 물고기의 배우자 선택에서는 눈의 광수용체의 민감도에 따라 선호되는 구애 색상을 예측할 수 있으며, 개구리 내이의 조율 상태를 근거로 암컷이 가장 매력을 느끼는 짝짓기 음성의 높낮이를 예측할 수도 있다. 그러나 인간의 미적 감각과 마찬가지로 동물의 아름다움을 탄생시키는 성적 미학의 다양성을 간단히 설명해줄 공식은 없다. 그 대신 우리는 선택자의 뇌가 이미 존재하는 성적 형질을 어떻게 인식하는지 이해하고, 지금은 발현되지 않았지만 나중에 드러날 수 있는 숨겨진 선호가 어떤 것인지 알아낼 수 있어야 한다.

우리가 자연계의 성적 아름다움을 조사할 때 볼 수 있는 특성들은 종의 유전체에 간직되어 세대에서 세대로 전해질 만큼 충분히 매력적이고 검열을 통과한 형질들이다. 그에 반해 우리가 보지 못하는 것들은 돌연변이로 세상에 나왔으나 소유자의 매력을 높이기보다는 감소시켜 빛을 보지 못한 형질들이다. 지금까지 검토했고 책의 나머지 부분에서 소개할 연구들에 따르면, 어떤 종에는 아직 세상에 존재하지 않는 성적 형질에 대한 숨겨진 선호가 내재되어 있다.

모든 종에서 성적 아름다움의 진화는 현재진행형인 실험이다. 지금도 선택자들은 다양한 형태의 구애 형질을 발생시키고 평가한 다음 그 대부분을 역사의 쓰레기통에 가차 없이 처박아 버린다. 그러나 아름다움을 위한 새로운 시도로 인해 숨겨졌던 선호가 밖으로 드러나고 검열을 통과한다면, 그것은 진화적 잭팟을 터트린 것과 다름없다. 다음 섹션에서 우리는 물고기의 다채로운 색상을 통해 이 일이 어떻게 일어날 수 있는지를 알아볼 것이다.

세상에서 가장 풍요로운 숲이 캘리포니아에 있다고 이야기한다면, 당신은 레드우즈를 떠올릴 것이다. 하지만 틀렸다. 내가 말하는 숲은 물속에 있다. 캘리포니아 연안 해역의 켈프 숲은 근처의 레드우드 숲에 견줄만한 장엄함과 그를 능가하는 생태적 생산성을 자랑한다. 몇 년 전 나는 어류 생태학자들과 함께 이 숲에 방문했다. 동물의 시각 진화 분야에서 전문가로 활동하고 있는 몰리 커밍스$^{Molly\ Cummings}$가 나와 길 로젠탈$^{Gil\ Rosenthal}$, 잉고 슐럽$^{Ingo\ Schlupp}$을 캘리포니아 몬테레이 해안에 있는 자신의 연구실로 초대했기 때문이다. 몰리가 연구를 진행하던 켈프 숲은 잎이 길고 무성한 해조류로 이루어져 있었는데, 그날은 파도가 밀려올 때마다 숲 전체가 어찌나 세차게 흔들리던지 아침식사로 먹은 것들을 다 토해낼 것 같은 심정이었다. 하지만 이 숲의 근사한 빛 풍경은 우리의 마음을 단번에 사로잡았다.

빛은 작은 입자에 의해 열화될 수 있으며, 그것이 환경광에 큰 효과를 일으키기도 한다. 물방울이 서로 다른 파장의 빛을 산란시켜 무지개를 만들어낼 때 일어나는 현상이 바로 이것인데, 안개가 잘 끼는 아일랜드에서 무지개가 자주 나타나는 이유를 여기에서 찾을 수 있다. 켈프 숲에서 빛의 회절이 일어나면 환경광이 각양각색으로 변화하게 된다. 우리가 수면 가까이 트인 공간에 있을 때 주변의 물 색깔은 밝은 파랑이었지만, 물속으로 조금 더 깊이 들어가자 붉은빛이 뚜렷해졌으며, 더욱 깊이 내려갔을 때는 녹색빛의 세상이 눈앞에 펼쳐졌다. 그곳에는 다양한 서식종이 있었고, 우리의 관심 주제였던 망상어와 물고기들도 만날 수 있었다.

각각의 종은 저마다 숲의 서로 다른 빛 환경에 서식한다. 이들의 먹이는 모두 비슷하지만 서로 다른 빛의 배경에서 사냥감을 찾아야만 한다. 이들이 배경 속에서 대상을 탐지하는 방법은 보통 두 가지이다. 하나는 배경과 목표물의 색상을 비교하는 것이고, 다른 하나는 배경과 목표물의 명도를 비교하는 것이다. 목표물과 배경의 대비가 클수록 먹이를 탐지하기도 쉬워진다. 이러한 탐지 전략을 지칭하는 복잡한 시각 생태학 용어가 있지만, 나는 간단하게 색상과 명암 탐지라는 표현을 쓰겠다. 서로 다른 빛 환경에 따라 유리한 먹이 탐지 전략도 달라질 것이다. 몰리는 어떤 종에서는 광수용체가 목표물과 배경의 색상 대비를 극대화하도록 조율되어 있고, 또 어떤 종에서는 명암 대비를 극대화하기 위해 조율되어 있다는 사실을 보여주었다.

이것이 도대체 섹스와 무슨 상관일까? 수컷의 경우, 짝짓기 상대를 얻기 위한 첫 번째 단계는 암컷의 눈에 띄는 것이다. 수컷은 암컷과 소통하기 위해 구애 색상을 발달시키지만, 빈 숲에서 나무가 쓰러지면 아무도 그 소리를 듣지 못하듯, 수컷의 시각적 과시 형질도 눈에 보이지 않는다면 아무 소용이 없다. 그러므로 수컷은 무슨 수를 써서라도 자신을 돋보이게 만들어야 한다. 그렇다면 어지러운 시각 정보의 홍수 속에서 수컷은 어떻게 자신의 신호를 극대화할 수 있을까? 색상 대비와 명암 대비 중에 어떤 것이 효과적일 것인가? 답은 암컷이 먹이를 찾을 때 사용하는 탐색 전략에 달려 있다. 색상 대비를 사용하여 먹이 탐색을 하는 종이라면, 수컷들은 명암 대비가 아닌 색상 대비를 극대화하는 구애 형질을 발달시킬 것이다. 반대로 사냥에 명암 대비를 사용하는 종에서 수컷은 암컷에게 색상 대비가 아닌 명암 대비를 극대화시키는 구애 형질을 발달시킨다. 이것은 시각적 먹이 탐지체계의 선택작용이 성적 두뇌의 미학에 영향을 주고, 그 결과로 성적 아름다움의 진화를 주도한다는 사실을 보여주는 좋은 사례이다.

앞에서 이야기한 것처럼 색상은 시각체계의 한 가지 속성이며, 패턴이라는 또 다른 속성이 존재한다. 자연에서 발견되는 패턴 중에는 망상어 몸의 줄무늬나 글자의 모양처럼 정적인 것들도 있지만 어떤 패턴들은 동적이다. 이제 우리는 동체시력의 속성으로 인해 역동적인 구애 패턴이 아름답다고 인식되는 과정을 살펴볼 것이다. 이 사례에서는 암컷이 구애자이고 수컷은 선택자가 된다.

시각의 한 가지 기능은 우리가 어디를 향해 가는지 알게 하는 것이다. 우리가 어딘가를 지나칠 때는 주변 세계가 불안정하지 않고 매끄럽게 지각되어야 방향 감각을 얻기에 더욱 용이해진다. 시각체계가 움직임을 감지할 때 중요하게 작용하는 매개변수는 점멸융합주파수로, 이것은 빛 자극이 점멸하지(깜빡거리지) 않고 연속적인 것처럼 느껴지는 정도를 의미한다. 영화와 텔레비전은 정지된 이미지 여러 장을 빠르게 연속적으로 내보내어 연결된 이미지로 인식시킨다. 인간의 점멸융합주파수 임계치는 초당 회전수가 약 16회(Hz)인데, 보통 영화는 24Hz, 텔레비전은 25Hz 또는 30Hz로 우리의 점멸융합주파수보다 훨씬 높은 수준으로 촬영된다. 오래된 영화나 애니메이션에서 그렇듯, 우리의 점멸융합주파수보다 낮은 속도로 이미지가 송출된다면 화면의 움직임은 매끄럽지 않고 불안정하게 보일 것이다.

이제 섹스로 돌아가자. 모든 곤충은 자신이 움직이는 방향을 알기 위해서 눈을 사용하지만, 일부는 배우자 선택에도 눈을 활용한다. 그중에 하나인 수컷 작은표범나비의 경우, 구애를 하는 쪽은 암컷이고 선택권은 수컷에게 있다. 암컷들은 한 곳에 자리를 잡고 날개를 퍼덕이며 수컷을 유혹한다. 이들이 날갯짓을 빨리 할수록 수컷에게 어필하는 매력도도 상승한다. 일반적으로 암컷 작은표범나비의 날갯짓 횟수는 약 10Hz이다.

20세기 중반 독일의 생물학자 마그누스 D.E.B. Magnus 는 속도의 제약 없이 암컷의 날갯짓을 흉내 낼 수 있는 기계를 만들었다. 수컷이 8Hz의 날갯짓보다는 10Hz를 선호한다는 것을 확인한 마그누스는, 이들의 배우자 선택에서 날갯짓 속도가 빠를수록 유리하다는 사실을 알아냈다. 그런데 8Hz보다 10Hz가 더 섹시하다면, 12Hz나 20Hz는 더더욱 그렇지 않을까?

비슷한 맥락에서 '암컷이 왜 더 빠르게 날갯짓을 하지 않을까?'라는 의문이 들 수도 있을 것이다. 여기에는 두 가지 해석이 있다. 첫 번째는 수컷의 선호 범위가 10Hz를 넘지 않는다는 것이다. 그보다 속도가 높아져도 매력도가 상승하지 않거나 오히려 10Hz보다 매력도가 하락할지도 모른다. 또 다른 가능성은 암컷의 날갯짓 속도에 물리적 한계가 있다는 것이다. 이 질문을 더 깊게 탐구하기 위해 마그누스는 기계의 속도를 계속해서 높여나갔다. 그는 자연에서 구현 가능한 정상적인 날갯짓 속도를 크게 상회하는 초정상supernormal 수준까지 속도가 올라가더라도, 수컷들이 더 빠른 날갯짓을 선호한다는 사실을 입증할 수 있었다. 그러나 여기에도 한계는 있었는데 140Hz라는 아주 높은 속도가 임계치였다.

만약 날갯짓 속도가 10Hz라면 이 수치는 인간과 나비의 점멸융합주파수보다 낮기 때문에 인간과 나비 모두 개별적인 날갯짓을 인식하는 것이 가능하다. 그런데 마그누스가 우리에게 날갯짓 기계를 작동시키고 어떤 날갯짓이 더 빠른 쪽인지 선택하라고 한다면, 우리의 임계점은 약 16Hz이기 때문에 18Hz든 25Hz든 거의 비슷하게 보일 것이다. 즉, 두 수치 모두 우리의 점멸융합주파수보다 높으므로 날갯짓이 하나의 연속된 동작으로 인식될 것이라는 의미이다. 일반적으로 곤충의 점멸융합주파수는 인간보다 더 높다. 그 이유는 이들이 우리보다 훨씬 빠른 속도로 움직이면서 급속하게 변화하는 주변 환경의 광학적 흐름에서 세세한 디테일을 인식할 수 있어야 하기 때문이다. 그렇다면 작은표범나비의 점멸융합주파수가 몇 Hz인지 추측할 수 있겠는가? 140Hz, 정답이다!

날갯짓을 향한 성적 미학을 탐험한 마그누스의 연구로 수컷 작은 표범나비들이 날갯짓 속도에 대해 꽤 열린 결말의 선호를 가지고 있다는 사실을 알 수 있다. 선택자인 수컷이 눈으로 분간할 수만 있다면 구애 동작은 빠를수록 유리하다. 날갯짓에 대한 선호 임계치가 140Hz로 정해진 것은 성선택의 산물이 아니라, 환경에서 더욱 빠르게 움직일 수 있도록 시각 탐지체계를 발달시킨 자연선택의 결과물이었다.

이 나비의 점멸융합주파수가 높았기 때문에 비록 구애자들이 충족을 시키지 못할지언정 선택자에게는 높은 날갯짓 속도에 대한 성적 선호가 형성된 것이다. 그러나 나비의 비행기술을 새롭게 설계하는 커다란 돌연변이가 나타나 이들이 더 빠른 날갯짓을 구현할 수 있게 된다면, 가장 빠르게 날갯짓을 할 수 있는 암컷은 즉시 선호 우위를 점할 수 있을 것이다. 이미 선택자에게 더 빠른 날갯짓에 대한 선호가 내재되어 있기 때문에 그것이 형성될 때까지 기다릴 필요는 없다.

인간의 경우라면 이것을 자동차의 속도 제한에 대입해볼 수 있다. 이때 일련의 과정은 반대로 이루어진다. 오늘날 자동차는 우리가 도로에서 운전하는 속도보다 훨씬 빠른 속도로 주행할 수 있다. 현재의 기술이라면 자동차의 주행 속도가 더 높아지도록 차량을 설계하는 것도 가능할 것이다. 실제로 경주용 자동차가 그를 증명하고 있다. 그러나 일반도로에서는 속도제한이 존재하기 때문에 일상생활에서 더 높은 속도를 내는 것에는 그다지 이점이 없다. 속도제한이 큰 폭으로 완화되기 전까지는 차량의 속도가 큰 폭으로 향상되어 출시되지는 않을 것이다.

나비의 사례에서는 제한을 받는 것은 반대쪽이다. 날갯짓의 속도 제한은 140Hz로 나비가 구현할 수 있는 속도보다 더 높다. 이것은 마치 고속도로의 속도제한이 그 어느 자동차가 구현해낼 수 있는 수준보다 훨씬 높다면, 그에 발맞추어 자동차 산업에도 기술 혁신이 일어나는 것과 유사하다. 그러므로 우리는 나비의 몸이 날갯짓 속도의 향상을 위한 기술 혁신에 대비되어 있음을 알 수 있다. 아직 그 일이 일어나지 않았다는 것은 이러한 혁신을 방해하는 다른 제약이 존재할 수 있다는 뜻이며, 그중에는 아마 아주 기초적인 생체역학적 요인도 있을 것이다.

## 성적 미학에도 열린 결말이 존재한다

우리는 색상, 밝기, 패턴, 움직임 감지와 같은 기본적 시각 처리과정이 어떻게 아름다움의 진화를 추동할 수 있는지 고찰했다. 이제 우리는 인간과 동물의 시각적-성적 미학에서 동일하게 중요하며, 조금 더 고차원적인 처리과정 편향으로 주제를 옮길 것이다.

우리는 3장에서 성적 미학에 영향을 줄 수 있는 두 인지 처리과정인 베버의 법칙과 정점이동 현상을 탐구했다. 베버의 법칙에 따르면 우리는 절대적 차이보다 상대적 비율로 양을 측정한다. 그러므로 공작의 깃털과 같은 형질이 더욱 크게 발달할 경우 그 차이가 일정 수준 이상일 때만 다른 개체에게 다르다고 인식될 수 있다. 이렇게 베버의 법칙은 과장된 아름다움에 '인지적 브레이크'를 걸어주는 역할을 하기도 한다. 형질의 크기가 커질수록 그보다 경미하게 더 큰 형질이 암컷들에게 호감을 이끌어낼 확률은 줄어든다.

아름다움의 또 다른 인지적 동력인 정점이동 현상도 논의했다. 금화조는 부모의 부리 색깔, 즉 수컷의 빨강색과 암컷의 주황색을 기준으로 성별을 식별했다. 또한 정점이동 현상은 수컷으로 하여금 동성의 것과 가장 다른 형질을 선호하게 만들었고, 결과적으로 수컷은 아빠의 부리와 색이 가장 다르기 때문에 암컷의 것일 확률이 높은 부리 색깔을 선호하게 되었다. 정점이동 현상은 한 가지에만 제한되지 않는 열린 결말 선호를 발생시킴으로써 작은표범나비의 사례와 같은 초정상 자극에 우리의 마음을 뺏기게 한다. 수나비가 암나비의 구현 가능 이상의 속도를 선호하듯, 수컷 금화조도 암컷들이 도저히 진화시킬 수 없는 계열의 주황빛을 선호할지도 모른다. 정점이동 현상은 학습을 통해 발생하며 초정상 자극에 대한 선호로 이어질 수 있지만, 모든 초정상 선호가 정점이동으로 인해 발생하는 것은 아니다. 예를 들어 나비의 열린 결말 선호는 학습을 통해 나타난 것이 아니라 시각 뉴런의 자극 속도와 더 관련이 있었다. 그러나 발생 원인이 무엇이든 초정상 자극에 대한 선호는 더 크고, 밝고, 빠른 성적 형질의 진화를 주도해온 중요한 동력이다. 이제 설득력 있는 예시를 하나 소개하려 한다.

나는 동료 멀린과 함께 하트코박쥐를 연구하러 케냐에 간 적이 있다. 이 박쥐도 사마귀입술박쥐처럼 개구리를 먹이로 삼지만, 우리는 하트코박쥐의 청각체계가 사마귀입술박쥐와 달리 개구리의 음성을 포착할 수 있도록 진화되지는 않았다는 사실을 알아냈다. 그 여행에서 우리는 노상강도와 코끼리를 만나 죽을 고비를 두 번 넘겼는데, 멀린은 자신의 저서 《박쥐의 비밀스러운 생활》에 그 일화를 언급했다.

나는 케냐의 산악지대에서 절체절명의 순간에 놓인 동물을 만나는 특별한 경험을 얻기도 했다. 기다랗게 자란 풀밭 바로 위를 날아가던 새 한 마리가 내 시야에 들어왔다. 눈이 적응하기 전까지 나는 무슨 상황이 벌어지고 있는지 잘 판단할 수 없었다. 그 새는 몸집이 작고 몸 전체가 거의 검정색으로 덮여 있었으며, 날개 길이는 고작해야 12cm 정도로 보였는데, 한 50cm는 될 것 같은 커다란 무언가가 새의 뒤를 바짝 쫓고 있었다. 드디어 눈이 익숙해지고 보니 뒤에 있던 물체는 다름 아닌, 몸의 나머지 부분보다 몇 배는 더 길어 보이는 새의 꽁지였다. 이 새는 바로 긴꼬리과부새(천인조widowbird)였다.

이 새의 이름이 어디에서 유래했는지는 금세 알 수 있었다. 예전에 야구 중계를 보고 있는데 투수가 타자의 머리로 패스트볼을 던진 적이 있다. 당시 해설자는 투수를 '과부 제조기[widow maker]'라고 불렀는데, 무슨 의미인지는 이해하기 어렵지 않을 것이다. 더 비극적인 사례도 있다. 북아일랜드 분쟁 동안 아일랜드반군[IRA]이 채택했던 무기는 아말라이트 AR-18 소총이었다. 이 총은 원래 미군을 위해 설계되었다가 밀수업자의 손에 넘어간 악명 높은 총기였고, '과부 제조기'라는 별명으로 불렸다고 전해진다. 이 작은 새에 붙어 있던 긴 꼬리 역시 과부 제조기였음이 분명하다. 힘겹게 날갯짓을 하는 새의 모습을 보며, 나는 그의 수명이 얼마 남지 않았음을 직감할 수 있었다. 이렇게 지나치게 긴 꼬리는 수컷에게만 달려 있으니 꼬리 때문에 짝을 잃는 것도 암컷뿐이었을 것이다. 그것을 잘 이해했던 네덜란드 출신의 의사 겸 박물학자 피터 보다어트[Pieter Boddaert]는 1783년 이 새에 과부새라는 이름을 붙여주었다.

이렇게 놀라울만한 긴꼬리과부새의 꽁지는 점점 더 많은 것을 요구하는 성적 미학에 부응하기 위해 진화된 것이다. 《성선택》을 집필한 말테 안데르손[Malte Andersson]은 1994년 성선택에 관한 결정적인 실험을 통해 이를 입증했다. 그는 긴꼬리과부새가 많이 서식하고 있는 키농갑(나이로비에서 북쪽으로 100km 떨어져 있음) 고원에 방문하고, 긴꼬리과부새의 둥지 개수를 세어 이들의 짝짓기 성공률을 조사했다. 다음으로 그는 수컷의 꼬리 길이가 짝짓기 성공률에 영향을 주는지 확인하기 위해 '잘라 붙이기'라는 실험을 수행했다.

그는 긴꼬리과부새 한 그룹의 꼬리를 짧게 자르고, 자른 꼬리를 다른 그룹의 수컷 꽁지 끝에 붙여 초정상적으로 긴 꼬리를 만들었다. 세 번째 그룹은 통제 집단이었는데, 그는 수컷의 꼬리를 조금 자른 다음 그것을 다시 제자리에 붙여놓았다. 한 달 후 그는 각 수컷의 짝짓기 성공률을 실험이 진행되기 전에 확인한 성공률과 비교해보았다. 초정상 꼬리를 가진 수컷들의 짝짓기 성공률은 증가했고, 통제 집단의 수컷에게서는 변화가 없었으며, 꼬리가 잘린 수컷들의 짝짓기 성공률은 감소했다. 안데르손은 초정상 꼬리에 대한 열린 결말 선호로 인해 꼬리 길이의 진화가 발생했으며, 정확히 입증할 수는 없으나 꼬리가 길수록 사망률이 높아지기 때문에 꼬리 길이의 진화 속도에 제동이 걸렸을 것이라고 추측했다. 물론 모든 선호가 열린 결말을 가진 것은 아니다. 어떤 선호는 특정한 패턴에 국한되기도 한다.

## 우리는 대칭적인 얼굴을 선호한다

다른 업종과 마찬가지로 과학계에도 모임이 많다. 모임의 규모는 다양하다. 예를 들면 내가 참석하는 겨울동물행동 컨퍼런스는 참가자가 30명인 반면, 신경과학협회 회의에는 보통 3만 명 정도가 참가한다. 규모가 어떻든 이러한 모임은 아직 언론에 소개되지 않은 획기적인 연구를 접할 수 있는 좋은 기회이다.

나는 1991년 일본 교토에서 열린 한 컨퍼런스 접수처에서 유명한 행동생태학자인 랜디 손힐Randy Thornhill과 안데르스 묄러Anders Møller를 만나, 아름다움의 진화에 관한 그들의 급진적인 아이디어인 '변동비대칭' 이론에 대한 이야기를 들었다. 그들의 주장은 이러했다. 인간과 대부분의 동물들은 좌우가 대칭이다. 우리 몸 중심에 선을 하나 긋고 팔과 다리, 손가락 등 좌측과 우측을 비교한다면 거의 똑같다는 의미이다. 물론 예외는 있다. 수컷 농게는 한쪽 집게발이 비정상적으로 크고 나머지 한쪽은 작다. 같은 종의 수컷이라면 그것이 좌측이든 우측이든 모두 동일한 한쪽 집게가 더 크다. 그러나 대칭의 예외라고 한다면 그것은 보통 좌측과 우측 중 어느 곳에서나 일어날 수 있는 아주 작은 편차, 즉 변동비대칭을 말할 것이다.

동물들이 발달과정에서 스트레스를 받으면 변동비대칭이 커지게 된다. 손힐과 묄러는 생존에 우월한 유전자를 지닌 동물들은 발달과정에서 나타나는 스트레스 요인에 방어 능력이 있어, 같은 수준의 스트레스를 받고 열성의 유전자를 보유한 동물들보다 변동비대칭이 적을 것이라고 생각했다. 또한 그들은 암컷이 더 대칭적인 수컷과 그들이 가진 좋은 유전자를 선호할 것이라고 예측했다.

성선택과 변동비대칭의 개념은 대칭성이 성적 매력의 주요소가 맞는지, 만일 그렇다면 이유가 무엇인가라는 질문을 둘러싼 무수히 많은 연구를 촉발시켰다. 첫 번째 질문의 답은 '그렇다'였다. 많은 종, 특히 조류와 인간에게 대칭성은 성적 미학의 한 기준이었다. 예를 들면 묄러는 긴꼬리과부새와 비슷한 잘라 붙이기 실험을 통해 제비 꽁지깃의 대칭 정도를 임의로 조작했다. 그가 예상한대로 암컷들은 대칭이 더 잘된 수컷을 선호했다. 또한 손힐과 동료들은 대칭에 대한 선호가 인간의 성적 아름다움 인식에도 영향을 끼친다는 사실을 보여주었다. 우리가 더 대칭적인 얼굴을 선호한다는 사실이 수많은 연구자에 의해 입증되었고, 심지어 손힐은 여성들이 외모가 다소 불균형적인 상대보다 더 대칭적인 상대와 성관계를 할 때 오르가즘을 더 많이 느낀다는 사실까지도 밝혀냈다.

물론 미의 영역에서는 감상자의 안목에 따라 수많은 다양성이 나타날 수 있다. 또한 다른 연구에서는 인간이 비대칭형 얼굴보다 대칭형 얼굴에서 매력을 더 적게 느낀다는 결과가 확인된 바도 있다. 다른 동물에서도 예외는 있다. 내가 수행한 귀뚜라미청개구리 연구에서는 대칭성이 매력도에 끼치는 영향이 거의 없었다. 배우자 선택에서 대칭에 대한 선호가 거의 모든 분류군에서 보편적으로 관찰되는 특성이라면 (이것은 아주 큰 가정이다), 그것은 단순히 좋은 유전자에 기인하는 것일까? 다시 말하면, 더 대칭적인 구애자를 선호하는 것은 선택자가 자손에게 유전적 혜택을 물려줄 수 있기 때문일까? 아니면 이러한 선호는 다른 영역에서 비롯되었을까?

나는 3장에서 암컷 퉁가라개구리의 그륵그륵 소리 횟수에 대한 선호가 베버의 법칙을 따른다는 것을 보여주었다. 암컷에게 이런 유형의 선호가 형성되는 원인을 설명할 수 있는 가설은 두 가지가 있었다. 첫 번째는 그륵그륵 소리의 횟수가 수컷의 자질을 나타내주는 좋은 지표이기 때문에 여기에 대한 선호가 발달했다는 것이다.

또 다른 가설은 이 선호가 지각 또는 인지적 편향 때문에 만들어졌으며, 그것은 뇌가 작동하는 방식에 따라 생긴 결과이기 때문에 이 선호를 설명하기 위해 성선택을 끌어들일 필요가 없다는 것이다. 사마귀 입술박쥐 역시도 베버의 법칙에 따라 개구리 음성에 대한 선호 성향을 보여주었다는 사실이 인지 편향 가설에 힘을 실어주었다.

대칭에 대한 선호에도 비슷한 논의가 시작되었다. 이것이 형성된 이유는 우월한 수컷을 얻을 때 오는 유익 때문일까, 아니면 더 일반적인 지각 또는 인지 편향 때문일까? 대칭 선호의 원인이 인지 편향이라는 한 가지 근거는 이것이 동물계에서 섹스와 전혀 관련 없는 영역에서도 관찰된다는 것이다. 우리는 일부 예술작품, 건축, 실내 디자인, 꽃, 반려동물, 상대의 얼굴 등에서 대칭을 선호한다. 또한 벌들은 비대칭 패턴보다 대칭 패턴을 더 쉽게 학습하며, 잎이 더 대칭적인 꽃에서 수분하는 것을 선호한다고 한다. 심지어 닭조차도 더 대칭적인 인간의 얼굴을 좋아한다. 인간과 닭을 대상으로 동일 인물의 얼굴에서 대칭 정도를 변화시키면서 반응을 조사했을 때, 인간과 닭의 선호도는 무려 98% 일치했다! 그런데 만약 인지 편향이 정말 존재한다면 이것은 어디에서 비롯된 것일까?

인지 편향 문제에 처음 주목한 분야는 조류도 인간도 아닌 컴퓨터 두뇌의 대칭성 연구였다. 여기서 '두뇌'는 인공신경망을 말하는데, 이것은 신경계를 모방한 네트워크에 뉴런과 비슷한 역할을 수행하는 계산 단위들을 연결시킨 시스템을 지칭한다. 신경계에서와 마찬가지로 이곳에 자극이 입력되면 다른 쪽에서는 '신경' 반응이 출력된다. 인공신경망 모델은 패턴 인식, 주식시장 예측, 운송 관리 등의 응용프로그램에서 광범위하게 이용되고 있다. 나와 동료 스티브 펠프스$^{\text{Steve Phelps}}$는 이 네트워크를 사용하여 두뇌 진화 모델링을 시도하기도 했다. 인공신경망은 변동비대칭 연구자들에게 대칭 선호가 인지 편향에서 비롯되었을지도 모른다는 가능성을 알리는 결정적 역할을 했다.

생물학자 안토니 아라크$^{\text{Anthony Arak}}$와 마그누스 엔퀴스트$^{\text{Magnus Enquist}}$는 인공신경망이 비대칭적인 물체를 인식할 수 있도록 훈련시켰다. 그들은 이를 위해 훈련용 사물에 대하여 인공신경망이 최대치의 출력값을 내보낼 때까지 네트워크 내 개별 뉴런의 강도를 조정했다. 훈련을 마친 인공신경망에게는 대칭적이거나 비대칭적인 새로운 물체가 주어졌다. 그런데 이 네트워크는 비대칭적인 대상을 선호하도록 훈련되었음에도 불구하고 대칭적인 물체에 더 강한 반응을 보였다. 적어도 인공신경망의 경우에서는, 다른 유형의 비대칭적 형질을 선호하게 만드는 학습의 결과로 새로운 대칭적 형질에 대한 선호가 발생할 수 있다는 의미였다. 이는 대칭에 대한 선호가 인지 편향의 결과로 생길 수 있다는 주장을 뒷받침한다.

뮐러와 함께 《비대칭, 발달 안정성과 진화》를 공동 집필한 존 스와

들<sup>John Swaddle</sup>은 오스틴에 있는 우리 학교에 방문하여 '소음 공해는 새에게 어떤 영향을 주는가?'라는 주제에 관한 강의를 진행했다. 대칭성의 세계에도 여전히 큰 관심을 기울이고 있었던 그는 점심시간 동안 우리에게 이 주제에 관한 자신의 견해를 공유했다. 그에 따르면 대칭에 대한 선호는 우리가 형태를 지각하는 방식에 따른 부산물이다. 그는 인공신경망 사례와 동일하게, 자신의 찌르레기 연구에서도 일반적 학습 현상에서 대칭에 대한 선호가 파생될 수 있다는 결과가 도출되었다는 주장을 설득력 있게 펼쳐나갔다. 그러면 그 원인은 무엇인가?

이러한 편향의 한 가지 예시는 프로토타입 형성 이론에서 찾을 수 있다. 이것은 비대칭 패턴을 무작위로 모아 평균을 내면 대칭이 발생한다는 개념이다. 우리는 대부분 다리 한쪽이 나머지 한쪽보다 조금 더 길다. 그런데 더 긴 쪽이 왼쪽일 확률과 오른쪽일 확률은 비슷하기 때문에 다리 길이 차이의 평균은 거의 0에 수렴하게 되며, 자연히 우리는 미지의 인물을 떠올릴 때 그의 양쪽 다리 길이가 같을 것으로 상정한다. 그러므로 비대칭적인 대상으로 훈련을 받고 우리가 떠올리는 마음 속 이미지 '프로토타입'은 결국 비대칭적 물체의 평균, 곧 대칭성을 지니게 되는 것이다. 이것이 인공신경망, 찌르레기, 닭의 연구 결과를 해석해줄 수 있다. 성적 형질에 대한 대칭성 선호는 구애자의 유전자와 연관성이 있기보다는 선택자의 뇌가 작동하는 방식과 더 관련이 깊은 것으로 보인다.

'유전적 유익'이 대칭 선호를 발달시키는 원인은 아닐지라도, 결과가 될 수는 있다. 손힐과 묄러가 제안했듯, 대칭성을 지닌 개체는 전반적 건강 상태와 활력 면에서 유전자적으로 더 우월할 수도 있다. 그러므로 이론상으로 대칭 선호는 선택자들에게 더 건강한 자손을 번식시킬 수 있게 하는 유전적 혜택을 가져다줄 수 있다. 어쨌든 대칭 선호는 배우자 선택에 유익을 주는지 여부와 상관없이, 선택자의 성적 미학의 한 가지 부수 요인으로서 대칭적인 구애 형질의 진화를 이끌어낼 것이다. 또 다시 우리는 성적 두뇌의 일부 미학이 섹스와 관련성이 없는 영역에서 형성되었을 수도 있다는 사실을 유추해볼 수 있다.

## 성적 매력은 확장시킬 수 있다

우리는 흔히 사람들의 외모가 타고난 것이라고 여기곤 한다. 미남미녀는 유전자 복권에 당첨된 사람들이고, 당첨되지 못한 사람들은 운명을 바꾸기 어려울 것이라고 생각한다.

　캐머런 러셀Cameron Russell은 뛰어난 외모로 〈보그〉와 〈엘르〉의 커버를 장식했으며 빅토리아시크릿과 샤넬 런웨이에 진출한 이력이 있는 하이패션 모델이다. 그러나 러셀은 외모가 전부가 아니라는 선언과 함께, 대중매체가 수많은 젊은 여성의 자아상에 끼친 부정적 영향을 비판하면서 '반역자 모델'로 이름을 알렸다. 그녀의 TED 강연은 엄청난 조회수를 기록했는데, 러셀은 순진한 외모를 지닌 10대 시절의 자신이 성적 매력을 어필하는 관능적인 여성으로 변신하는 전후 사진을 보여주면서 청중들을 깜짝 놀라게 만든다. "지금 여러분들께서 보고 있는 사진은 제가 아니라는 것을 알아주시길 바랍니다. 이 사진은 헤어 디자이너, 메이크업 아티스트, 포토그래퍼, 스타일리스트들이 만든 작품입니다. … 이들이 만든 것은 제가 아니에요."

그녀의 말이 다소 과장일 수는 있다. 왜냐하면 자신도 인정했듯 러셀은 유전자 복권 당첨자이기 때문이다. 그러나 그녀는 더 매력적이고, 관능적이며, 아름다워지도록 자신의 외모를 가꾸었고 그 결과 일반인들이 꿈도 꿀 수 없는 막대한 부를 얻을 수 있었다. 그런 러셀은 성적인 동물 사회에서 예외가 아니다. 수많은 동물들도 유전적으로 주어진 스스로의 아름다움을 개선할 방법을 찾아냈기 때문이다.

지난 세기 가장 중요한 과학책 중 하나인 《이기적 유전자》에서 리처드 도킨스는 유전자가 불멸의 자가 복제자이고, 각 생물체는 그들을 다음 세대로 전달하는 일시적 운반자일 뿐이라는 '유전자 중심적' 진화 관점을 제시한다. 또한 그는 또 다른 중요한 후속작으로 《확장된 표현형》을 출간했는데, 그 중심 주제는 유전자가 우리의 물리적 구조인 표현형phenotype에 기여하는 데 그치지 않고 신체 이상으로도 확장된다는 것이다. 그 범위는 몸은 물론이고 우리가 축적하는 주화와 자원에 대한 조작도 포함된다.

그 어떤 자연의 힘도 성적 아름다움 증대를 위한 노력만큼 그들의 표현형을 확장시키지는 않는다. 이에 관한 가장 좋은 예시는 인간에서 찾을 수 있다. 우리는 각각 성적 아름다움에 기여하는 포트폴리오들을 가지고 태어난다. 그런데 건강한 머릿결과 잘 관리된 몸매를 지닌 남성이 람보르기니에 올라타거나 자신의 양떼를 자랑한다면 그는 더더욱 섹시해 보일 것이다. 또 어떤 남성들은 아름다운 여성이 안경을 썼을 때, 그녀의 외모에 지적 매력이 더해져서 더 큰 매력을 느낀다고 한다. 인간은 성적 매력을 강화시키는 액세서리(주로 금전적 가치로 환산될 수 있는 것)를 획득하고 잠재적 파트너에게 자신의 소유물을 자랑스럽게 과시한다.

아름다움을 끌어올리는 한 가지 방법을 주변을 장식하는 것이다. "내 작품 좀 보고 갈래요?"라는 표현은 동굴벽화만큼이나 오래된 유혹 멘트일지도 모른다. 인간에게 예술은 어떤 개인이 필수 자원에 대한 잉여분을 소유하고 있으며 그것을 마음껏 사용할 수 있다는 사실을 암시하게 해주는 지표형질인 것 같다. 내게 예술품이 많을수록, 그리고 그 예술품이 더 값질수록 사람들은 내가 부유하다는 사실을 확실히 알아챌 수 있을 것이다. 같이 즐기길 원하는가? 메시지의 핵심은 예술 그 자체보다 예술에 드는 비용이다.

동물들도 같은 목적을 위해 자신을 꾸미는데, 탁월한 예술가로는 바우어새를 꼽을 수 있다. 자연선택론의 공동 발견자인 앨프리드 월리스가 일찍이 과학적인 시선에서 바우어새를 설명하긴 했으나, 이 새의

'예술작품'에 대한 관심을 불러일으킨 인물은 퓰리처상 수상사, 신화생물학자, 지리학자이자 《총, 균, 쇠》의 저자로 잘 알려진 재레드 다이아몬드이다. 그는 저서 《제3의 침팬지》에서 바우어새와의 첫 만남을 이렇게 회고한다.

그날 아침 나는 원형으로 지어진 오두막집, 아름다운 화단, 구슬 장식을 한 사람들, 아버지의 진짜 활을 본떠 만든 장난감 활을 가지고 노는 아이들이 있는 뉴기니의 마을을 떠나 외출하였다. 정글에서 직경 2m 40cm, 높이 1m 20cm의 아이들이 지나갈 수 있을 정도로 넓은 입구가 있는 매우 아름다운 오두막이 눈에 띄었다. 오두막 앞에는 초록색 이끼가 넓게 깔려 있었고, 먼지 하나 없는 장식으로서, 의도적으로 늘어놓은 것이 틀림없는 갖가지 색의 자연물이 몇백 개나 놓여 있었다.

그것은 아이들의 장난감 집이 아니라 수컷 바우어새가 꾸민 일종의 정자<sup>bower, 후子</sup>였다. 바우어새는 총 20종인데, 모든 종의 수컷들이 꽃, 돌, 조개껍질, 인간의 물건 등으로 자신이 만든 정자를 화려하게 꾸민다. 심지어 어떤 종은 열매를 으깨어 정자에 색을 칠하기도 한다. 이 구조물의 유일한 기능은 암컷에게 과시할 수 있는 매력적인 환경을 조성하는 것이라서, 둥지와는 달리 폭풍이 와도 아무런 피난처 역할을 하지 못한다. 이것은 구애자들이 섹스를 위해 자신의 표현형을 확장시킨 아주 흥미로운 사례라 할 수 있다.

다이아몬드는 우연히 보겔콥바우어새의 정자를 발견했다. 이 종은 다채로운 색상의 과일, 꽃, 나비 날개로 정자를 꾸민다. 그는 간단한 실험을 몇 차례 진행하여 바우어새의 미적 감각을 파악할 수 있었다. 첫째, 다이아몬드가 수컷이 꾸민 정자의 장식물을 다른 곳으로 옮겼을 때 수컷들은 언제나 그것을 원래 위치로 되돌려놓았다. 그는 이후에 정자 근처에 포커게임용 칩을 놓고 수컷의 반응을 살폈는데, 수컷들은 그것을 장식 재료로 사용하되 아주 까다롭게 색상을 선택했다. 수컷들의 색상 취향은 각자 달랐지만 대체적으로 하얀색을 싫어하고 파랑색을 선호하는 편이었다. 다이아몬드가 어떤 수컷의 정자에 칩을 놓아두면 근처의 다른 수컷이 와서 그것을 훔쳐가 장식 재료로 사용하기도 했다.

수컷들이 정자를 꾸미는 단 한 가지 이유는 암컷을 유혹하는 것이었다. 암컷은 장식을 더 많이 하는 수컷을 선호했으며, 대체로 종마다 색상 취향이 달랐다. 다이아몬드가 "이 새들은 인형의 집 같이 예쁜 오두막을 짓는다. 꽃, 잎, 버섯을 어찌나 감각적으로 활용하는지, 마티스가 막 이젤을 세우고 작업을 시작했다 착각하는 것도 무리는 아닐 것이다"라고 말한 것은 그리 놀랍지 않다.

바우어새의 정자보다 더 정교하게 장식된 구조물을 만들 수 있는 것은 인간뿐이다. 바우어새의 뇌는 큰 편이며, 종 내부적으로 이들의 두뇌 크기와 장식의 복잡성은 비례한다. 이를 두고 신경과학자 레이니 데이<sup>Laney Day</sup>는 "나뭇잎으로 꾸민 간소한 무대부터, 나뭇가지나 잔디로 만들고 형형색색의 물체로 장식한 정교한 구조물까지, 복잡성의 범위는 아주 다양하다"라고 이야기했다. 일각에서는 수컷이 '장식물이 얼마나 희귀한가'와 같은 세부 사항을 가지고 암컷에게 자신의 지능을 과시할 수 있다고 주장하기도 했다.

또 조아 매든<sup>Joah Madden</sup>과 케이트 태너<sup>Kate Tanner</sup>는 수컷이 암컷의 감각 편향을 이용하기 위해 장식을 선택했다고 주장했다. 장식물의 색상은 수컷의 매력도에 영향을 주어 결과적으로 짝짓기 성공률을 좌우한다. 연구자들은 이 장 초기에 소개된 망상어의 사례처럼 짝짓기 선호와 먹이 선호가 일치하는지 시험해보았다. 바우어새 두 종에서, 암컷이 먹이로 포도를 좋아할 경우 수컷이 포도를 장식 재료로 사용할 확률은 높아졌다. 다만 매든은 모두가 여기에 동의하는 것은 아니라고 내게 이야기했다. 바우어새가 어떤 동물이며, 왜 특정 행동을 하는지에 대해 여러 과학적 견해가 존재하는 것만큼이나 바우어새의 종류도 다양하기 때문이다. 우리는 바우어새를 알아가는 과정 중에 있다. 그중 최근 눈에 띄는 진전이라면 수컷 바우어새가 월트 디즈니도 울고 갈 정도로 지각 착시<sup>perceptual illusions</sup>를 잘 활용한다는 사실을 발견한 것이다.

앞서 이야기한 것처럼 다이아몬드가 보겔콥바우어새 정자의 장식품을 다른 곳으로 옮기면 수컷들은 그것을 원위치로 돌려두었다. 우리도 아무렇게나 벽에 그림을 걸지 않기는 하지만, 수컷들은 왜 그렇게 장식물의 위치 선정에 심혈을 기울이는 걸까? 문자와 대칭 사례에서 그랬듯 패턴에 대한 선호는 패턴의 인식과 결부되어 있다. 수컷이 정자에 설치한 장식물은 크기도 서로 다르고, 정자 내 수컷의 구애 장소로부터의 거리도 제각각이다. 또한 암컷의 망막에 비치는 장식품 이미지의 크기 역시 암컷의 위치에 따라 다르게 인식될 것이다. 인간과 마찬가지로 암컷 바우어새는 대상의 크기와 거리를 보정할 수 있다. 그러나 수컷은 암컷의 보정과정에 개입하여 자신을 더 멋져 보이게 만들곤 한다. 이것이 무슨 뜻인지 잘 와 닿지 않겠지만 지금부터 설명해보도록 하겠다.

멀리 있는 물체가 더 작게 보이는 이유는 더 작은 굴절 각도를 만들며 망막에 맺히기 때문이다. 우리의 시각체계는 이 일이 일어나는 것을 '알고' 있으므로 거리에 관계없이 대상의 크기를 잘 예측할 수 있다. 그런데 우리 뇌가 이 기본적인 사실을 계산에 넣지 못한 채 작동한다고 상상해보자. 우리는 책상 위에 있는 커피 잔이 하늘 높이 솟은 고층건물보다 더 크다고 착각할지도 모른다. 또한 저 멀리 보이는 작은 점 크기의 회색 곰을 보고도 무서워하지 않고, 곰이 가까이 다가오더라도 밟아버리면 그만이라고 생각할 수도 있다. 그러나 물론, 곰이 정말 가까이 오게 되면 때는 너무 늦었다. 진짜 곰은 작은 점보다 훨씬 크기 때문이다. 그러나 다행히도 우리는 거리에 따라 크기가 다르게 인식된다는 사실을 알고 있으므로 속지 않는다, 아니 최소한 매번 속아 넘어가지는 않을 것이다.

　예술가들은 거리와 크기에 대한 우리의 지각을 교묘히 이용하여 우리가 보는 대상의 크기를 조작해왔다. 영화에 나오는 호빗이나 난쟁이들은 키가 더 큰 다른 등장인물과 함께 서 있는 것처럼 보여도, 사실은 더 원거리에 있어서 작아 보이는 것이다. 디즈니랜드의 신데렐라성 역시 바우어새와 관련 있는 사례이다. 건물의 창이 실제로 모두 같은 크기라면, 더 높은 층에 있는 창은 더 멀리 있기 때문에 상대적으로 작아 보일 것이다.

　우리의 두뇌는 이미지의 크기/거리 효과를 보정하여 건물 높이의 실제적인 추정치를 얻게 해준다. 하지만 디즈니 아저씨는 우리를 속였다. 신데렐라성 위층에 있는 창문은 아래층에 있는 창문보다 실제 크기가 작다. 그러므로 이 창문은 더 멀리 있는 것처럼 보일 것이고 결과적으로 신데렐라성은 우리 뇌에서 더 높은 건물로 인식된다. 이 효과를 지칭하여 인위적 원근법이라고 부른다. 디즈니도 영리했지만, 바우어새들의 두뇌 크기도 무시할 것이 못 된다는 사실을 잊지 말자.

　존 엔들러John Endler는 굉장히 창의적인 진화생물학자이다. 그는 트리니다드에서 구피의 색상 진화를 아주 세세히 연구한 것으로 유명해졌다. 최근에는 동료들과 함께 그레이트바우어새가 인위적 원근법 기술을 영리하게 쓰는 방식을 알아내기도 했다. 그레이트바우어새는 보겔콥바우어새처럼 조개껍질이나 뼛조각 같은 장식품을 까다롭게 고르며, 진입로가 기다란 정자를 짓는다. 암컷들은 진입로에 들어선 후 자리를 잡고 정자 안에서 구애 동작을 하는 수컷의 모습을 지켜보게 된다. 수컷은 장식품을 크기순으로 배치하는데, 진입로 초입에서 멀어질수록 그리고 정자에 가까워질수록 더 큰 물체를 놓는다. 이러한 배치 방식 덕분에, 신데렐라성의 것과 정반대 성질의 인위적 원근법이 만들어진다. 정자가 원래 크기보다 더 작아 보이는 효과가 나타난다는 의미이다.

우리가 진입로에 있는 암컷의 눈과 뇌를 통해 상황을 인식하는 것은 불가능하지만, 엔들러와 동료는 이런 방식으로 장식품이 배치될 경우, 정자의 크기가 실제보다 작게 인식되는 동시에 구애하는 수컷의 몸집이 더 커다랗게 보이는 효과가 생길 것이라고 추측했다. 그러므로 실제 크기가 어떻든 간에 수컷은 지각 착시를 일으키는 구조물을 지어서 자신의 몸집을 더 크게 각인시킬 것이다. 한편 그레이트바우어새는 보겔콥바우어새와 동일하게 연구자들이 침입하여 옮겨둔 장식품의 위치를 원래대로 돌려놓는다고 한다.

섹스를 위해 장식을 하는 것은 바우어새뿐만이 아니다. 아프리카의 시클리드 물고기도 모래 속에 최대 지름 3m의 화산 모양 둥지를 지으며, 바우어새의 사례처럼 둥지의 모양은 수컷의 성적 아름다움을 어필하는 데 도움이 된다. 어떤 시클리드는 소라껍데기로 영역을 꾸미기도 하는데, 바우어새 경우와 달리 껍데기는 암컷의 알을 보관하는 실용적인 기능을 수행한다. 수컷들은 자신의 영역에 소라껍데기가 더 많을 수록 더 많은 암컷과 짝짓기할 기회를 얻을 수 있다.

사막딱새의 사례는 조금 더 기이한데, 수컷은 암컷이 알을 낳기 전에 나무 구멍 속 보금자리에 돌을 옮겨다 놓는다. 암컷이 그전부터 둥지 안에 머물고 있었으므로 돌이 유혹 수단인 것은 아니다. 몸무게가 고작 40g인 이 새가 일주일 동안 옮기는 돌의 양은 총합 1~2kg으로 자기 몸무게의 50배에 달하기도 한다. 이 돌들이 직접적으로 어떤 기능을 하는 것은 아니지만, 연구자들은 수컷들이 헬스장에서 근육 운동을 하는 남성처럼 암컷에게 힘자랑을 하고 있는 것일지도 모른다고 추측했다.

마지막 사례로 농게들은 큰 집게를 앞뒤로 흔드는 구애 동작에 더하여 진흙으로 기둥을 만들어 세워놓는다. 수직으로 솟은 기둥은 게 눈속에 있는 탐지기의 구조상 특히 더 잘 포착되는 형태라고 한다. 사실우리는 이러한 사례들에서 확장된 표현형이 성적 두뇌와 어떻게 상호작용하는지를 정확하게 파악하지 못할 때도 많다. 그러나 추측컨대, 그것들은 선택자의 성적 미학에 기여하는 지각·인지 편향에 의해 큰 영향을 받고 있을 것이다.

신경미학[neuroaesthetics]이라는 비교적 새로운 과학 영역은 아름다움에 대한 인간의 시각적 인식을 기계론적 관점에서 탐구하는 분야이다. 인간은 시각적인 미적 감각을 잘 발달시켜 이를 예술, 자연 경관, 성적 아름다움과 같은 수많은 영역에 적용시킨다. 어떤 형질에 대한 우리의 시각적 지각은 어떻게 성적 두뇌와 상호작용하여 아름다움의 지각을 이끌어내는가? 시각 신경미학 분야는 두뇌에게 '왜 무언가를 보고 그것에 이끌리는가'라는 질문을 던진다.

인지신경과학자 안잔 채터지[Anjan chatterjee]는 시각 처리과정이 초기, 중기, 후기의 세 가지 범주로 구별된다고 이야기했다. 초기 과정은 이 장에서 소개한 망상어 사례와 같이 시각적 환경에서 색상 및 명암과 같은 간단한 요소를 추출하는 단계이다. 중기 처리과정은 추출된 요소들을 적절한 연접 부위에 맞게 분류하며, 후기는 이 연접 부위 중 어느 곳에 우리가 주의를 집중시켜야 할지를 결정한다. 바우어새의 인위적 원근법은 후기 처리과정에서 발생하는 것이다.

우리의 시각 미학은 이렇게 각각의 처리과정으로부터 영향을 받는다. 여기에 존재하는 편향은 문화적 영향 때문에 발생할 수도 있고 우리 뇌에 내재하는 것일 수도 있다. 채터지는 대칭적인 얼굴에 대한 선호가 모든 문화권에서 나타나는 현상임에 주목하며, 이것이 문화적 경험에서 비롯된 것이 아닐 수도 있다는 주장을 제기했다. 이에 더하여, 이론상 일부 문화적 기대에 부응하는 영아의 행동에서도 대칭성에 대한 선호가 선천적으로 형성되었을 가능성을 짐작해볼 수 있다. 생후 일주일이 안 된 신생아들도 더 대칭적인 얼굴에 대한 선호도를 보였으며, 6개월이 되면 아기들은 적극적으로 더욱 매력적인 얼굴에 관심을 나타냈다. 다른 동물의 대칭성 선호에서 보았듯, 시각체계에 존재하는 기본적 속성이 성적 두뇌에 편향을 일으킴으로써 대칭성에 대한 선호를 형성시키고 있는 듯하다. 제비가 대칭적인 꼬리를 선호하고, 물고기들이 대칭적인 줄무늬를 좋아하며, 우리가 예술과 타인의 얼굴에서 대칭을 선호하는 것은 모두 시각이 작용하는 기본 방식에 기인한 것일지도 모른다.

아름다움의 기준이 문화적 요인에 의해 정의되는 사례도 많다. 예를 들어 다윈은 인간의 피부색이 다양한 이유가 특정 피부색의 상대를 선호하는 문화적 배경 때문이라고 판단했다. 이와 비슷하게 머리 색상이나 스타일, 체형, 허리와 엉덩이 비율에 대한 인간의 선호 유형은 모두 해당 지역의 문화를 본떠서 만들어졌을 것이라고 유추되고 있다.

유전자와 후천적 경험 중 무엇이 더 중요한지를 따지는 본성 대 양육 논쟁은 더 이상 생물학에서 흥미로운 주제가 아니다. 대부분의 형질은 DNA 서열 차이나 유전자 발현 조절과 같은 유전 요인은 물론이고, 우리 몸 안팎을 모두 포함하는 주변 세계의 영향을 전부 받은 결과물이다. 각 형질이 상이한 이유는 '본성'이나 '양육' 한 가지 요인 때문이 아니라 본성과 양육이 서로 상호작용하는 '정도'에 달려 있다. 이것은 아직도 사회과학계에서 논란이 되고 있는 주제이긴 하나, 우리가 본성과 양육 스펙트럼 사이 어느 지점에 있든, 그것은 아름다움이 우리 성적 두뇌를 자극하기 위해 진화하는 방식에 거의 영향을 주지 못한다. 망상어들의 구애 색상에 대한 선호가 광수용체의 색상 민감도를 결정하는 옵신^opsin의 서열로부터 발생하든(본성), 금화조의 경우처럼 부모의 부리 색깔에 대한 학습에서 오든(양육), 이러한 선호가 구애 색상의 진화를 추동하고 있기 때문이다.

우리의 미적 지각은 감각체계로부터 크게 영향을 받는다. 1장에서 논의했듯이 성적 두뇌는 주변 세계의 성적 아름다움에 관한 정보에 접근하고 이를 분석하며, 무엇이 아름다운가와 같은 결정을 내리는 모든 신경체계를 포함한다. 동물의 미학보다 인간의 미학 연구가 더 활발하게 진행되고 있는 한 분야인 신경영상 기술은 추상예술이나 성적 이미지 등의 다양한 시각 자극이 앞서 소개된 '좋아함과 원함'의 조절 영역인 도파민 보상 시스템을 어떻게 촉진하는지 확인할 수 있게 해준다.

인간이 상대의 얼굴이나 몸매 등의 매력적인 이미지를 볼 때 보상 시스템과 관련된 두뇌의 다양한 부위가 자극된다는 것이 수많은 연구를 통해 확인되었다. 그런데 우리는 성적으로 매력적인 이미지를 볼 때, 쾌감만 느끼는 것이 아니라 욕망을 느낀다. 보상 시스템은 쾌감이 욕망으로 연결되는 곳이며, 우리는 무언가를 좋아하기만 하는 것이 아니라 원하게 된다. 이 시스템은 마약, 음식, 도박 같은 깃들의 지배를 받을 수 있는 곳이며, 단순한 쾌락적 기쁨을 저항 불가한 중독으로 둔갑시키는 곳이기도 하다. 포르노피아를 다루는 8장에서 이를 더 자세히 설명할 것이다.

신경미학 연구는 보통 소리나 냄새보다는 시각 이미지에 대한 대상자의 반응을 수집하는 방식으로 진행된다. 또한 섹스에 관해서 우리가 인식하는 자극의 상당 부분은 눈을 통해 이루어지고 있다. 그러나 우리는 성적 아름다움을 평가하기 위해 듣고, 만지고, 냄새를 맡기도 하며, 실제로 많은 동물들이 시각이 아닌 다른 감각양상에 더 크게 의존하고 있다. 다음으로 우리는 상대의 외모보다는 소리에 더 관심을 갖는 동물들에게 우리의 눈과 귀를 집중시켜볼 것이다.

카나리아
(canary)

# 침대 위의 세레나데
## : '소리'로 끌어올리는 성적 매력

노래는 상징적 기능보다 정서적 기능을 수행하며,
다양성이 발생한 이유는
의미의 확장이 아닌 청자의 흥미를 유지시키기 위함이었다.

- 피터 말러 -

**헬**렌 켈러는 "눈이 보이지 않는 상태는 사람을 사물과 격리시키지만, 귀가 들리지 않는 상태는 사람과 사람을 격리시킨다"라고 이야기했다. 물론 청각 장애를 가진 사람들은 공동체에서 서로 소외되는 일이 거의 없기 때문에 켈러의 주장을 강하게 부정할지도 모른다. 그러나 서로 다른 감각은 상이한 방식으로 이 세계에 접근하며, 그에 따른 지각 역시 달라지는 것이 사실이다. 시각과 청각이 제공하는 감각도 서로 다르다. 섹스의 소리는 인간의 침실에서 흘러나오는 숨소리나 신음 소리에만 국한되는 것이 아니다. 인간과 동물의 구애에서 소리는 주요한 역할을 한다. 새, 개구리, 귀뚜라미의 노래, 말사슴의 울부짖음, 물고기가 부레를 진동시키는 소리, 그리고 심지어 인간의 음악의 상당 부분은 모두 섹스를 둘러싸고 있다.

2장에서 논의했듯 우리 행성에 서식하는 약 6,000종의 개구리는 모두 자기 종만의 고유한 짝짓기 음성을 가지고 있다. 연구자들이 실험을 했을 때 암컷 개구리들은 거의 항상 동종의 울음소리에 더욱 이끌렸으며, 더 심층적인 조사를 했을 때 암컷 개구리의 뇌가 이종의 침입자보다 동종 수컷의 음성을 더 매력적으로 느끼도록 배선되어 있다는 사실을 확인할 수 있었다. 온대의 봄과 열대의 우기는 개구리와 두꺼비 수천 마리가 암컷을 유혹하기 위해 자기 종의 노래를 부르는 것과 함께 시작되곤 한다.

우리가 1990년 파나마 서부의 운무림으로 여행을 떠났을 때도 해가 지고 나면 이런 울음소리가 들려오곤 했다. 우리가 방문했던 포투나 인근 지역에는 검은 바탕에 밝은 녹색 무늬가 있는 할레퀸개구리가 서식한다. 이 개구리는 바위 위나 산꼭대기에 앉아 거세게 흐르는 차가운 물줄기 사이에서 짧고 높은 음으로 울기 때문에 금세 우리의 이목을 집중시킨다. 개구리가 낮 동안 짝짓기 음성으로 우는 일은 흔하진 않지만 그렇다고 희귀한 것도 아니다. 그러나 이 개구리들이 특이한 이유는 그들에게 일반적으로 개구리 머리에 붙어 있는 고막, 즉 외이가 없기 때문이다. 또 할레퀸개구리에게는 외이와 내이를 연결하는 이소골이 없다. 이러한 불리한 신체 조건을 보고 나와 동료들은 이 개구리들이 소리를 들을 수나 있는지, 또 그렇다면 이런 불완전한 청각체계로 음원의 위치를 찾는 것이 가능할지 궁금증이 생겼다.

우리가 포투나를 방문했을 때는 할레퀸개구리가 너무 흔했던 나머지 개울을 건널 때면 실수로 그들을 밟지 않으려고 정신을 바짝 차려야 할 정도였다. 우리는 소리의 위치를 찾는 행동을 주제로 실험을 수행했다. 개울가에 스피커를 설치하고 싸움을 거는 듯한 침입자 수컷의 음성을 내보낸 다음, 재래종 개구리가 침입자 수컷의 음원 위치를 얼마나 잘 찾아내는지 지켜보았다. 지루하게 긴 이야기를 짧게 요약하자면, 개구리들은 음원의 위치를 찾을 수 있는 것처럼 보였다. 그러나 우리의 실험으로 이들이 음원의 위치를 찾는 방식에 대한 단서를 얻은 것은 아니었다. 우리 연구는 보기 좋게 실패했지만, 밤이 되어 약간이나마 지원군들의 도움을 받을 수는 있었다. 우리는 10여 종의 개구리 수백 마리가 모여 부르는 짝짓기 세레나데에 둘러싸였고, 다른 종들은 일반적인 개구리 귀의 모든 부위를 동원하여 소리를 듣는 옛날 방식을 사용한다는 사실을 확인할 수 있었다. 우리는 이 귀 없는 개구리에 대한 연구 접근법을 다시 고민해보고, 추후에 포투나로 다시 돌아와 할레퀸개구리의 청각 기전을 심층탐구해보자고 결의했다.

그러나 그날은 오지 않았고, 앞으로도 오지 않을 것이다. 그 당시 세계 곳곳에서 개구리의 멸종을 불러일으켰던 치명적인 항아리곰팡이에 의해 파나마 서부 산악지대의 개구리들은 대부분 같은 운명을 맞게 되었다. 연구원들이 포투나에서 개구리를 단 한 마리도 찾을 수 없다고 이야기했을 때 나는 도저히 그 말을 믿을 수 없었다. 내 눈으로 직접 상황을 확인하기 위해 나는 친구들과 함께 포투나로 떠났다. 우리는 최적의 개구리 서식 환경을 찾아 며칠 밤낮 동안 숲을 샅샅이 뒤졌다. 부슬비가 내리는 밤중이든 구름에 안개가 자욱한 낮 시간이든, 우리는 곳곳에서 먹먹하게 울려 퍼지는 침묵 속에서 귀를 적응시키며 개구리의 흔적을 찾아다녔다. 결국 우리는 개구리 한 마리의 울음소리를 살짝 들을 수 있었는데, 그 소리를 따라가서 주인공을 찾아낸 순간, 세상에서 가장 외로운 동물을 보고 있는 기분이 들었다. 전 세계적 환경운동의 태동을 도운 책 《침묵의 봄》에서 레이첼 카슨이 예견한 재앙이었다. 참으로 애석할 뿐이다.

그 뒤로 항아리곰팡이는 파나마 서부 산악지대에서 파나마 운하를 건너, 이제는 남아메리카를 향해 퍼지고 있다. 최근 나는 대학원생 소피아 로드리게즈와 함께 1차 열대우림 다리엔 갭을 방문했다. 인적이 없고 항아리곰팡이의 침입 경로가 되어줄 그 어떤 도로와도 멀리 떨어져 있는 깊숙한 숲속이었지만, 우리는 그곳에 서식하는 퉁가라개구리조차 항아리곰팡이에 감염이 되었다는 사실을 깨달았다.

다만 퉁가라개구리나 다른 저지대 개구리들은 곰팡이에 어느 정도 저항력이 있는 것으로 보인다. 곰팡이의 영향으로 쇠약해지는 개체들도 있었지만, 항아리곰팡이가 퉁가라개구리의 멸종 원인이 될 것 같지는 않았다. 아마 이 개구리들이 곰팡이에게 적합하지 않은 높은 기온의 저지대에 서식하기 때문일 것이다. 한편, 수컷들이 의도치 않게 암컷들에게 자신의 감염 여부를 알릴 수 있다는 것도 또 다른 설명이 될 수 있다. 소피아는 감염된 수컷과 감염되지 않은 수컷의 음성이 다르다는 것을 확인하고, 각각의 음성을 암컷에게 들려준 후 선호도를 관찰했다. 암컷들은 같은 종에서 곰팡이에 감염된 개체보다 건강한 개체의 음성을 선호했다. 물론 나는 가장 좋아하는 개구리종이 곰팡이의 맹공격에서 살아남았다는 사실에 굉장히 기뻤지만, 이 단일 미생물이 생태계의 다양성에 가져온 막대한 손실로 인해 느꼈던 상실감이 위로될 수는 없을 것이다.

주제에서 약간 벗어났던 것을 용서해주기 바란다. 그러나 이 책의 주제는 실존하는 동물들이고 그중에서 많은 종이 배우자감을 찾는 문제 이상으로 실제적인 생존 위협을 받고 있다. 이제부터 우리는 이 동물들이 만들어내는 사랑스러운 소리를 탄생시킨 성적 미학에 대해 더 자세히 알아볼 것이다.

## 듣는다는 것은 얼마나 멋진 일인가

듣는 것은 보는 것만큼이나 진귀한 기술이지만, 두 영역은 아주 다르다. 우리는 말을 할 때 후두의 몇 센티미터 안 되는 두 개의 성대 주름을 진동시키며, 이 진동으로 인해 후두 주변의 공기 압력이 변화한다. 이러한 압력의 변화는 우리 목의 공진주파수에 의해 조절되며, 변동되는 압력이 몸을 빠져나가면서 혀와 입술에 의해 형태를 갖추게 된다. 말소리는 우리 입에서 빠져나오면서 분자가 더욱 단단해져서 주변의 공기 압력을 바꾸고, 더 느슨하게 압축되어 소리에 의미를 부여한다. 성대에서 처음 시작된 음압의 변화는 마침내 우리가 행동을 조종하기 원하는 사람들의 머릿속에 도달한다.

상대가 우리의 목소리를 듣는다고 귀가 따갑지는 않겠지만, 이러한 압력 변화에 반응하여 고막이 진동하게 된다. 고막의 진동으로 인해 고막과 내이를 연결하는 이소골이 움직이고, 이 뼈의 움직임으로 인해 내이의 림프액이 유동된다. 림프액이 흐르면 내이의 청각 뉴런인 유모세포가 점화되고, 이런 신경 반응이 두뇌 청각체계에 도달하여 세밀한 처리과정을 거친다. 만약 소리가 섹스와 관련된 것이라면 청각체계는 이 신경 반응을 성적 두뇌 영역에 보낼 것이다. 나는 여기에 모든 것을 상세히 기록하지는 않았고, 동물의 청각이라는 주제에는 다른 훌륭한 예시도 많이 존재한다. 그러나 대강 무슨 그림인지는, 아니 무슨 소리인지는 이해했을 것이라 믿는다.

듣는 것이 얼마나 멋진 일인지 잠시 반추해보자. 당신이 눈을 가리고 잔잔한 연못의 수면 위에 손을 올렸는데 누군가 연못에 돌을 던지면 어떻게 될까? 당신은 수면이 진동하는 것을 느끼고는 무슨 일이 있어났다는 것을 감지할 것이다. 또 감각이 예민하다면 그것이 작은 자갈일지 큰 바위일지 맞출 수도 있다. 그러나 돌의 색깔, 온도, 돌을 던진 사람이 누구인지는 추측할 수 없다. 수면의 진동은 많은 정보를 주지 않기 때문이다. 그러나 만일 내가 후두 안에 있는 작은 주름 조직을 움직여 공기압의 변동을 만듦으로써 어떤 정보를 전달한다면, 당신은 내가 '의도'하고 보내는 정보를 얻는 것 외에도 내 성별, 덩치, 나이 같은 것들을 비슷하게 맞출 수 있을 것이다. 또한 나는 성대를 움직이면서 당신으로부터 즐거움, 분노, 두려움 등의 감정을 이끌어낼 수도 있고, 심지어 당신이 내게 다가오거나, 나를 피하거나, 나 또는 타인을 공격하게 만들 수도 있다.

이 장에서 우리는 구애자들이 단순히 소리를 만드는 행위로 어떻게 선택자에게 자신의 정체는 물론, 나이나 건강 여부 등의 정보를 전달할 수 있는지를 살펴볼 것이다. 또한 각 소리가 어떻게 설계되어 선택자의 뇌 깊숙이 도달하고 그들의 주의집중·동기부여 상태뿐만 아니라 그들의 호르몬 환경, 보상 시스템, 궁극적으로 배우자 선택에 효과적으로 영향을 주고 있는지도 고찰해볼 것이다.

## 목소리에는 각종 정보가 포함되어 있다

앞서 우리는 동물들이 이종교배를 할 경우 자원의 낭비가 발생하기 때문에 동종의 상대와 짝짓기하는 일이 얼마나 중요한지를 확인했다. 예측컨대, 이러한 필요로 인해 구애자는 자신의 정체를 알리는 형질을 진화시켰고, 선택자는 동종의 구애자를 더 매력적으로 느끼게 하는 인지편향을 진화시켰을 것이다. 또한 우리는 이 예측이 틀리지 않았다는 것도 확인할 수 있었다. 그러므로 뇌는, 특히 지금의 경우 청각을 담당하는 영역은 동종의 구애 음성에서 나타나는 특징을 자신의 성적 미학에 포함시키도록 진화해야만 할 것이다. 암컷 카나리아와 인간은 모두 수컷 카나리아의 노래에 매료되지만, 지빠귀나 칠면조, 귀뚜라미나 개구리는 카나리아의 노래에서 어떠한 성적 매력도 느끼지 못하는 것이 확실하다. 선택자 두뇌의 청각적 미학이 동종의 노래를 선호하도록 배선되는 세부 방식은 다양하다. 퉁가라개구리 예시에서처럼 내이의 주파수가 조율되면서 이 과정이 시작될 수도 있고, 귀뚜라미의 경우처럼 흉부의 청신경이 울음소리의 리듬에 더 잘 반응하도록 발달될 수도 있다. 한편 새들의 경우 소리에 대한 편향은 내이 등의 주변부에서는 거의 발생하지 않고, 뇌의 여러 부위에 내재하고 있는 편이다. 이처럼 뇌는 갖가지 방식을 이용하여 특정 개체가 동종의 소리에 편향을 가지게 만든다.

뇌가 동종의 노랫소리에 맞게 배선되어 있다면, 어떤 노래는 다른 노래보다 해당 종의 노래로 식별될 수 있는 특징에 더 잘 부합할 것이다. 여러 수컷이 함께 노래를 불러도 더 카나리아의 노래같이 들리는 소리가 있듯, 구애자들의 건강·자원·유전자에는 아무런 차이가 없어도 누군가는 노랫소리 덕분에 경쟁자보다 동종의 성적 미학을 더 잘 만족시킬 수 있을 것이다. 이런 구애자들이 배우자를 더 많이 얻을 것이며, 그것이 가능한 유일한 이유는 그들이 성적으로 더 아름답기 때문이다.


발성법은 종마다 다를 뿐만 아니라 같은 종의 다른 개체군 내에서도 큰 차이를 보일 수 있다. 내 친구 에디 존슨은 출생지 뉴욕 브루클린에서 멀리 떨어진 아이다호주에서 교수직을 맡고 있다. 그가 브루클린을 떠난지 수년이 흘렀지만 에디의 억양은 여전히 뉴욕에서 방금 도착한 듯 그대로여서 아무도 그의 출신지를 헷갈려 하지 않을 것이다. 아마 그가 속한 학교의 총무 직원을 제외하고 말이다. 내가 강의를 하러 그곳에 방문했을 때 그녀는 언어 장애를 겪고 있는 사람을 고용한 교수진의 동정심에 감동했다고 이야기했다. 그녀에게 영어의 방언이란 자신이 사용하는 한 가지 종류만이 존재했던 것 같다. 《피그말리온》과 번안작 〈마이 페어 레이디〉에서 헨리 히긴스 박사는 억양이나 사투리만 가지고도 놀랍도록 정확하게 어떤 사람의 출신을 맞출 수 있었다.

동물에게도 방언의 차이가 나타나며, 특히 명금류는 더 그렇다고 한다. 앞서 이야기한 카나리아와 금화조는 5,000종이 넘는 명금류의 두 가지 사례에 불과하다. 개구리와 마찬가지로 서로 다른 종의 명금류는 서로 다른 노래를 부른다. 개구리와 다른 점은 이들이 생애 초기에 아빠나 이웃들에게 노래하는 법을 배운다는 것이다. 어떤 새들은 그 시기가 지난 후에는 다른 노래를 전혀 습득하지 못하지만, 어떤 새들은 해마다 자신의 레퍼토리를 계속 늘려갈 수 있다. 조류든 육상 동물이든 완벽한 학습은 불가능하다. 수컷들은 보통 자라서 아빠와는 약간 다른 노래를 부르게 될 것이다.

흰줄무늬참새를 예로 들자면, 세대가 거듭될수록 이런 차이점이 축적되어 한 개체군과 다른 개체군의 노랫소리는 약간 다르게 들리기도 한다. 이들이 서로 다른 방언을 가지는 것이 문제가 될까? 아마 그런 것 같다. 둥지에 있는 수컷만 노래 부르는 법을 배우는 것이 아니라, 암컷들도 학습을 통해 어떤 노래가 매력적인지를 배우기 때문이다. 특히 흰줄무늬참새에 관한 수많은 연구에서 암컷들이 그 지역의 방언으로 노래하는 수컷의 음성을 더 좋아한다는 것이 밝혀졌다.

인간의 방언 관련 선호를 둘러싼 일화가 많이 있는데, 이 선호가 꼭 같은 지역의 방언을 향해서만 형성되는 것은 아니다. 내가 아는 많은 미국 남부 지역의 여성들은 뉴저지 사람들의 소프라노 같은 억양을 아주 싫어하며, 또 내가 아는 뉴저지의 많은 남성들은 남부 여성의 느릿느릿한 말투에 마음이 녹아내린다고 한다. 조류와 인간의 사례에서 방언 관련 선호는 선택자에게 돌아가는 실용적 유익과 꼭 관련되지는 않을 수도 있다.

예를 들어 새의 방언은 수컷이 그 지역 서식지에 가장 잘 적응했다는 것을 나타냄으로써 해당 지역에 사는 암컷들이 그런 수컷을 선호하게 만든다는 가설을 제시하기도 한다. 이 가설은 논리적으로 들리지만, 이것이 실제 자연에서 일어나는 생물학적 현상으로도 연결된다는 사실을 입증해줄 데이터는 거의 없다. 단순히 선택자들이 더 귀에 친숙한 방언을 좋아하거나, 더 이국적인 방언을 좋아하는 것일지도 모른다.

인간의 방언은 지리적 출신뿐 아니라 사회적 위치를 알리는 단서가 되기도 한다. 아래 등장하는 문장에서 괄호안의 단어와 그 앞의 단어를 바꿔 읽으며 생각해보자.

• Jack was waiting (wading) for a bus in front of his

school.

- Jack had been playing (plain) sports all day and was very tired.
- He was worried about falling (fallen) asleep on the bus and missing his stop.

각각의 문장에서 괄호 앞의 단어를 괄호처럼 발음하는 것은 보통 더 낮은 사회경제적 지위를 연상시킨다. 온타리오의 여성들은 비슷한 연령대의 스코틀랜드 젊은 남성이 이 문장을 읽는 것을 듣고 남성의 사회경제적 지위를 예리하게 추측했으며, 더 '적절한' 방언을 쓰는 남성을 더 매력적으로 느꼈다. 여성들은 상대를 선택할 때 그들이 가진 자원을 함께 원한다. 질리안 오코너Jillian O'Connor와 맥마스터대학교 및 MIT 소속 동료들은 억양만큼 상대의 자원을 더 잘 예측하게 할 지표가 무엇이겠냐는 주장을 펼치기도 했다.

## 이성을 유혹하는 소리에는 비용이 발생한다

확실히 인간과 동물 대부분의 배우자 선택에서 다른 종이나 다른 언어를 쓰는 구애자보다는 동일 개체군 내 동일 종의 구애자를 고르는 일이 가장 흔하다. 암컷들은 쉽게 유혹에 넘어가지 않기 때문에, 짝을 원하는 수컷들은 아주 일관되게 음성을 사용하여 자신을 홍보해야만 한다. 많은 명금류, 귀뚜라미, 개구리는 암컷을 설득하고 유혹하기 위한 노력으로 하루에도 수천 번씩 노래를 한다. 이러한 행동에는 큰 비용이 따른다. 이들이 우는 동안에는 산소 소모량과 근육의 젖산량이 크게 증가한다. 어떤 종의 수컷은 며칠 동안 노래를 부른 후 체중 감소, 스트레스 호르몬 증가, 테스토스테론 감소 등의 이유로 에너지 비축량을 재충전하기 위해 며칠간 휴식을 취하기도 한다. 울음에 필요한 정력적 비용은 건강하지 못한 수컷들이 섹스시장에 참가하지 못하게 만드는 필터 역할을 하기도 한다.

섹스를 위해 소리를 내보내는 데는 또 다른 추가 비용인 '염탐꾼'이 존재한다. 곳곳에 도사리고 있는 염탐꾼, 곧 포식자와 기생충이 먹이와 숙주를 구하는 가장 흔한 방법은 다른 동물의 대화를 엿듣는 것이다. 나는 이미 대표적 염탐꾼으로 사마귀입술박쥐를 소개한 바 있다. 하지만 그보다도 더 탁월한 염탐꾼은 오르미아라고 불리는 기생파리이다. 이 파리는 뭇 곤충들과 다른 특유의 복잡한 귀를 발달시켜 귀뚜라미의 울음소리를 들을 수 있게 진화했다. 암컷들은 귀뚜라미를 숙주로 삼아 유충을 성장시킨다. 울고 있는 수컷 귀뚜라미 위에 암컷 파리가 앉으면 유충이 기어나와 귀뚜라미의 몸을 파고들며, 유충들은 성장하면서 귀뚜라미를 안에서부터 갉아먹어서 결국은 죽음에 이르게 만든다. 이들은 사악하게도 울음소리를 내는 근육을 먼저 먹어치워 노랫소리를 잠재운다. 귀뚜라미 수컷이 무심코 다른 오르미아 파리를 불러들여 유충끼리 경쟁해야 하는 상황을 방지하려는 것이다.

약 100년 전, 하와이에 오르미아 파리가 침습하면서 재래종 귀뚜라미들은 큰 대가를 치러야 했다. 마를렌 주크[Marlene Zuk]와 동료들은 하와이 카우아이섬에서 오르미아의 기생 행태가 만연하게 되자 귀뚜라미들이 이에 맞설 궁극의 적응 형태를 진화시켰다는 사실을 보여주었는데, 그것은 바로 '침묵'이었다. 수컷 귀뚜라미는 날개를 비비는 방법으로 소리를 만들어낸다. 한쪽 날개의 톱날줄을 다른 날개의 마찰편에 비비면 '귀뚤귀뚤' 소리가 나는 것이다. 카우아이에 서식하는 귀뚜라미가 음성을 내지 못하게 막아준 돌연변이는 날개 형태에 생긴 변화였다. 이제 '날개가 편평한' 수컷들은 울음소리를 내지 못하기 때문에, 짝짓기를 하려면 지나가는 암컷을 막아 세워야 한다. 흥미롭게도 최근에는 날개가 편평한 벙어리 돌연변이들이 근처의 오아후섬에도 모습을 드러냈다. 이 돌연변이 귀뚜라미들이 관광객들마냥 호핑 투어라도 한 것처럼 보일 수 있겠지만, 그것은 사실이 아니었다. 나단 베일리[Nathan Bailey]와 동료들은 각 섬에서 발생한 편평한 날개 돌연변이에 서로 다른 유전적 배경이 있었다는 사실을 알아냈다.

포식자와 기생충을 피하는 능력은 무리 내에서 더 건강한 또는 더 자신을 잘 숨길 수 있는 수컷만이 섹스시장에 진입할 수 있게 하는 또 다른 필터가 되어줄 수 있다. 대부분의 경우, 우리는 울음소리를 내는 수컷이 포식자와 기생충을 피했을 때 그것이 더 좋은 유전자이기 때문인지 아니면 단순히 운이 좋았던 것인지 판단하기 어렵다. 그러나 하와이 귀뚜라미의 사례에서만큼은 그들을 엿듣기 게임에서 구해준 것이 운 좋게 일어난 돌연변이였다는 것을 파악할 수 있었다.

선택자는 구애자의 소리를 듣고 다양한 종류의 정보를 얻을 수 있다. 우리가 목소리를 내면서 움직이는 성대의 크기는 제각각 다른데, 알다시피 짝짓기에서 '크기'는 종종 중요한 요소로 간주된다. 일반적으로 성대 크기가 클수록 진동 속도가 느려져서 더 낮은 주파수의 소리를 만들어낸다. 몸집이 큰 사람일수록 자연히 성대가 더 크고 목소리는 더 낮아진다. 성별에 따른 체격의 차이를 감안하더라도 남성은 여성보다 목소리가 더 낮다. 그것은 테스토스테론이 성대의 부피를 늘리기 때문이다.

오코너와 그녀의 사회언어학 연구에서 여성은 음이 낮은 음성, 그들의 표현에 따르면 더욱 남성적인 목소리를 더 선호한다는 결과가 나타났다. 이에 대한 그들의 해석은 높은 테스토스테론 분비량이 양호한 건강 상태를 대변하며 여성들이 더 건강한 남성을 원하기 때문에 이런 현상이 나타난다는 것이었다. 바리톤 음성을 가진 배우자는 여성 자신과 그들의 자녀 옆에 더 오랫동안 머물면서 이들을 보살펴줄 수 있을 테니, 그에 대한 선호에 직접적인 이점이 따른다고 볼 수 있다. 또한 이런 유형의 선호 덕분에 남성의 양호한 건강 조건을 자손에게도 물려줄 수 있다면, 여기에는 간접적인 유전상의 이익도 발생할 수 있다. 그러므로 더 남성적인 목소리를 선택하는 것은 생존에 유리한 유전자를 선택하는 것과 동일한 결정이 될 수도 있다.

--------- **레퍼토리의 다양함이 성적 매력을 높인다** ---------

4장에서 나는 뇌의 기본 시각 처리과정을 이용하기 위해 구애자들이 시각적 구애 행동을 진화시키는 여러 가지 방식을 소개했다. 마찬가지로 청각 두뇌가 작용하는 방식을 고려했을 때 구애자가 선택자에게 자신을 더 매력적으로 보이도록 채택할 수 있는 전략이 몇 가지 있다. 또한 나는 4장에서 구애자가 배우자감의 눈에 띄는 것의 중요성을 설명했는데, 자신의 소리를 돋보이게 하는 것도 그와 똑같이 중요하다.

내가 사는 텍사스주의 오스틴은 자칭 '세계 라이브 음악의 중심지'이다. 라이브 공연의 상당 부분은 야외에서 벌어지는데, 아주 멀리에서도 그 소리를 들을 수 있을 때가 많다. 나는 무대에서 어느 정도 떨어진 위치에서도 색소폰의 또렷하고 빠른 리듬과 바이올린의 높은 음, 드럼의 느린 비트와 베이스 기타의 낮은 음을 들을 수 있다. 하지만 내가 자리를 옮기면 이 또렷한 리듬은 한데 뒤섞여 연속되는 한 가지 음으로 들리고 바이올린의 높은 음은 공중으로 흩어져버린다. 또한 거리가 디욱 멀어진다면, 이제 내 귀가 들을 수 있는 소리는 드럼의 쿵쿵 소리와 베이스의 둥둥 울리는 소리뿐이게 된다. 이것은 각 소리의 전도 효율이 거리나 환경의 영향으로 달라지기 때문이다.

구애자들은 소리의 전도 개론을 메모해두면 짝짓기에 도움이 될 것이다. 색소폰의 음이든 참새의 노래든 개별 음의 속도가 빠를수록 거리당 파동의 감쇠가 커지며, 소리의 주파수가 높을수록 거리당 진폭의 손실도 커진다. 또한 숲이 벌판보다 빽빽하듯, 서식지 환경의 밀도가 높을수록 파동 구조와 고역대 주파수의 손실도 커지게 된다.

구애자 혹은 그가 지닌 유전자는 소리의 물리학 개론에 충분히 주목하고 있을까? 많은 동물에게서 구애 음성이나 노래는 친근한 속삭임보다는 주의를 뺏기 위한 큰 고함 소리에 더 가깝다. 구애자가 자신의 음성을 더 멀리 전송시킬 수 있다면, 그것을 듣는 배우자감의 숫자도 늘어날 것이다. 수많은 동물들은 자신의 소리를 더 많은 청중에게 들려주기 위해 진화해왔다.

조류학자 유진 모튼<sup>Eugene Morton</sup>은 파나마 숲과 들판에서 100여 종의 새소리를 조사하면서 서식지 음향학 연구를 시작했다. 들판에 서식하는 새들의 음성이 숲에 서식하는 새들의 음성보다 더 주파수가 높고 파동이 빠르다는 사실을 알아냈다. 새들은 저마다 원거리에서도 자신의 목소리가 더 또렷하게 전달될 수 있도록 서식지 환경에 가장 적합한 소리를 진화시켰다. 들판의 새들은 고음역대와 빠른 파동을, 숲속의 새들은 저음역대와 휘파람 소리를 사용한 것이다. 심지어 유럽의 박새와 텍사스의 귀뚜라미청개구리 등의 사례에서는 종이 같더라도 개체군이 달랐을 때 서로 다른 음성 적응 형태가 관찰되었다. 한 예로 박새는 모로코의 벌판에서는 모스부호 음과 유사한 빠른 파동의 소리를 사용했지만, 영국의 숲속에서는 조금 더 가락이 있는 노래를 불렀다. 우리가 아주 먼 곳에서 우는 새, 귀뚜라미, 개구리의 소리를 들었다면 그것은 우연이 아니다. 이들은 기본 물리학 법칙에 따라 소리를 더 멀리 보낼 수 있도록 진화해왔고, 마침 그곳에 있던 우리가 그 소리를 들었던 것이다.

이 종들은 오랜 세월 동안 주거지에 적합한 구애 노래를 발달시켜왔다. 그런데 갑작스럽게 도시 환경의 인위적 소음 공격에 둘러싸인 새들에게는 어떤 일이 일어날까? 이들에게는 소음 공해를 잘 투과할 수 있는 노래를 진화시킬만한 충분한 시간이 없었을 것이다. 그러나 느릿느릿한 돌연변이나 선택작용만이 행동 변화를 만들어내는 것은 아니다. 어떤 행동양식은 아주 유연하게 응급구조대 역할을 수행함으로써, 진화가 속도를 따라잡을 때까지 생물체의 생존을 책임지기도 한다.

네덜란드의 한스 슬래버쿤Hans Slabbekoorn과 동료들은 명금류들이 유전자 변이가 일어나기까지 속수무책으로 기다리는 것이 아니라 손수 문제를 해결할 노하우와 행동 유연성을 가지고 있다는 사실을 보여주었다. 연구팀은 도시와 시골에 서식하는 박새를 각각 비교한 후, 도심지의 새들이 도시 소음의 주파수대를 상회하는 더 높은 음정의 노랫소리를 만들어낸다는 사실을 발견한 것이다. 그의 학생 바우터 할프베르크 Wouter Halfwerk 는 음정이 높은 노래를 부르는 수컷들이 배우자감으로 선택될 확률이 높다는 사실을 보여주고, 그 이유는 아마 암컷들이 소음 속에서 이들의 신호를 더 쉽게 탐지할 수 있기 때문일 것이라고 추측했다.

구애자의 입장에서 소음이란 자신이 보내는 신호를 방해하는 모든 것을 뜻한다. 대부분의 구애자에게 가장 큰 부분을 차지하는 소음의 출처는 바람소리도, 다른 종의 소리도, 심지어 도시의 소음도 아닌 근처의 다른 수컷들이다. 구애자는 소음 속에서 제 존재감을 드러내어 선택자의 이목을 집중시켜야 한다.

한 가지 해결책은 주변이 시끄러워질 때 자신도 함께 목소리를 높이는 것이다. 이것을 롬바드 효과 Lombard Effect 라고 부르는데, 이 현상은 바람 소리나 도시의 소음처럼 우리가 일반적으로 소음으로 간주하는 것들에 대항할 때도 나타나지만, 구애자들이 다른 수컷과 경쟁을 할 때 쓰는 전략이기도 하다. 그런데 더 크게 노래하는 것 말고도 자신을 돋보이게 할 방법이 있다. 2장에서 언급했듯, 다른 수컷과 경쟁을 하는 퉁가라개구리는 포식 위험도 개의치 않은 채 음성에 그륵그륵 소리를 추가했다. 또 어떤 동물들은 노래를 더 빠르게, 더 오래 부르거나 더 많은 음을 넣어서 부르기도 한다. '사회적 소음' 속에서 자신의 음성을 돋보이게 하는 방법은 아주 많거니와, 동물들은 그 방법을 대부분 터득한 것 같다.

우리 주위에서는 수많은 일들이 일어나고 있고, 우리는 무차별적인 자극의 공격에 지속적으로 노출되어 있다. 3장에서 이야기한 것처럼 인간은 보통 반복되는 자극을 무시하고 어떤 변화가 있을 때 주의를 다시 집중시키려 하는 경향이 있다. 우리는 늘 그래왔듯 익숙한 일들에 '습관화'되며, 주목할 가치가 있는 새로운 사건이 발생했을 때 '탈습관화'한다. 이것은 구애자들이 성적인 신호를 설계할 때 사용하는 또 다른 기본 원칙이기도 하다.

어떤 명금류들에게는 꽤 긴 노래 레퍼토리를 만들 줄 아는 놀라운 재능이 있다. 나이팅게일을 예로 들면, 이들이 부를 수 있는 노래 종류는 150여 개이다. 흉내지빠귀나 극락조 같이 목소리를 모방할 수 있는 새들 중에는 다른 종의 노래는 물론이고 피아노나 잔디 깎기 기계 소리까지 흉내를 내서 자신의 레퍼토리를 확장시키는 경우도 많다. 거의 모든 연구 사례에서 암컷들은 레퍼토리가 많은 수컷을 더 매력적으로 인식했다. 왜 그럴까?

철학자이자 조류애호가 찰스 하츠혼<sup>Charles Hartshorne</sup>은 약 100년 전, 새들이 폭넓은 레퍼토리를 진화시킨 이유를 설명하기 위해 '단음-임계 가설'을 제시했다. 그는 새들이 자기 영역의 침입자들에게 경고할 때는 복잡한 노래를 쓰는 것이 더 효과적일 것이라고 생각했다. 이 개념에 보충하여 저명한 동물행동학자 피터 말러<sup>Peter Marler</sup>는 5장 첫머리에 인용되었듯, 노래의 다양성이 그 안에 담긴 의미를 확장시키기 위해서가 아니라 홍미를 유지시키기 위해 진화했다는 주장을 펼쳤다. 암컷 새의 행동 및 청각 뉴런, 유전자에 대한 연구가 하츠혼의 생각을 뒷받침하고 있다.

조류학자 윌리엄 서시William Searcy는 암컷 찌르레기가 처음에는 수컷의 노래에 이끌리더라도 같은 음이 지속적으로 반복되면 흥미를 잃는다는 사실을 알아냈다. 그런데 노래의 음정이 바뀌었을 때 암컷의 성욕은 되돌아온 듯했고 '이제 거사를 치르자!'라는 표시나 다름없는 구애 격려 행동으로 수컷에게 응답하는 모습이 관찰되었다.

신경유전학자 데이비드 클레이튼David Clayton은 뉴런 단위에서도 아주 유사한 현상이 발생한다는 사실을 보여주었다. 금화조의 청각 뉴런은 같은 노래 음절을 반복적으로 들었을 때 반응을 중단했다. 습관화가 이루어진 것이다. 그러나 음정이 변화했을 때 뉴런은 습관화에서 벗어나 다시 반응을 보이기 시작했다. 암컷이 지루함을 느끼거나 그 상태에서 벗어나는 것은 행동양식과 뉴런에만 국한된 것이 아니라 DNA에도 영향을 미쳤다. 이런 연구로부터 우리는 명금류가 왜 수다스러운 수컷을 더 아름답다고 인식하는지를 일부나마 알아낼 수 있었다. 그런 수컷들이 암컷을 덜 따분하게 만들기 때문이다.

성선택을 받은 형질들을 보며 우리는 수컷들이 왜 항상 가장 아름다운 형질만을 진화시키지 않는 것인지 의문을 품을 수 있다. 이유는 대개 그러한 형질에 수반되는 비용을 감당할 수 없기 때문이다. 통가라개구리는 지금보다 그릉그릉 소리를 더 많이 낼 수 있지만 사마귀입술박쥐의 존재가 그것을 방지한다. 귀뚜라미도 거의 쉬지 않고 울음 소리를 낼 수 있으나, 그렇게 하면 기생파리의 집 또는 먹잇감이 되어 버리기 십상이다. 그렇다면 명금류 수컷들이 끝없이 음정을 더하지 못 하도록 막는 것은 무엇일까? 엘리자베스[Elizabeth]와 스캇 맥더갤-새클턴[Scott MacDougall-Shackleton]은 멧종다리의 연구에서 레퍼토리가 너무 커지면 이것이 허 약한 개체들에게 장애물이 될 수도 있다는 사실을 밝혀냈다.

명금류의 아주 특별한 뇌는 인간과 암컷을 감탄하게 할만한 멋진 멜로디를 만들어낼 수 있다. 연구자들은 새의 두뇌가 노래를 만드는 방 법에 대해 많은 사실을 알아냈다. 이 과정에서 아주 중요한 역할을 하 는 한 가지 부위는 HVc(고위 음성 통제센터[higher vocal control center])이다. 일반 적으로 새의 레퍼토리 범위가 클수록 HVc도 크며, 암컷보다는 수컷의 HVc가 더 크다. 성별에 따라 나타나는 HVc 크기 차이는 암수의 노래 레퍼토리 크기에 따른 기능 차이에 기인하는 것이다.

맥더갤-새클턴 부부는 멧종다리의 사례에서, 레퍼토리의 크기가 큰 수컷은 HVc의 크기만 컸던 것이 아니라 건강 상태도 더 좋았다는 사실을 발견했다. 이 수컷들은 뇌의 크기가 더 작고 말수가 적은 수컷 들보다 생리적으로 스트레스를 덜 받았고 면역체계가 더 잘 확립되어 있었다. 이것은 더 다양한 노래를 부르는 수컷의 신체가 더 건강하므로 배우자 선택을 앞둔 암컷에게 더 많은 자녀를 낳게 해준다는 직접적 이 점을 가져다주었다. 결국 더 좋은 아빠가 될 수 있다는 사실을 암시한 것이다. 더 많은 레퍼토리, 더 큰 뇌, 건강한 자손을 가지는 능력이 밤

달상의 차이가 아니라 유전적 차이에서 비롯된 것이라면 이것은 자손들에게도 간접적인 유전적 혜택을 물려줄 것이다.

## 성적인 신호는 맥락에 따라 의미가 달라진다

선택자들은 종이 무엇이며 건강 상태는 어떠한지와 같은 배우자감의 자질에도 신경을 써야 하지만, 짝짓기의 궁극적 가치는 자손을 생산하는 데 있다. 전국에 분포한 난임센터 숫자만 봐도 알 수 있듯 섹스와 번식은 별개의 것이다. 번식이 일어나려면 암수가 생리학적으로 동등한 상태여야 한다. 그런데 수컷들은 보통 준비가 되어 있지만, 1장에서 보았듯이 난자의 발달과정은 정자보다 복잡하며 암컷은 수컷보다 가임기도 짧다. 그러나 수컷은 암컷의 호르몬을 자극하여 그녀의 성욕을 촉진할 수 있다. 다만 문제는 암컷의 생식적 생리 기능 역시 분별력이 있게 작동하기 때문에, 수컷이 아주 주도면밀하게 일을 추진해야 한다는 것이다.

바바리비둘기는 세계 여러 도시에서 흔히 볼 수 있는 비둘기와 가까운 친척이다. 당신이 비둘기를 만났을 때 먹이를 주거나 쫓아버리지 않고 지켜본 경험이 있다면, 암컷 주변을 맴돌며 구구 소리를 내고 울음주머니를 진동시키는 수컷의 모습을 보았을지도 모르겠다. 그런데 아무리 자세히 관찰해도 그들이 짝짓기하는 모습을 볼 수는 없었을 것이다. 짝짓기는 수컷이 며칠간 암컷을 만족시켜야만 성사될 수 있는데, 막상 시작되면 한순간에 끝나버리고 만다. 수컷에게 음경 같은 기관이 없는 대부분의 조류에게 교미란 그저 '배설강 맞춤'이라는 단순한 방식으로 이루어질 뿐이다.

사람들은 바바리비둘기의 울음소리가 어떻게 암컷의 머릿속에 입력되어 호르몬에까지 도달하는지를 이해하기 위해 연구를 진행했다. 위대한 비교심리학자 다니엘 레어먼Daniel Lehrman이 착수한 수년간의 연구를 통해 자세한 사항들이 발견되었다. 그는 전 세계의 비둘기란 비둘기는 모두 모인 듯한 도시 뉴저지주 뉴어크 소재의 럿거스대학교에 동물행동연구소를 설립했다. 레어먼은 바바리비둘기의 구애가 수컷이 암컷에게 보여주는 과시행동에만 국한되는 것이 아니라, 암수 사이에 일어나는 일련의 세세한 상호작용으로 이루어져 있다는 사실을 보여주었다.

구애의 시작 단계는 우리가 도시의 거리에서 보는 모습들이다. 수컷은 테스토스테론 분비량이 임계치를 넘어 짝짓기 준비가 되면 구애를 시작한다. 수컷은 머리를 숙이고 구구 소리를 내면서 뽐내듯 암컷의 주변을 도는데, 이 구애 동작의 절묘한 이름은 바우쿠bow-coo*이다. 수컷의 울음소리는 암컷의 성호르몬에 영향을 주어 에스트로겐 분비량을

---

* 절하는 행동과 구구 소리를 뜻하는 단어를 합침

상승시킨다. 그 응답으로 암컷도 울음소리에 가세하여 듀엣을 시작하며, 이는 또다시 수컷의 테스토스테론을 증가시켜 수컷으로 하여금 더욱 적극적으로 구애를 하게 만든다. 그러다가 어느 순간 암컷의 에스트로겐 분비량이 급감하고 부모행동을 조절하는 호르몬인 프로락틴이 치솟는데, 그러면 암컷과 수컷은 함께 둥지를 짓기 시작한다. 이 모든 과정 후에 암수는 드디어 키스를 하며, 이것은 입을 맞추는 것이 아닌 배설강을 맞대는 행동이다. 암컷의 협조 아래 수컷이 암컷의 몸에 올라가면 그들은 각자 성기에 있는 구멍을 맞대고 수컷은 암컷의 몸에 정자를 배출한다. 이 단계 이후 수컷의 테스토스테론은 감소하고 프로락틴이 증가하여 부모의 의무를 다할 수 있는 준비 상태가 된다. 바바리비둘기의 경우에는 수컷이 알을 품고 어린 자녀를 먹이는 일을 모두 함께 분담하기 때문이다. 바우쿠에서 시작하여 마침내 키스를 하기까지 이 모든 과정에는 수일이 소요된다.

레어먼의 제자 매 청Mae Cheng은 안 그래도 복잡한 이 이야기에 흥미로운 사실들을 추가로 덧붙였다. 그전까지 연구자들은 구애 단계 초기의 암컷이 수컷의 음성 때문에 노래를 부르고, 암컷이 노래를 '부르는' 행위 때문에 에스트로겐 분비량이 늘어난다고 믿었다. 그런데 청은 그 대신, 암컷이 스스로의 음성을 '들을' 때 호르몬 분비가 자극된다는 사실을 발견했다. 또한 암컷의 아주 놀라운 특징 하나는 수컷이 자신을 바라볼 때만 구애에 응한다는 점이었다. 이 새에서만큼은 수컷이 한눈을 파는 행위가 관계를 파국으로 내몰 만큼 큰 위력을 지닐 수도 있었다.

우리는 바바리비둘기의 사례를 통해 암컷의 성적 두뇌가 성적인 생리 현상과 어떤 연관성을 지니는지도 알아낼 수 있다. 수컷의 성적인 관심에 부응하려는 암컷의 결정은 성호르몬에 영향을 주기도 하고 받기도 한다. 수컷은 모든 조건을 충족시켜야 하고, 며칠 동안 포기하지 않아야 하며, 암컷에 대한 관심을 다른 곳에 돌리지도 말아야 한다. 그래야만 암컷의 생리 상태가 두뇌와 교신하며 '이 수컷은 충분히 매력적이므로 그의 짝짓기 요청을 수락하는 보상을 내려도 된다'는 메시지를 전달해주기 때문이다.

구애과정을 통해 섹스에 필요한 호르몬을 자극하는 것은 바바리비둘기만의 고유한 방식이 아니다. 명금류의 노래나 귀뚜라미와 개구리의 울음소리, 말사슴의 울부짖는 소리는 모두 암컷의 호르몬 분비에 영향을 주어 성욕을 발생시킨다.

계속해서 강조해왔듯, 섹스가 시작되려면 한 성별이 다른 성별을 아름답다고 느껴야 한다. 또한 방금 설명한 것처럼, 각 성별이 생리적으로 준비된 상태라면 섹스가 시작될 확률은 높아질 것이다. 3장에서 나는 섹스를 좋아하는 것과 원하는 것이 다르다고 설명했다. 이와 비슷하게 암컷의 배란을 유도하고 둥지를 짓게 하며 집을 청소하고 자손을 돌보게 하는 생식호르몬은 성욕을 일으키는 역할을 하지는 않는다. 그 일이 일어나는 곳은 두뇌의 보상 시스템이다. 최근에 진행된 조류 연구에서는 새들의 노래가 어떻게 번식체계와 번식 본능 사이의 연결고리를 만들어내는지가 밝혀지기도 했다.

도나 매니Donna Maney와 동료들은 흰줄무늬참새에서 이 관계성을 탐구해왔다. 바바리비둘기나 다른 명금류와 동일하게, 수컷 참새의 노래는 소포호르몬 등의 생식호르몬 분비량에 영향을 줄 뿐 아니라, 더 나아가 암컷이 생리적으로 번식 준비가 되도록 돕는 역할을 하기도 한다. 이 연구팀은 보상 시스템의 영역, 특히 노르에피네프린과 도파민이 분비되고 '좋아함'과 '원함'이 연결되는(수컷의 노래를 들음으로써 발생한 쾌감이 그에 대한 성적 욕구로 연결되는) 측좌핵과 복측선조체를 관찰했다. 그 결과, 암컷이 구애 노래를 들었을 경우 이 영역의 전반적인 유전자 활동이 증가했다는 것이 확인되었다. 그런데 문제는… 늘 그렇지는 않다는 것이다.

성적인 신호는 그것이 생산되고 수용되는 맥락에 따라 의미가 달라질 수 있다. 흰줄무늬참새를 예로 든다면 그 맥락은 '성별'이나 '시기'가 될 것이다. 이들의 노래는 구애 말고도 몇 가지 기능을 수행하는데, 그중 하나는 다른 수컷에게 자신의 영역을 알리는 것이다. 수컷들은 다른 수컷의 노랫소리에 부정적인 표시를 해두었다가 그 소리를 들었을 때 성적인 반응이 아닌 공격적 반응을 나타낸다. 또한 수컷 흰줄무늬참새는 번식기인 봄에만 노래를 부르는 것이 아니라, 번식기가 아닌 겨울철에도 노래를 부른다. 그런데 번식기의 암컷은 수컷의 노래에 매력을 느낄지 몰라도, 그 시기를 제외하면 같은 수컷의 노래를 듣고 그들을 공격할 것이다.

이렇게 시기에 따른 암컷의 상이한 반응은 에스트로겐 분비량과 관련 있다. 구애 노래가 보상 시스템을 활성화하는 것은 오직 소포호르몬 양이 높을 때이며, 이것은 암컷이 번식에 대한 준비가 되었을 때만 수컷의 노래가 성욕을 발동시킬 수 있다는 의미가 된다. 그러므로 수컷들은 자신의 음성으로 암컷의 번식 준비를 유도할 뿐 아니라, 그들의 성욕을 자극함으로써 좋아함과 원함에 모두 관여하게 된다.

그러나 이것은 모든 조건이 전부 들어맞았을 때의 이야기이다. 수컷의 노래가 좋아함과 원함을 발동시키려면 암컷의 호르몬 상태가 준비되어야 한다. 섹스를 좋아하는 것, 섹스를 하는 것, 섹스를 원하는 것은 번식과는 다른 이야기이다. 이 모든 체계가 잘 정돈되어야 선택자들이 구애자를 배우자감으로 원할 수 있다. 대부분의 동물에게 성행위는 번식 기능과 불가분의 관계로 연결되어 있으므로, 일부 성적 형질이 이 두 기능을 모두 촉진하기 위해 진화된 것은 그리 놀랍지 않은 일이다.

---

## 소리로 상대를 유혹하는 다양한 전략

이 책의 두 가지 중심 주제는 뇌가 섹스 이외의 것에도 관심이 많다는 것과 다양한 두뇌 기능으로 인해 성적 매력의 인식에 영향이 생길 수 있다는 것이다. 또한 구애자들은 선택자로부터 섹스와 연관이 없더라도 짝짓기에 도움이 될만한 행동 반응을 유도할 수도 있다. 4장에서 우리는 구애자들이 어떻게 시각적 수단을 써서 선택자의 먹이에 대한 필요나 포식자를 피하려는 욕구를 이용하는지를 알아보았다. 소리를 쓰는 구애자들도 그에 못지않게 능수능란하게 속임수를 쓸 수 있다.

동물의 청각 민감성은 섹스와 관련된 소리뿐 아니라 다른 기능을 위해서도 발달한다. 예를 들어 귀뚜라미의 청각 뉴런은 짝짓기 음성의 주파수를 향해 조율될 수도 있지만, 천적인 박쥐의 초음파 주파수를 향해 조율될 수도 있다. 곤충 청각 전문가 로널드 호이Ronald Hoy와 동료들은 귀뚜라미들이 자신이 듣는 다양한 소리 대부분을 1만 6,000Hz 이상인지 이하인지에 따라 두 유형으로 범주화한다는 사실을 알아냈다. 암컷들은 저역대 범주의 소리를 들었을 때는 발음체에 접근하며, 고역대 범주의 소리를 들었을 때는 도망을 간다고 한다

나방들도 포식자를 피하기 위해 청각을 사용한다. 많은 나방들이 박쥐의 소리를 들을 수 있는 귀는 물론, 박쥐의 반향정위를 방해할 수 있도록 초음파를 만들어내는 기관을 발달시켜왔다. 나방은 대부분 야행성이기 때문에 우리는 어두울 때 나방을 보는 일에 익숙해져있다. 그런데 일부 나방은 밤을 포기하고, 박쥐가 아닌 새들이 주포식자가 되는 낮을 선택하기도 했다. 이제 박쥐로부터의 위험은 사라졌지만 이 주행성 나방들에게는 박쥐 대항 무기가 여전히 남아 있어 초음파를 듣거나

내보낼 수 있다. 선택작용은 이 자산을 낭비시키지 않았고, 구애에 관련된 기능으로 전환하였다. 말하자면 나방이 방어 무기고에서 초음파 음성을 꺼내어 구애 무기고에 옮긴 것이다. 그리고 심지어는 야행성 나방들조차 박쥐 방어에 쓰는 음성을 구애에 활용하기도 하는데, 그중의 하나가 조명나방이다.

조명나방은 아시아 전역에서 옥수수 경작을 망쳐놓는 등의 행태로 수백만 달러의 손해를 일으키는 최악의 해충으로 꼽히고 있다. 암컷이 옥수숫대에 알을 2~300개 낳으면 유충들은 파고들어 옥수수를 거의 모조리 먹어치워 버린다. 또한 알들은 박테리아에 잘 감염되기 때문에 더욱 심각한 피해를 일으키기도 한다. 이 박테리아는 수컷을 여성화시켜 거의 암컷만이 알에서 태어나게 만들고, 이는 결과적으로 해당 지역의 농업지대에 이 해충을 더욱 확산시키는 원인이 된다. 조명나방도 구애에 음성을 사용한다. 수컷들이 날개를 마찰시켜 만들어내는 초음파 음성은 본래 박쥐에 대항하기 위해 발달되었으나 현재는 섹스 신호로 사용되고 있다.

나방은 신체 구조를 이용하여 박쥐에 대항할 뿐 아니라 행동양식을 통해 대항하기도 한다. 다시 말하면, 나방은 박쥐의 반향정위를 듣거나 훼방하는 것 외에도 갑작스럽고 불규칙하게 급강하를 하거나 그 자리에 얼어붙는 반응으로 포식 위험에 대처하기도 한다. 조명나방은 박쥐의 반향정위를 감지하면 움직임을 멈추는데, 수컷들은 이런 암컷의 반응을 구애에 이용한 것이다.

도쿄대학교 생물학자 료 나카노<sup>Ryo Nakano</sup>와 그의 팀은 수컷이 구애 기간에 진폭이 낮은 음성을 만든다는 사실을 발견했다. 이 음성은 박쥐의 먹이 음성, 즉 사냥 중에 목표물을 재빨리 덮칠 때 내보내는 빠른 파동의 반향정위 음성과 아주 유사하다. 나카노는 조명나방의 수컷이 음성을 쓸 수 없거나 암컷이 그것을 들을 수 없다면 대체로 구애가 이뤄지지 않는 반면, 수컷이 소리를 내고 암컷이 들을 수 있을 때는 거의 확실하게 섹스가 뒤따른다는 사실을 밝혀냈다. 이 음성이 성공적인 이유는 암컷이 박쥐의 음성을 들었을 때와 동일하게 반응하기 때문이다. 두려움에 얼어붙어 마치 상태에 빠진 암컷은 짝짓기하는 수컷에 저항할 수 없다. 도어스<sup>The Doors</sup>의 짐 모리슨은 "섹스는 거짓말투성이다"라고 말하기도 했는데, 여기에서는 이 거짓말이 두려움과도 얽혀 있다고 덧붙일 수 있겠다.

수컷 조명나방은 암컷을 찾기 위해 먹이를 노리는 '포식자'를 흉내냈다. 그런데 헤더 프록터<sup>Heather Proctor</sup>는 수컷 물진드기가 배우자감을 찾기 위해 '먹이' 시늉을 한다는 사실을 발견하기도 했다. 청각을 쓰는 여느 동물들처럼 물진드기는 주변 세계의 진동에 아주 민감하다. 이들에게는 공기 중이 아닌 물속에서 발생하는 진동이 중요하며, 진동에 대한 민감성은 먹이 사냥에 유용하게 쓰인다. 이들이 가장 즐기는 먹이 중 하나인 요각류들은 빠르게 수면을 가로지르면서 고유한 진동 패턴을 만든다. 수컷들은 이 진동 패턴을 모방할 수 있도록 진화했으며, 진동의 출처가 누구인지 깨닫지 못한 암컷이 먹이로 착각하고 수컷을 낚아채면, 수컷은 맹렬하게 구애를 시작한다.

프록터는 암컷이 배고픔 때문에 수컷에 접근하는 것이라면, 자연히 수컷의 속임수에 더 잘 넘어가는 것도 배가 고픈 암컷들일 테고, 이런 암컷들이 가장 짝짓기를 할 확률이 높을 것이라고 예상했다. 그녀는 암컷을 두 집단으로 나누고 영리한 실험을 수행했다. 한쪽 집단의 진드기는 며칠 동안 음식을 먹지 못했고, 다른 집단의 진드기들은 성에 찰 때까지 먹이를 먹을 수 있게 했다. 그 후 프록터는 각 집단에 수컷을 넣고 짝짓기가 이루어진 횟수를 측정했다. 예측한 대로 음식을 먹지 못해 배고팠던 암컷들은 더 짝짓기를 많이 했다. 이들의 짝짓기율이 높았던 이유는 전부 식욕과 관련 있었으며, 그 결과로 암컷이 수컷에게 속아 교미를 하는 빈도가 늘어났던 것이다. 여기에서 우리는 구애 신호가 감각·지각·인지적 편향에 부합하기 위해서만 진화하는 것이 아니라, 섹스와 관련 없는 행동 반응을 이용하기 위해서도 진화할 수 있다는 사실을 알 수 있다.

## 음향학으로 자신의 음악을 발전시킨다

환경운동가 모델 캐머런 러셀과 수많은 동물은 우리가 타고난 외모에만 갇혀 사는 것이 아니라는 사실을 일깨워줬다. 그와 마찬가지로 우리는 자신의 노랫소리에만 갇혀 있는 존재가 아니다. 상상력의 도움을 조금 받는다면, 우리는 자신이 가진 것들을 발전시키고 스스로의 음향적 표현형을 확장시킬 수 있다.

한번은 스탠리 랜드와 퉁가라개구리의 근연종을 찾아 페루 연안으로 여행을 떠났었다. 세추라 사막이 있는 페루 북서부는 사람과 개구리 모두에게 살아가기 험난한 장소인 것 같았다. 우리는 몇 킬로미터씩 운전을 했으나 식물을 거의 보지 못했고, 물은 흔적도 찾아볼 수 없었다. 이곳은 선사시대 모체문명에서 비롯된 치무인들이 거주했던 지역으로, 그들은 서기 900~1470년까지 농업과 수산업으로 목숨을 부지하다가 잉카제국의 확장으로 최후를 맞이했다. 치무인들은 해양 포유동물의 고기를 즐겨 먹었고, 이들의 그림에는 바다 생물을 포획하는 그물의 모습도 등장한다.

치무가 남긴 가장 멋진 유적은 한때 세계 최대의 진흙 도시였으며 현재는 유네스코 세계문화유산으로 지정된 찬찬이다. 나와 스탠리는 과거에 종교 및 정치적 의식에 쓰였을 법한 원형극장을 둘러봤다. 제사장이었든 위정자였든, 그곳에서 연설을 했던 이는 자신의 목소리를 확실히 전달하고 싶었던 것이 분명했다. 물론 붐박스가 출시된 것은 먼 미래의 이야기이고, 소리를 전기적으로 증폭할 방법은 없었다. 그러나 당시에도 음향 과학은 존재했다. 치무의 건축가들은 원형극장을 설계할 때 연설자의 목소리가 청중에게 멀리 전달될 수 있도록 건물의 형태를 잡았다. 연설자가 특정 위치에 자리를 잡으면 목소리는 공명되고 진폭이 확대되어 그의 지혜의 언어가 청중들에게 우렁차게 전달될 수 있었다.

우리도 직접 이것을 시험해봤다. 스탠리가 연설자 역할을 맡았고 나는 청중들이 모여 앉았던 곳으로 이동했다. 스탠리가 퉁가라개구리를 흉내 내자, 그의 목소리가 실제 개구리의 것과 견줄 수 없을 정도의 큰 소리와 풍성함으로 내게 도달했다. 그 바람에 나는 거의 네 발로 엎드려 스탠리에게 폴짝 뛰어오를 뻔했다! 그리스인이나 로마인 등도 이 기법을 습득하여 음향 공학에 사용했으며, 주변 환경을 이용하여 목소리를 풍성하게 하는 이 관행은 늘 인간과 함께해왔다.

1950년대 뉴욕 브롱크스에서 10대 초반을 보낸 나와 친구들은 골목길에서 엘비스 프레슬리를 흉내 내던 젊은이들의 무리를 자주 보곤 했다. 그렇다, 이들은 그리서*였다. 당시 브롱크스가 범죄 없는 도시였던 것은 아니었지만, 이 젊은이들은 마약을 하거나 심지어 흥청망청 술을 마신 것도 아니었다. 그들은 그저 화음을 넣어가며 에벌리 브라더스나 버디 홀리, 플래터스 등의 노래를 부르고 있을 뿐이었다. 그리서들이 막혀 있는 작은 공간을 찾았던 이유는 자신의 노래에 극적인 효과를

---

* greaser. 1950~60년대 미국 노동자 계급 출신의 10대 및 젊은이들 사이에서 유행했던 하위문화. 기름(grease)을 발라 세운 머리 스타일이 특징이었다.

주기 위해서였다. 우리는 멀찍이서 그들을 바라보며 노래를 들었고, 이들은 보통 우리를 무시하거나 모른 척했다. 우리가 가진 조그마한 일제 트랜지스터 라디오로는 그렇게 풍성하고 울림 있는 소리를 들을 수 없었다. 이 남자들은 자신의 목소리를 꾸미고 표현형을 확장하는 데 소질이 있었다. 치무인들이 그랬듯, 그리서들은 주변의 벽을 활용하여 선천적인 목소리를 보완했다.

앞에서 언급했듯 구애자들은 대개 소리를 낼 때, 가능한 멀리 퍼져서 최대한 많은 선택자에게 도달하기를 원한다. 선택자들이 하나 이상의 구애 음성을 듣는다면, 그중에서 가장 큰 소리를 선호할 것이다. 어떤 동물들은 브롱크스 골목길의 그리서나 페루 원형극장의 치무인들과 같은 방식으로 구애 소리를 보완할 방법을 터득했다.

많은 동물들이 음성을 증폭시킬 수 있는 고유의 형질을 지니고 있다. 개구리와 고함원숭이는 울음주머니가 크고, 매미는 체벽에 공명기가 있다. 고래의 머리에도 공명기관이 있어 소리가 더 커지고 멀리 이동할 수 있게 돕는다. 또 어떤 동물들은 주변 환경을 목소리에 맞게 바꾸거나, 환경에 맞게 목소리를 변화시키기도 한다.

소리의 주파수와 파장은 서로 반비례 관계이다. 고주파의 소리는 파장이 짧고, 저주파의 소리는 파장이 길다. 우리가 튜브 속에 소리를 내보낸다면, 튜브의 길이와 일치하는 파장의 소리가 가장 크게 나올 것이다. 플루트 같은 목관악기에서 소리를 만드는 방법은 악기 끝에 있는 좁은 구멍에 숨을 불어넣어 플루트 속의 공기기둥을 진동시키는 것이다. 우리가 음의 높낮이로 인식하는 진동의 주파수는 공기기둥의 길이에 의해 결정된다. 하지만 플루트의 음정이 악기의 길이로만 결정되는 것은 아니다. 연주가들은 단순히 손가락의 움직임으로 플루트의 실효길이를 조정함으로써 플루트의 소리, 즉 음향적 표현형을 확장시킬 수 있다. 손가락이 모든 구멍을 막으면 실효길이가 가장 길어져 음정이 최저로 내려가는 반면, 구멍을 열면 실효길이가 줄어들어 높은 음이 연주된다. 우리가 음악이라고 부르는 다양한 듣기 좋은 소리를 만들어내기 위해 인간은 기초 음향학을 사용해왔으며, 동물들도 같은 방법으로 자신의 음악을 발전시켜왔다.

호주에 있는 어떤 귀뚜라미와 개구리들은 치무인과 그리서처럼 공간을 이용하여 자신의 음성을 공명시킨다. 땅굴 속에서 노래를 부르는 그들은, 종에 따라 짝짓기 음성의 파장과 가장 잘 들어맞는 길이의 굴을 파거나, 버려진 굴의 개구부로부터 자신의 목소리를 가장 잘 울리게 해줄 수 있는 위치에 자리를 잡고 노래를 부르기도 한다.

파충류학자 지앙구오 추이가 이끈 에메이노래개구리 연구에 따르면, 이 개구리는 한 걸음 더 나아가 자신의 음성과 주변 환경의 상호적 영향을 이용하여 집을 광고할 줄도 안다고 한다. 어떻게 광고를 한다는 것일까? 수컷은 암컷이 알을 낳아 보관할 수 있도록 둥지를 짓고는 그 속에 들어가서 노래를 부른다. 집 안에서 흘러나오는 개구리의 음성은 집 밖에서 내는 같은 음성보다 저주파 에너지가 더 많고 음길이가 길어지는데, 이러한 효과는 대개 굴 입구의 크기와 둥지로 이어지는 굴의 깊이에 따라 만들어진다. 같은 음성을 둥지 안과 밖에서 내보낸다면, 대다수의 암컷은 둥지 안에서 나오는 더 길고 울리는 음성을 선택할 것이다. 암컷들은 '부동산' 사정이 더 나은 수컷을 선호하기 때문이다. 에메이개구리는 자신의 노래에 적합한 환경을 조성할 줄 아는 가수였다. 그런데 보르네오에 있는 개구리들은 그와 정반대로 환경에 적합하게 자신의 음성을 조정한다.

보르네오나무구멍개구리는 이름에서 알 수 있듯 보르네오의 숲속에 서식하며 나무 구멍 속에서 울음소리를 낸다. 이 개구리들이 머무는 나무 구멍의 크기도 제각각이지만, 공기로만 채워진 빈 내부 공간의 면적 또한 구멍 속에 축적된 물의 양에 따라 달라진다. 어떤 파장이 가장 잘 울릴 수 있는지는 빈 공간의 크기에 달려 있다. 그런데 개구리가 빈 공간의 크기를 바꾸기 위해 할 수 있는 일은 거의 없다. 나무를 파낼 수도, 빗물을 퍼 담거나 빨아들여 밖으로 내보낼 수도 없기 때문이다. 나무 구멍의 크기와 물의 양이 정해진 상태에서 개구리의 해결책은, 울음소리의 주파수나 파장을 빈 공간의 크기에 맞게 조정하는 것이었다. 이 방법으로 수컷들은 자신의 음성을 증폭시켜 가능한 많은 암컷에게 목소리를 전달할 수 있었다. 이 사실을 어떻게 알아냈을까?

본 라드너[Björn Lardner]와 맥라린 빈 라킴[Maklarin bin Lakim]은 물을 조금 채운 실험 공간에 개구리를 놓고, 이 가짜 나무 구멍에서 서서히 물을 빼가면서 개구리의 음성 변화를 기록했다. 물이 줄어들어 빈 공간의 면적이 더 커질수록, 파장이 긴 음성이 울리기 유리한 조건이 만들어졌다. 개구리들도 이 모든 일이 일어나는 동안 빈 공간의 공명 조건에 맞게 적극적으로 음성의 파장을 변화시켰다. 치무인과 브롱크스의 그리서들처럼 동물들은 중요한 메시지를 전할 때 모두가 자신의 이야기를 들을 수 있도록 온갖 종류의 수법을 쓸 줄 알았다.

우리는 동물의 소리라고 하면 보통 울음소리를 떠올린다. 그러나 소리를 만드는 방법은 그밖에도 여러 가지가 있다. 귀뚜라미를 뜻하는 영어 단어 'cricket'은 '귀뚤귀뚤 소리를 내는 작은 곤충'이라는 의미의 프랑스어 'criquer'에서 비롯되었다. 온대기후 지역 여름밤의 전형적 특징인 이 소리는 귀뚜라미 한쪽 날개의 톱날줄을 마찰편에 문질러서 만들어낸다. 그와 다르게 매미들은 체벽에 있는 북과 비슷한 기관인 진동막을 울려서 소리를 낸다. 두꺼비를 닮은 물고기인 두꺼비고기는 척추동물의 근육 운동으로는 가장 빠른 움직임인 초당 200회의 속도로 음근육을 흔들어 부레에서 웅웅 소리가 나게 만드는데, 이것은 노래를 부르지 못하는 동물들에게 훌륭한 대안이 될 것이다. 이 모든 사례들과 우리의 목소리에서, 소리를 만들어내기 위해서는 무언가를 진동시켜야만 한다.

브라질 아마존의 엘 듀케 저수지에서 햇살 좋은 오후를 보내던 나는 아주 원초적인 방식으로 소리가 만들어지는 광경을 목격했다. 비록 하늘에는 구름 한 점 없었지만, 나는 마른 잎 위로 빗방울이 떨어지는 소리를 분명히 들었다고 생각했다. 나는 소리의 출처를 찾기 위해 연신 하늘을 올려다봤지만 비가 올 기미는 보이지 않았다. 그리고 마침내 내가 고개를 숙였을 때, 개미 수백 마리가 바쁘게 움직이는 장면이 눈에 들어왔다. 이들을 더 자세히 보기 위해 엎드린 나는 개미들이 모두 바닥에 머리를 부딪히고 있다는 사실을 깨달았다. 엄청난 숫자의 개미들이 세차게 헤딩을 하는 소리는 꼭 비 오는 소리 같았다. 이윽고 개미들이 동작을 멈추자 소리도 사라졌다. 이게 다 무슨 일이었을까? 내가 그들의 둥지를 찾아 나뭇가지를 찔러 넣자 개미들이 밖으로 빠져나왔고, 그들의 헤딩 소리가 다시 숲속을 가득 채웠다.

나는 내가 아주 기이한 자연현상을 발견했다고 생각했다. 그러나 집에 돌아와서 조사를 조금 해보니, 이 행동이 특이하긴 해도 수많은 개미나 흰개미 등에서 자주 관찰되는 현상이라는 사실을 알게 되었다. 이 소리의 기능은 동료들에게 나처럼 둥지를 괴롭히는 생물학자나 포식자가 등장했음을 경고하는 것이다. 목소리가 아니더라도 소리를 만들 수 있는 방법은 이렇게 많다. 또 이제부터는 목소리를 내는 동물들이 아주 기발한 방법으로 입에서 나오는 소리를 보충하는 사례를 알아볼 것이다.

벌새는 아주 놀라운 동물이다. 이들은 거의 정지 상태로 초당 40회까지 날갯짓을 하면서, 자신의 유별나게 긴 부리를 꽃의 꿀샘에 정교하게 삽입할 수 있다. 또한 이들은 명금류나 앵무새처럼 노래를 학습해서 부른다. 이 작고 여려 보이는 새의 가장 인상적인 특징은 뭐니 뭐니 해도 공중 구애 다이빙일 것이다. 애나스벌새와 코스타벌새의 경우, 수컷은 자신의 영역에 들어온 암컷의 눈앞을 맴돌며 노래를 부르고 목 부분의 반짝이는 깃털을 내비친다. 그런데 암컷의 반응이 시큰둥하다면, 이제는 기상천외한 곡예를 선보일 차례이다. 그들은 30m 상공에서 자신의 성적 목표물인 암컷을 향해 폭격기처럼 급강하하여 돌진하는데, 이런 다이빙 동작을 최대 20번까지 반복하기도 한다. 또한 다이빙을 할 때는 암컷의 주의를 확실히 집중시키기 위해 '윙' 하고 큰 소리를 낸다.

이 소리는 오랫동안 노랫소리의 일부라고 추정되어왔으나, 크리스 클락<sub>Chris Clark</sub>은 캘리포니아대학교 버클리캠퍼스 척추동물박물관 석사과정 중에 벌새의 꽁지깃 주변으로 공기가 지나가면서 깃털이 진동함에 따라 소리가 발생한다는 사실을 알아냈다. 클락은 애나스벌새와 코스타벌새 및 십수 가지 근연종을 조사하고 나서, 이 종 대부분이 공중에서 구애를 하며 거기에는 늘 꼬리의 윙윙 소리도 함께 포함된다는 사실을 확인했다. 하지만 이 종의 하위 집단 중에는 옛날 방식인 '노래'로 소리를 만들어내는 수컷들도 있었다. 발화를 통해 만들어낸 소리와 꼬리의 윙윙 소리가 너무 비슷했기 때문에, 사람들은 양쪽 모두가 노랫소리라고 생각했던 것이다.

그렇다면 이 유사성은 어떻게 생겨났을까? 클락은 노래보다 꼬리의 진동 소리가 먼저 진화했으므로, 꼬리 소리를 흉내 낼 수 있도록 노랫소리가 진화되었다는 결론을 내렸다. 벌새는 음성을 사용하는 동물이지만 이 사례에서 새의 가장 주된 악기는 목소리가 아닌 꼬리였다. 그런데 어떤 새들은 실제로 바이올린 같은 악기를 연주하기도 한다.

무희새는 장난꾸러기 구애자이다. 명금류나 벌새들과 달리 무희새에게는 노래를 학습하는 능력이 없지만, 이들은 무리 안에서 다양한 소리를 실험한다. 무희새류에서 내가 꼽는 주인공은 방망이날개무희새이다. 나는 수업시간에 학생들에게 코넬대학교 조류연구소의 킴 보스트윅Kim Bostwick이 촬영한 무희새 연구 영상을 보여준다. 이 영상은 갈색 가슴팍에 붉은색 머리를 가진 수컷 방망이날개무희새가 나뭇가지에 앉아 있는 모습을 근접 촬영한 것이다. 수컷은 노래를 할 때, 몸을 굽혔다가 밝은 V자 모양의 무늬가 있는 어두운 날개를 재빨리 곧추세우고는, 바이올린과 비슷한 짧은 진동음이 나올 때까지 자세를 유지한다. 영상이 끝난 후 학생들에게 지금 무슨 일이 일어난 것인지 설명해보라고 하면, 매년 같은 대답이 나온다. 수컷은 몸을 굽히면서 노래를 하고, 날개를 쳐드는 행위는 소리를 보충하는 시각적 신호라는 것이 학생들의 대답이다. 그러면 나는 슬로모션으로 영상을 다시 한 번 틀어준다. 이때 눈썰미가 좋은 학생들은 소리가 발생할 때 새의 부리가 닫혀 있다는 사실을 알아챈다. 이런 현상은 개구리에서는 흔할지 몰라도, 인간이나 새는 음성을 낼 때 입을 벌려야만 한다. 또 정말 관찰력이 깊은 학생들은 곧 추세운 날개가 앞뒤로 살짝 진동하는 것을 발견한다.

보스트윅도 소리가 이러한 날개의 움직임으로부터 발생한다는 사실을 깨달았다. 탁월한 관찰력의 소유자였던 보스트윅은 더욱 자세한 확인을 위해 레이저를 사용했다. 수컷은 벌새보다 두 배 이상 빠른, 초당 100회의 속도로 날개를 진동시키고 있었다. 방망이날개무희새의 신체 구조는 바이올린의 기본 구조와 유사한 면이 있다. 각 날개에는 여러 개의 굴곡이 있는 특수 깃털과 끝이 말려 올라간 뻣뻣한 깃털이 있는데, 수컷이 날개를 들어 올리고 한쪽 날개 끝을 다른 날개의 굴곡 부분에 문질러 진동을 일으키면… 숲은 경쾌한 바이올린 소리로 활기가 넘치게 된다. 이것은 동물의 뇌, 신체 구조, 행동양식이 합심하여 구애자의 감각을 만족시킬만한 섹스의 소리를 형성시킨, 동물들의 끝없는 창의성을 보여주는 또 하나의 사례이다. 하지만 인간만큼 소리를 더 잘 다루는 동물은 없을 것이다.

## 음악은 정서적 반응을 이끌어낸다

이 장을 마무리할 때 즈음 나는 세계문화유산 도시인 에든버러에 머물고 있었다. 이 도시는 그 유명한 알바나치 바가 자랑하는 250종의 위스

키보다도 더 풍부한 스코틀랜드 문화가 넘쳐흐르는 곳이다. 햇살이 상쾌한 어느 봄날, 잔디는 푸르렀고 다채로운 꽃의 색상이 도시를 물들였다. 이곳에서는 몇 블록에 하나씩 킬트를 입은 백파이프 연주가들을 볼수 있다. 내가 도로에서 신호등이 바뀌길 기다리고 있는데, 몸을 움직이지 못하게 만드는 백파이프 음악 소리가 들려오기 시작했다. 이 곡은 '질풍노도'가 분명했다. 음정, 리듬, 선율을 포함한 곡의 모든 요소가 용감무쌍한 군대의 느낌을 자아냈다. 파이프 소리 때문에 싸우고 싶은 기분이 들거나 공격성이 생긴 것은 아니었지만, 음악에 어떤 힘이 있었던 것은 분명했다. 나는 행진까지는 아니더라도 최소한 몸을 움직여야만 할 것 같았다. 그때부터 빨간불이 믿을 수 없을 정도로 길게 느껴지기 시작했다.

인간의 음악이 동물의 노래나 음성에서 유래하진 않았으나, 이들사이에는 유사점이 많다. 인간의 음악과 동물의 노래는 모두 사회적 행동이다. 이 소리들은 사회적 유대를 확립하고, 갈등을 줄이거나 조장하기도 하며, 우리의 가장 큰 관심사인 구애와 섹스에도 복잡하게 얽혀있다. 동물의 노래나 인간의 음악이 가진 힘은 소리 구조를 통해 선택자의 정서·감정 상태에 영향을 준다는 점에 있다. 이것은 특정 소리 구조에 임의적으로 뜻이 배정되는 언어와는 다르다. 구애와 음악에서는 소리 그 자체가 메시지이자 의미가 된다. 만약 이것이 사실이라면, 우리는 음향적 구애 신호와 음악이 비슷한 정서적 반응을 이끌어내는 과정에서 나타나는 보편적인 규칙을 찾을 수 있을 것이다.

앞에서 나는 유진 모튼의 발견을 언급했는데, 요지는 서식지 환경의 음향적 속성으로 인해 조류의 노래 구조에 진화적 영향이 발생했다는 것이었다. 그는 또한 다양한 조류와 포유류의 소리가 어떻게 상대방으로부터 서로 다른 정서적 반응을 이끌어내는지를 예측하는 '동기-구조 규칙'을 제시하기도 했다. 모튼은 여덟 가지 상세한 규칙을 한 문장으로 간략하게 요약한다. '조류와 포유류는 적의를 표현할 때는 거세고 주파수가 낮은 소리를 사용하며, 놀랐을 때나 상대를 진정시키고 친근하게 접근할 때는 주파수가 높고 순음에 가까운 소리를 사용한다.'

우리는 스스로의 경험으로부터 서로 다른 상황에는 서로 다른 소리가 적합하다는 것을 배웠다. '모성어^{motherese}'를 생각하면 이해하기 쉬울 것이다. 모성어는 문화적 배경을 막론하고, 엄마뿐 아니라 아기와 소통하는 사람들이 흔하게 사용하는 높은 주파수의 다정한 톤을 일컫는다. "우쭈쭈~"의 경우와 같이 우리는 어른이든 아이든 상대를 진정시킬 때, 발화의 시작과 끝을 길게 늘임으로써 음조 있는 조용하고 긴 소리를 사용한다. 시작점에서 소리의 진폭을 늘리다가 끝점에서 천천히 감소시켜 듣는 이가 놀라지 않게 하려는 것이다. 이렇게 상대를 진정시키는 말투와 대조되게, 싸우거나 논쟁을 할 때 우리는 목소리 톤을 높인 다음, 빠르게 시작했다 끊기는 짧고 거센 말투를 쓴다. 분노에 찬 표현을 할 때는, "꺼-져-버-려"와 같은 길게 늘이는 말투 대신 "꺼져버려!"와 같이 강하게 톡 쏘아붙이는 것이 더 효과적일 것이다.

인간은 음성을 통해 동물과 소통할 때도 서로 다른 소리 구조에 상이한 기능을 부여하는 자신의 규칙을 동일하게 적용시킨다. 개를 산책시키고 말을 몰 때 우리는 짧고 거센 흡착음을 사용하여 동물을 움직이게 하며, 음조 있고 길게 끄는 어조로 움직임을 멈추게 한다. 이것은 마치 인간의 구조-기능 규칙을 동물들에게도 강요하는 것만 같다. 그러나 사실은, 우리가 사용하는 어조가 마침 동물 자신의 구조-기능 규칙에 유사하게 맞아떨어지는 것일 뿐이다.

《당신의 몸짓은 개에게 무엇을 말하는가?》를 출간한 작가이자 세계적인 동물훈련사인 패트리샤 맥코넬Patricia McConnell은 대학원생 시절에 훈련사들이 사용하는 명령음을 심도 있게 조사했다. 그녀는 한 실험에서 아직 훈련 경험이 없는 애완견 집단을 길들여서 '움직여'와 '멈춰'의 의미로 쓰이는 전형적인 소리 신호에 반응하게 했다. 기본주파수가 점점 높아지는 네 개의 짧은 음은 '앞으로 가라'는 의미였고, 기본주파수가 점점 내려가는 한 개의 긴 음은 '멈추라'는 의미였다. 한편 다른 집단의 애완견들은 반대로 네 개의 짧은 음을 들으면 멈추고, 긴 음을 들으면 움직이는 비전형적 연관에 길들여지도록 훈련을 받았다. 훈련이 완료된 후, 맥코넬은 두 집단이 신호와 동작의 연관을 바꿔서 학습하도록 다시 훈련시켰다.

처음에는 두 집단 모두 자신이 배운 대로 음향 신호를 '움직여'와 '멈춰'에 연관시키는 법을 터득했다. 그러나 그것을 반대로 학습하도록 실험을 진행했을 때, 비전형적 연관에서 전형적 연관으로 전환하도록 훈련받은 개들이 전형적 연관에서 비전형적 연관으로 전환하도록 훈련받은 개들보다 습득 속도가 더 빨랐다. 모튼의 동기-구조 규칙과 이 연구는 특정 소리 구조가 유사한 방식으로 청자의 신경생리 및 심리작용에 영향을 줄 수 있다는 사실을 보여줌으로써, 인간을 포함한 다양한 종에서 소리의 구조와 기능에 대한 보편 규칙이 존재할 수 있음을 암시하고 있다.

음악은 다양한 정서를 이끌어낼 수 있다는 점에서 동물의 신호와 비슷하다. 스웨덴의 심리학자 패트릭 저슬린<sup>Patrik Juslin</sup>과 대니얼 베스트펠<sup>Daniel Vastfjall</sup>은 음악이 우리에게 일으킬 수 있는 여러 가지 반응의 목록을 정리했다. 그 일부를 여기에 나열해보겠다.

**주관적 느낌:** 음악을 듣는 사람들은 아주 다양한 감정을 느낀다고 보고한다.

**생리적 반응:** 다른 '감정' 자극과 비슷하게 음악은 심박수, 체온, 피부 전기 반응, 호흡, 호르몬 분비량 등을 변화시킨다.

**두뇌 활동:** 음악에 대한 반응은 정서 반응과 밀접하게 관련된 두뇌 영역의 활동을 촉진한다.

**감정 표현:** 음악은 사람들을 울고 웃으며, 미소를 짓고 눈썹을 찌푸리게 만든다.

**행동 경향:** 음악은 사람들이 타인을 돕고, 상품을 소비하며, 움직이

게 만드는 영향력을 행사한다.

그렇다. 파란불을 기다리는 동안 백파이프 음악을 들어본 사람이라면, 이것이 무슨 이야기인지 이해할 것이다.

다양한 감정을 발생시키는 음악의 여러 기능을 세세히 식별하려면 아주 복잡해지겠지만, 서로 다른 유형의 음악이 서로 다른 감정을 이끌어낸다는 사실에는 의심의 여지가 없다. 사람들은 대부분 음악에 따라 이끌어내는 정서도 달라진다는 말에 동의할 것이다. 장조로 된 노래는 즐거운 감정을 이끌어내는 반면, 단조는 슬픈 감정을 느끼게 하곤 한다. 또 블루스 음계로 된 노래에는, 음… 블루스만이 줄 수 있는 느낌이 담겨져 있다.

수 세기 전 크리스티안 슈바르트[Christian Schubart]는 《소리 예술의 미학에 대한 생각*》에서 각 조성이 지닌 정서적 특징을 자세하게 묘사했는데, 그가 사용한 표현들은 극도로 심취한 와인감정사를 연상시킨다. 여기 몇 가지 예시가 있다. 'D장조는 전쟁의 승리에 기뻐서 외치는 함성, 할렐루야, 승리의 조성이다. 그러므로 우리의 마음을 동하게 만드는 교향곡, 행진곡, 축제 음악, 천국의 기쁨을 노래하는 합창곡 등이 이 조성으

---

* Ideen zu einer Aesthetik der Tonkunst. 리타 스테블린Rita Steblin이 번역하여 《A History of Key Characteristics in the 18th and Early 19th Centuries(18세기 및 19세기 초반의 조성 특징 역사)》라는 제목으로 출간되었다.

로 만들어진다. D단조는 우울한 여성성, 분노와 유머적 정서를 표현한다. F#단조는 음침한 조성이다. 드레스를 물어뜯는 개와 같은 격정을 일으키며, 이 조성의 언어는 분노와 불만족이다. A♭장조는 무덤의 조이다. 그 반경에는 죽음, 묘지, 부패, 심판, 영원이 도사리고 있다.' 그리고 마침내 그의 묘사는 우리의 관심사와 가까워진다. 'A장조는 순수한 사랑, 자신이 처한 상황에 대한 만족, 이별 중에 사랑하는 이를 다시 볼 수 있다는 희망, 젊은이의 활력과 신에 대한 믿음이다. B♭장조는 활기찬 사랑과 깨끗한 양심, 희망, 더 나은 세상을 향한 열망이다.' 슈바르트가 암시한 것처럼, 음악은 우리의 성적인 기분 상태에도 영향을 줄 수 있으며, 이것은 바바리비둘기의 바우쿠만큼이나 중요한 효과를 발생시킬 수도 있다.

〈성적 행동 기록〉에 실린 논문에서 데이빗 발로우<sup>David Barlow</sup>와 연구진은 음악이 어떻게 섹스에 대한 우리의 감정 상태에 영향을 주는지 확인시켜주었다. 실험은 간단했다. 남성에게 행복하거나 슬픈 음악을 들려주고 포르노 영화를 보게 한 다음, 발기의 정도를 측정하고 얼마나 성욕을 느꼈는지 물어보는 방식이었다. 이 실험이 조금 저속하게 느껴질 수도 있겠지만, 음악까지 그랬던 것은 아니었다. 이들이 긍정적인 분위기를 일으키기 위해 쓴 음악은 모차르트의 '아이네 클라이네 나흐트무지크'와 '디베르티멘토 136번'이었고, 부정적인 분위기를 위해서는 알비노니의 '아다지오 G단조'와 바버의 '현을 위한 아다지오'를 사용했다.

포르노 영상은 구체적으로 어떤 것이 쓰였는지 보고되지는 않았다.

결과는 우리의 예상과 비슷했다. 피험자가 부정적인 음악보다 긍정적인 정서를 일으키는 음악을 들었을 때, 음경의 발기와 성적 흥분 상태가 더욱 촉진되었다. 우리 일상의 로맨스에 음악이 들어가는 것은 우연이 아닌 것이다.

또한 음악은 좋아함과 원함을 자극하는 보상 영역을 노리고 우리 두뇌 깊은 곳에 침투한다. 맥길대학교의 앤 블러드[Anne Blood]와 로버트 자토레[Robert Zatorre]는 피험자들에게 무서운 효과를 주는 음악을 듣게 하고 양전자방출단층촬영(PET) 검사를 진행했다. 연구팀은 참가자들이 '등골이 오싹해지는 기분' 또는 '소름'을 느꼈다고 보고했을 당시의 PET 스캔본을 확인하고, 중변연계 보상 시스템의 다양한 영역에 혈류가 증가되면서, 흰줄무늬참새와 퉁가라개구리가 짝짓기 음성을 듣고 좋아함과 원함을 모두 느꼈을 때 자극되었던 복측선조체 및 측좌핵 등의 영역이 활성화되었다는 사실을 알아낼 수 있었다.

같은 맥길대학교 소속이자 《뇌의 왈츠》의 저자 대니얼 레비틴[Daniel levitin]과 스탠퍼드대학교의 동료 비노드 메논[Vinod Manon]은 PET보다 더 해상도가 높은 기능적자기공명영상(fMRI)을 이용하여 이 중요한 발견을 확인하고 보충했다. 3장에서 언급했듯, 이 보상 영역은 음식, 섹스, 마약, 도박 등의 여타 중독성 쾌감에 이용을 당할 수 있는 영역이기도 하다. 이제 우리는 1960년대 미국의 슬로건이었던 섹스, 마약, 로큰롤과 평행을 이루는 성선택, 도파민, 그리고 '음악(소리를 이용하는 구애 포함)' 3인방 사이에 연관성이 존재한다는 사실을 알 수 있다.

이제 시각과 소리가 섹스와 상호작용하는 방식에 대해 많은 것을 '보았고', '들었으니', 모든 감각 중에 가장 주된 감각이라고 할 수 있는 후각으로 넘어가서 섹스의 냄새에 대해 알아보도록 하자.

양배추은무늬밤나방
(Trichoplusia ni)

# 환상적인 땀 냄새

## : 최고의 배우자가 풍기는 낯선 '향기'

냄새는 당신을 수천 마일 밖으로,

그리고 지금까지 살아온 나날들로 데려다주는 강력한 마법사이다.

- 헬렌 켈러 -

우 리는 보고, 듣고, 냄새를 맡는다. 이 세 감각은 주변 세계로부터 오는 자극을 두뇌로 전달하는 역할을 한다. 두뇌는 전달된 정보를 통합하고 분석하는 과정에서 특정 유형의 정보에 주의를 더 많이 집중시키기도 한다. 또한 이 모든 정보는 세상에 대한 우리의 인식을 형성하는 데 사용되며, 우리가 그것들과 어떻게 상호작용할지 결정할 수 있도록 돕는다. 모든 감각양상은 우리의 성적 두뇌로 연결되는 중요한 통로가 될 수 있으며, 동물들은 대개 특정 감각양상에 더 크게 의지하여 배우자감을 식별하거나 그들에 대한 정보(종, 성별, 건강, 짝짓기 준비 여부)를 얻는다.

한편 우리를 포함한 일부 동물들은 이 모든 감각양상을 통합하여 상대의 성적 아름다움을 경험한다. 우리가 각각의 감각에서 얻은 느낌과 정보는 모두 다르지만 대개 상호보완적이다. 이것들이 얼마나 다르며 어떻게 서로를 보완하는지를 섹스와 관련 없는 한 가지 예시를 통해 알아보자.

텍사스주에서 종종 그렇듯 계속해서 가뭄이 이어지고 있었다. 가뭄은 6년 전에 시작되었으며 그 위력은 강력했다. 오스틴의 주요 수원인 트래비스호의 3분의 2가 말라붙었고, 선착장에 호숫물이 차지 않게 된 것도 벌써 몇 년 전의 일이었다. 그러나 때때로 선착장을 찾았던 나는 비록 비는 오지 않았지만 곧 비가 올 것이라는 것을 알 수 있었다. 비의 냄새가 공기를 채우고 있었기 때문이다. 모두들 이 황홀한 향을 맡아봤겠지만, 그 근원에 대해서는 별 생각을 하지 않았을 것이다. 이런 비의 냄새는 페트리코petrichor라고 불리며, 어원은 그리스어로 돌을 뜻하는 petra와 그리스 신화에서 신의 피를 뜻하는 ichor가 합쳐진 것이다. 페트리코는 토양과 돌에 함유되어 있던 기름 성분이 비가 오기 전 공기 중의 수분에 노출되어 휘발성으로 변하며 만들어진다. 페트리코의 향을 맡고 흥분을 느끼는 것은 나 혼자만이 아니다. 소들도 이러한 가뭄의 시기에 이 향에 노출되면 안절부절 못하는 모습을 보인다.

이 냄새가 비가 올 가능성을 알려주기는 하지만, 비는 어디에 있는 걸까? 내 후각은 그에 대해서는 별다른 도움을 주지 못한다. 그런데 갑자기 먼 남서쪽 하늘에서 번개가 치는 것이 보인다. 이제 나는 단순한 비가 아니라 폭풍이 몰려올 것이라는 사실과 그것이 다가오는 방향도 알 수 있게 되었다. 같은 자연현상에 대해 두 가지 감각이 두 유형의 다른 정보를 알게 해준 것이다. 그럼 폭풍은 얼마나 멀리 있을까? 나는 당장 비를 피할 곳을 찾아 움직여야 할까, 아니면 잠시 여유를 부려도 될까? 4장에서 이야기했듯, 대상과의 거리를 가늠하는 일은 꽤 까다롭다. 그런데 내가 번개를 보고 5초 후에 천둥소리를 들었으니, 이 둘은 폭풍의 중심부로부터 거의 동시에 발생했다고 볼 수 있다. 번개가 칠 때는 주변의 공기가 태양의 온도보다도 더 뜨겁게 달구어진다. 그로 인해 공기가 빠르게 압축되면서 먼저 날카로운 천둥소리를 만들어내고, 공기가 천천히 팽창되면서 우르르 소리가 뒤따르게 된다. 빛은 소리보다 빠르게 이동하므로 나는 번개를 먼저 보고 천둥소리를 들을 수 있었다.

빛의 속도는 초속 30만 km로 너무 빠르기 때문에 지구에서 경험할 때는 거의 즉시적이라 봐도 무방하다. (우리 행성을 벗어나면 이야기는 달라진다. 태양 빛이 우리에게 도달하기까지는 8분이 소요되기 때문이다. 그러나 이것은 이동 거리가 1억 5,000만 km라는 점을 고려하면 여전히 아주 짧은 시간이긴 하다.) 한편 소리는 조금 더 느긋한 속도인 초당 330m의 속도로 이동한다. 내가 번개를 보고 천둥소리를 듣기 까지 5초가 흘렀기 때문에, 나는 폭풍이 약 1,650m 거리에 있다고 계산할 수 있다. 이 간단한 경험을 요약하면, 나는 비가 올 것을 알리는 냄새를 맡았고, 이것이 다가오는 방향을 보았으며, 얼마나 멀리서 오는지 소리를 들어 파악할 수 있었다. 도플러 레이더 같은 기기는 없어도 그만이다!

이 세 가지 감각양상은 성적 소통을 포함한 다양한 의사소통에서 각자의 장단점을 발휘한다. 시각 신호는 태양 빛을 수신자에게 반사시키는 결과로 생겨나므로 빛이 없다면 시각 신호도 사라질 것이고 낮에만 효과가 있을 것이다. 시각을 이용한 소통은 빠르게 이루어지며 자극의 출처에 대해 아주 정확한 위치 정보를 제공한다. 우리는 길모퉁이에 사람이 서 있는 것이 뻔히 눈에 보이는데, "이 방향 어딘가에 그 사람이 있는 것 같아요"라는 식의 말을 하지는 않을 것이다. 당신이 상대를 볼 수 있다면 그 사람의 위치가 어디인지 정확히 알 수 있으며, 그것은 우리의 시력이 직접적인 가시선<sup>line of sight</sup>에 의존하기 때문이다.

당신의 친구가 군중 사이로 사라지면 그 사람에 대한 시각적 접촉을 잃기 때문에 보는 것이 불가능하게 된다. 그런데 전 장에서 설명했듯, 음향 소통에서 발신자는 신체 부위를 진동시킴으로써 직접적으로 에너지를 발생시킨다. 시각 소통과 달리 음향은 빛이나 가시선의 제한을 받지 않는다. 친구가 사람들 사이로 사라지더라도 그가 짧게 소리를 치거나 휘파람만 불어준다면, 보는 것만큼 정확하지는 않겠지만 위치를 파악할 수 있을 것이다. 시각과 청각 신호는 모두 순간적이라서 이것이 생성되는 동안 우리가 보고 들은 후에는 더 이상 그 감각을 경험할 수 없다.

후각 소통은 앞선 두 감각양상과 공통점이 적은 편이다. 냄새에는 머리카락의 색깔이나 목소리의 음색보다 더 중요한 것처럼 느껴지게 만드는 무언가 특별한 힘이 있다. 〈여인의 향기〉에서 시각장애인 프랭크를 연기한 알 파치노가 매력적인 비행기 승무원에 대해 하는 이야기를 들어보자.

프랭크: 대피니는 어디에 있지? 이리 좀 불러와 봐.

찰리: 저 뒤에 있어요.

프랭크: 꼬리까지 갔나보군. 오, 하지만 아직도 그녀의 냄새가 나. 여자들이란. 어떻게 표현할 수 있을까? 누가 만든 거지? 신은 정말 천재야. 머리카락! 다들 머리카락이 최고라고 말하지. 곱슬곱슬한 머리

카락에 코를 파묻고 하염없이 잠만 자고 싶었던 적이 있나?

## 섹스와 음식은 서로 의존한다

후각 소통이 이루어지려면 냄새 분자가 수신자의 후각수용기 세포에 도달해야만 한다. 개들이 서로 엉덩이 냄새를 맡을 때처럼 냄새 분자는 곧장 빠르게 이동할 수도 있고, 개가 나무나 소화전에 소변을 보았을 때처럼 냄새가 다른 물체에 묻어 정지 상태에 있다가 수신자와 접촉하는 경우도 있다. 그러나 대개 냄새 분자는 바람을 타고 공기 중을 이동하면서 멀리 있는 수신자와 만날 기회를 노린다. 이것이 바로 암컷 개가 페로몬을 분비하고 자신이 '발정' 상태임을 알릴 때 일어나는 일이다. 근방에 있는 거의 모든 수컷들은 암컷이 번식할 수 있으며 짝짓기 할 준비가 되었다는 메시지를 알아차린다. …수컷들의 울부짖는 소리가 들리는가?

대기에서는 분자가 일직선이 아닌 구불구불한 경로로 이동하기 때문에 후각 신호가 주는 방향 정보는 그리 정확하지 못하다. 냄새의 출처를 찾는 유일한 방법은 농도 기울기를 따르는 것이다. 농도 기울기는 항상 그런 것은 아니지만 대체로 출처에 가까워질수록 증가한다. 당신이 자신의 위치를 알리고 싶다면 체취에 의지하기보다는 손을 흔들거나 휘파람을 부는 것이 더 효과적일 것이다. 만약 당신의 친구가 사람이 많은 곳에서 방귀를 뀐다면 친구의 위치를 탄로 나게 하는 것은 냄새보다 소리일 확률이 높다. 무리 중에 있는 사람들은 서로를 의심하는 눈빛을 교환하면서 냄새의 출처가 어디인지 추측하려 하겠지만 정확히 범인이 누구인지는 짚어내지 못할 것이다.

오래 지속되는 인상을 남기기 위해서는 후각 신호가 제격이다. 개가 자신의 영역을 침범하는 이웃에게 이빨을 드러내고 으르렁 소리를 내는 것은 효과적인 방어책이겠지만, 개가 자리를 떠나면 이 신호들도 함께 사라진다. 그런데 개가 오줌으로 영역표시를 한다면, 냄새는 멀리 퍼질 뿐 아니라 오랫동안 한자리에 머물면서 끊임없이 침입자들을 경고할 것이다.

후각은 여러 기능에서 중요한 역할을 하지만, 눈과 귀와 마찬가지로 정보를 뇌에 흘려보내는 경로는 단 하나뿐이다. 후각의 수용과정은 빛이나 소리의 수용과정보다는 조금 더 간단하다. 신호 역할을 하는 냄새 분자들이 후각수용기에 직접적으로 들러붙기 때문이다. 이러한 후각수용기 세포는 대체로 척추동물의 코 또는 일부 척추동물의 보습코 기관에 들어 있으며, 곤충의 경우에는 더듬이나 발에 존재하기도 한다. 어떤 후각수용기는 아주 민감해서 냄새 분자 단 몇 개가 근원지에서 수 킬로미터를 이동해서 왔더라도 그것을 포착해낼 수 있다. 누에나방의 더듬이에 달린 후각수용기는 지구에서 가장 민감한 탐지기 중 하나로 지나가는 냄새 분자의 80%를 포착할 수 있다. 또한 수컷 누에나방은 한 개의 냄새 분자가 한 개의 수용기에 달라붙기만 해도 배우자 물색을 시작할 수 있다.

이제 잠시 용어를 정리하는 시간을 가져야겠다. 체취[odor]와 페로몬[pheromone]을 거의 동일한 의미로 사용하는 것 같겠지만, 사실 둘은 같지 않다. 사람들 틈으로 사라졌던 친구의 체취처럼 우리에게 정보를 주는 것은 무엇이든 단서이다. 만약 그 냄새가 특별히 의사소통을 위해 진화되었다면 그것은 신호라고 할 수 있다. 페로몬은 후각 신호로 정보를 전달하기 위해 진화한 것이다. 수년 전 내가 박사 후 과정을 밟고 있던 시절, 1960년대 대항문화의 발상지였던 버클리의 텔레그래프가에서 팸플릿을 주웠던 일을 기억한다. 〈사회적 무기로서의 거북함〉이라는 제목의 팸플릿에는 자본주의와 속물들을 향한 비판이 담겨 있었는데, 내용은 차치하더라도 이것은 체취와 페로몬의 뜻을 심각하게 혼동하고 있었다.

또 하나는 VNO라고도 하는 보습코기관[vomeronasal organ]이라는 용어이다. 이 기관은 여러 양서류, 파충류 및 포유류의 입천장에 존재하지만, 어류, 조류, 악어, 구세계원숭이, 해양 포유류, 일부 박쥐에서는 관찰되지 않는다. 냄새는 입천장이나 코를 통해 이 기관에 전달될 수 있다. 뱀의 갈라진 혀는 에덴동산의 이브에게 사과에 대한 거짓말을 하기 위해서가 아니라, 공기 중의 냄새 분자를 포집하여 보습코기관에 집어넣기 위해 진화했다.

페로몬을 통한 소통은 대개 보습코기관이 있는 동물 사이에서 이루어진다. 일각에서는 인간에게 보습코기관이 존재하지 않는 것 같다는 사실(아직은 확실하지 않다)이 인간에게 페로몬이 없다는 사실을 시사한다는 주장을 제기하기도 했으나, 이 논리는 틀렸다. 왜냐하면 이 후각 신호가 오직 보습코기관만을 대상으로 전달되는 것은 아니기 때문이다. 이 논리라면 보습코기관이 없는 물고기에게도 페로몬이 없어야 하지만 실제로는 그렇지 않다. 다만 이 책에서는 외부 세계의 냄새를 우리의 성적 두뇌와 연결시키도록 돕는 것이 보습코기관인지, 아니면 코인지는 크게 중요치 않다.

후각수용기가 어디에 있든 이 세포에 달라붙는 냄새 분자는 비, 섹스, 음식과 같이 아주 다른 성질의 출처로부터 비롯될 수 있다. 포유류의 경우 이 수용기는 코의 점막에 들어 있다. 우리가 공기를 들이마시면 코에 냄새 분자가 더 많이 들어오므로 주변 환경에 있는 냄새를 맡을 수 있는 확률이 높아진다. 보습코기관을 가진 포유류들은 플레멘 반응flehmen response을 이용하여 후각 탐지 능력을 촉진시킨다. 플레멘이란 독일어로 윗입술을 말아 올려 이빨을 드러내는 말의 행동을 뜻하는데, 이것은 냄새를 맡는 과장된 동작이 아니라 콧구멍을 닫아 공기가 입으로 유입되게 하면서 냄새를 보습코기관으로 이동시키는 과정이다. 만약 인간에게도 기능적인 보습코기관이 존재했다면, 그 정체를 알아채지 못하는 것이 더 어려웠을 것이다.

후각수용기는 대개 신경세포이며, 그 위치가 발가락이든 코든 상관없이 같은 방식으로 냄새에 반응한다. 냄새가 수용기에 포착되면 이 세포에 일련의 생화학적 변화가 일어나면서 궁극적으로 뉴런의 점화를 유발한다. 포유동물에서 이러한 신경 방출 활동은 뇌의 후엽에 공급되며, 후엽은 섹스는 물론이고 수많은 여타 기능과 관련되어 있는 뇌의 여러 영역들에 이것을 재차 전달한다. 후각은 모든 감각 중에서 유일하게 중변연계 보상 시스템이 관장하는 기억, 감정, 좋아함과 원함 등의 쾌감 관련 영역과 직접적으로 연관된다(3장 참조). 시각과 청각을 포함한 다른 감각들은 쾌감센터로 보내지기 전에 두뇌 하부의 중계국을 거쳐 더 많은 처리과정을 겪는 반면, 냄새는 시간을 지체하지 않고 곧바로 쾌감센터로 향하기 때문이다. 이러한 냄새와 감정의 직접적 관련성으로 인해 후각은 다른 감각보다 더욱 주요한 감각으로 느껴지곤 한다.

후각 작용은 곤충에서도 비슷한 처리과정을 거치는데, 나방을 보면 가장 이해하기 쉬울 것이다. 나방의 후각수용기는 더듬이로부터 그물처럼 연장되는 형태를 지닌다. 수컷 나방을 흥분시키는 냄새는 두 종류이다. 하나는 암컷의 페로몬이며 하나는 그들이 먹이로 삼는 꽃의 향기이다. 나방의 더듬이에는 두 유형의 냄새를 탐지할 수 있는 후각수용기가 아주 많이 들어 있다. 수용기가 냄새에 의해 자극되면 그 자극들은 나방 두뇌의 더듬이엽이라는 곳으로 보내진다. 나방의 더듬이엽에는 사구체라 불리는 세포 집단이 있으며, 각각의 사구체는 하나의 '성적 두뇌'나 '먹이 탐지 두뇌' 역할을 하며 서로 다른 냄새로부터 자극을 수용한다. 성적 페로몬이 달라붙은 후각수용기 세포는 최종적으로 종 및 성별 구분과 관련된 신경 부호가 담긴 거대사구체복합체에 도달한다. 한편 꽃의 향기를 탐지하는 후각수용기 세포는 이 복합체를 우회하고 주더듬이엽이라 불리는 '먹이 탐지 두뇌'에 도달한다.

섹스와 음식은 때때로 서로 의존하기도 한다. 노랑초파리는 과일의 썩은 부위에서 구애를 하곤 하는데, 그 이유는 그곳이 암컷이 알을 낳는 장소이기 때문이다. 음식의 냄새를 탐지한 후각수용기는 그것들을 잘 분별하여 파리의 먹이 탐지 두뇌로 보낸다. 그러나 수컷의 구애에서 중대한 역할을 하는 유전자(프루트리스*)가 발현된 음식 수용기 한 집단은 성적 두뇌로 곧장 직행한다. 만약 이 수용기가 음식의 냄새로 인해 자극되지 않는다면, 수컷은 구애를 시작하지 않는다. 이는 암컷이 알을 낳을 장소가 준비되지 않았을 때 수컷의 구애가 성공하지 못하도록 방지하기 위해서라고 해석할 수 있다. 이것은 암컷에 대한 수컷의 기사도적인 행동이 아니라, 구애 전략에 더 가깝다.

이제 이 강력한 감각에 대해 자세하게 알아보았으니, 아주 다양하고 서로 다른 동물들의 성생활에서 후각이 어떤 역할을 하는지 알아볼 차례이다.

---

* fruitless, 초파리의 구애 행동을 조절하는 유전자의 이름

내가 여러 차례 강조했던 것처럼 배우자 선택에서 가장 중요한 의사결정은 짝짓기 의향이 있고 준비가 된 올바른 종의 상대를 찾는 것이다. 많은 경우, 이를 가장 잘 알려주는 유용한 신호는 후각 단서이다. 그것은 아마 우리가 누구이며 무엇을 느끼는지와 냄새가 아주 밀접하게 연관되어 있기 때문일 것이다. 유전자와 냄새의 관계는 다른 신호들과의 관계보다 더욱 직접적이고 가까울 것이다.

유전자가 직접 형질을 생산해내지는 않으며, 특정 행동양식을 '만드는' 유전자란 존재하지 않는다. 그 대신 우리의 DNA는 RNA를 만들고, RNA는 단백질을 만들거나 다른 유전자의 활동을 조절한다. 혹시 누군가가 순진하게 '새의 노래를 만드는 유전자'가 무엇이냐고 묻는다면 상황은 아주 복잡해진다. 노래가 만들어지려면 다양한 생리학적·형태학적·행동학적 요소가 공동으로 작용해야 하기 때문이다. 유전자들은 새들의 노래에서 리듬을 발생시키는 뉴런을 구성하기 위한 청사진을 제공한다. 또한 유전자는 새의 연골, 근육, 뼈의 발달 경로를 잘 지휘하여 후두를 만들어내야 한다. 그다음으로 유전자들은 이 모든 영역을 연결하는 신경망들이 서로 협력하도록 조정함으로써 수많은 명금류가 자랑하는 멋진 연주를 구현할 수 있게 만든다. 그런데 냄새 분자를 만들기 위해 유전자를 배열하는 일은 조금 더 단순하다. 유전자는 사슬 모양의 화합물을 합성하는 생화학적 회로를 조직하는데, 여기서 화합물 그 자체가 신호가 된다. 아주 간단하지 않은가?

그러나 모든 냄새가 유전자에서 비롯되는 것은 아니다. 주변 환경의 냄새는 일종의 후각적 지문처럼 우리 자신에 대한 많은 정보를 드러낼 수 있다. 밤새 술집에서 진탕 술담배를 한 사람에게서 풍기는 냄새는 이 행동을 꼼짝없이 드러내는 지문이나 다름없다. 또한 동물들도 냄새를 써서 다른 개체가 어디에 머물렀는지 파악한다. 어떤 벌들은 같은 무리의 구성원만을 안에 들여보낼 수 있도록 벌집을 지키는 역할을 한다. 그런데 누가 문지기 벌과 같은 무리의 벌을 데려다가 다른 벌집의 냄새를 주입시킨 후 원래의 집에 데려다 놓는다면, 문지기 벌은 냄새가 조작된 벌에게 술담배 냄새라도 맡은 듯, 아니 더 나쁘게는 이 벌이 침입자라도 되는 듯한 반응을 나타낸다. 다른 곳 출신이라는 후각 메시지를 읽어낸 문지기 벌은 한때 같은 무리에서 동고동락했던 동료를 살해할 것이다. 배우자를 선택하거나 다른 개체가 주변 환경에서 획득한 냄새 신호를 읽는 상황에서 한 가지 핵심 메시지는, '상대가 나와 같은 냄새를 풍긴다면 우리는 같은 족속일 것이다'가 된다. 우리가 같은 종을 찾고 있다면 이것은 자연히 좋은 일이겠고, 곧 보겠지만 다른 유전자를 가진 개체를 찾는 중이라면 좋지 않은 상황이 벌어질 수도 있다.

냄새는 우리가 누구와 어울렸는지를 폭로함으로써 혹독한 결과를 불러오기도 한다. 어떤 남성이 다른 여성의 향기를 지우지 못한 채 배우자가 기다리는 집에 돌아갔다가 관계가 깨졌다는 이야기는 많이 들어보았을 것이다. 아래에서 이야기하겠지만, 대부분의 여성은 자신의 '정체성'을 담은 특별한 냄새의 향수를 사용한다. 그러므로 외도 중인 남성이 집에 들어왔을 때 낯선 향이 느껴진다면, 그것이 정확히 무슨 향이든 상관없이 낯선 이의 것이라는 메시지가 확실하게 전달된다. 그런데 그 향을 자세히 파헤쳐보면 우리에게 더 자세한 실마리를 제공할 만한 세부 사항이 확인될지도 모른다. 불륜 만남을 주선하는 데이트 사이트 gleeden.com은 불륜 남녀가 가장 많이 사용하는 향수 10종을 선정했다. 만약 내 남자가 단순히 낯선 향이 아니라, 겔랑의 샬리마, 샤넬의 코코마드모아젤, 지방시의 베리 이리지스터블의 향을 풍긴다면 상담을 시작해야 할 순간이 다가온 것일지도 모른다.

동물들은 상담을 받을 수 없으니 바로 액션을 취한다. 암컷 붉은등 도롱뇽은 바람피우는 상대를 용서하지 않는다. 이 작은 양서류는 북아메리카 북동부의 바위, 통나무, 숲의 이끼 사이에서 흔히 발견되지만, 밀폐된 유리 용기 안에서도 아주 만족하며 잘 살기 때문에 행동학 및 생태학 실험 대상으로 삼기에 이상적이다.

사우스웨스턴루이지애나대학교 연구팀은 외도를 했던 수컷 도롱뇽의 최후를 관찰하고 기록했다. 그들은 도롱뇽 한 쌍을 유리 용기에 따로 넣어주고 신혼생활을 즐기게 했다. 그러던 어느 날 연구자가 개입하여 암컷의 마음속에 수컷에 대한 불신을 심어준다. 그들은 수컷을 꺼내서 잠시 다른 유리 용기에 넣었다가 배우자의 곁으로 돌려보냈다. 빈 유리 용기에 머물렀던 수컷이 암컷에게 돌아갔을 때는 별다른 일이 일어나지 않았다. 그러나 다른 암컷이 있는 유리 용기에 머물렀던 수컷에게는 엄청난 형벌이 뒤따랐다. 암컷과 수컷의 몸집이 비슷했음에도 불구하고, 암컷은 입으로 수컷의 몸을 움켜 물고는 그를 몇 번이고 땅바닥에 내동댕이쳤다. 사실 암컷이 분노를 발산해야 할 대상은 수컷이 아닌 연구자여야 했지만, 어쨌든 이 사례에서 교훈은 얻을 수 있었다.

주변 환경에서 획득된 냄새는 개체가 어디에서 누구와 있었는지를 수신자에게 알려줌으로써, 성적 냄새에 담긴 메시지에 흥미로운 요소들을 더해준다. 한편, 환경보다 유전자로부터 더 강한 영향을 받는 다른 냄새들은 서로 다른 유형의 정보를 제공한다.

노랑초파리, 물고기, 뱀, 포유동물들은 모두 유전자에 암호화된 후각 신호에 의존하여 종을 식별하지만, 섹스를 위해 후각을 사용하는 부류 중에 챔피언은 나방일 것이다. 나방의 경우 구애자와 선택자의 전형적인 성별 역할이 반전되어 있다. 암컷이 냄새를 통해 자신의 욕구를 알리고, 수컷은 냄새를 추적하여 배우자감을 찾는다. 암컷들이 내뿜은 휘발성 페로몬은 공기 중에 퍼지며 바람에 실려 수 킬로미터씩 이동할 수 있다. 페로몬을 감지한 수컷은 욕구를 표현하는 암컷을 찾아 바람을 거슬러 냄새의 농도 기울기를 좇아간다.

페로몬이 수컷에게 방향만 알려주는 것은 아니다. 페로몬은 섹스를 찾는 수컷의 주의를 집중시키는데, 너무 과도하게 정신을 빼앗는 것도 같다. 성적인 냄새가 수컷의 더듬이엽을 자극하면 수컷은 자신을 덮칠지도 모르는 포식자 박쥐의 소리를 듣지 못하게 된다.

넘쳐나는 무선방송국이 라디오전파의 가용 대역을 빽빽하게 채우듯, 수많은 종의 나방들도 공기 파장을 통해 자신의 후각 신호를 송출한다. 또한 수많은 FM/AM 신호가 뚜렷하게 구분되어 무선방송국들이 별개의 주파수를 사용할 수 있게 하는 것처럼, 아주 풍부한 냄새들은 종의 정체를 확실하게 식별할 수 있게 해준다.

나방들은 10만 종류 이상의 다양한 휘발성 페로몬을 만들어낼 수 있지만, 전 세계의 나방은 16만 종 이상이기 때문에 각 종마다 모두 다른 고유한 페로몬을 갖는 것은 불가능하다. 그런데 나방의 경우 각각의 종마다 한 개씩의 고유한 방향제가 대입되는 것은 아니며, 나방과 코끼리 140종은 모두 동일한 페르몬을 성적 유인물질로 사용하기도 한다. 그럼에도 불구하고 혼동이 일어나지 않는 이유는 무엇일까? 세계 곳곳에서 블렌드 와인이 인기를 끌고 있듯, 서로 다른 종의 나방은 서로 다른 방향제의 혼합 비율에 이끌리며, 그로 인해 고유한 종 식별에 필요한 변동축이 만들어진다.

대부분의 나방은 두 종류의 향취를 선택하고 그중 하나를 강조하여 주와 부의 후각 구성 요소로 이루어진 혼합물을 만들어낸다. 어떤 종에서는 주요소가 되는 것이 다른 종에서는 부요소 역할을 할 때도 있다. 나방들은 새로운 신호를 진화시킬 때 개별 요소를 추가하거나 삭제하기보다는 혼합 비율에 변화를 준다. 또한 이 나방들은 와인 주조사가 손쉽게 말벡을 카베르네 소비뇽으로 바꾸어놓듯 진화를 통해 자유자재로 블렌딩 비율을 변화시키는 듯하다.

양배추은무늬밤나방 유충은 널리 알려진 농해충이다. 애벌레들은 양배추뿐 아니라 브로콜리, 콜리플라워, 케일, 겨자, 무, 순무 등에도 피해를 끼친다. 이 나방이 죽어버리기를 바라는 사람들의 숫자만 봐도 그들의 생존과 번식 방법에 대해 폭넓은 연구가 진행되었음을 알 수 있을 것이다.

이 종의 성페로몬은 두 가지 구성 요소가 100:1의 비율로 섞여 있다. 또한 각각의 요소에 맞는 후각세포가 나방의 더듬이에 똑같이 100:1의 비율로 존재한다. 그러므로 수컷이 암컷의 100에 해당하는 A와 1에 해당하는 B의 냄새를 맡는다면, 성적 두뇌에서 A와 B를 암호화하는 뉴런들은 앞에서 언급한 거대사구체복합체에서 같은 비율로 점화된다. 이것이 바로 나방의 뇌가 배우자 인식을 암호화하는 방법이며, 이곳에서 나방의 성적인 냄새와 관련된 성적 미학이 형성된다.

하지만 누구에겐 섹시하게 느껴지는 향이 다른 누구에게는 불쾌하게 느껴질 수도 있다. 16만 종의 나방은 모두 공통된 조상으로부터 진화되었고, 각 종이 모두 고유한 성적 신호와 그것을 알아차리게 하는 신경 암호를 지녔기 때문에 신호와 수신자 양쪽 모두에서 엄청나게 많은 진화가 일어났을 것이다. 이러한 신호와 그것을 향한 미학들은 어떤 과정으로 진화되어왔을까?

진화는 보통 더디고 까다롭게 일어나며, 우리가 직접 목격하지 못하기에 자연의 패턴으로부터 연역해야만 하는 과정이다. 추운 기후에는 털이 두꺼운 동물들이 살며, 박쥐의 혀는 수분할 꽃을 탐색하기에 딱 알맞은 길이이다. 또 오랫동안 사용된 항생제로는 더 이상 박테리아를 위협할 수 없다. 우리는 이 모든 관계성이 진화로 인한 적응의 결과라고 추측한다. 그러나 가끔은 운 좋게도 우리 눈앞에서 진화가 일어나기도 한다.

연구자들의 보는 앞에서 실험용 양배추은무늬밤나방 유충의 종 인식 신호와 그를 위한 신경 암호의 진화가 일어났다. 어느 날 갑자기 쾅하고 번개가 치더니(비유적 표현이다) 알 수 없는 조화로 돌연변이 암컷들이 두 가지 후각 구성 요소를 100:1이 아닌 50:50의 동등한 비율로 섞어 페로몬을 만들기 시작했다. 처음에 수컷들은 이 암컷들에게 큰 관심을 보이지 않았다. 그런데 또 다시 번개가 치자, 이번에는 수컷들에게 새로운 선호가 형성되어 이 돌연변이 블렌드를 매력적으로 느끼기 시작했다.

도대체 수컷에게 어떤 돌연변이가 일어났기에, 평소에는 이질적으로 느껴졌을 암나방의 냄새가 매력적인 향으로 둔갑한 것일까? 우리는 돌연변이 숫나방 두뇌의 인식 암호가 100:1에서 50:50으로 바뀌었을 거라는 논리적 가설을 세워볼 수도 있다. 그러나 앞에서도 종종 그랬듯, 실제로는 논리가 생물학으로 연결되지 않는다.

　암컷이 A와 B의 동일한 비율로 냄새를 풍기고 있었지만, 수컷의 두뇌 암호는 변하지 않았다. 수컷 나방의 뇌는 여전히 A와 B가 100:1의 비율로 신경 점화를 일으켜야만 바람직한 배우자감이 나타났다는 신호를 얻을 수 있었다. 어떻게 된 일일까? 이 사례에서 진화가 일어난 쪽은 수용기였다. B요소에 대한 수용기의 민감성이 100배 감소한 것이다. 후각적 성적 두뇌에서 B요소 한 개가 이끌어낼 수 있었던 반응을 이제는 B요소 100개가 있어야 유도해낼 수 있게 되었다. 이제 돌연변이 후각 구성 요소는 공기 중과 수용기에서 50:50의 동등한 비율로 존재했지만, 이 페로몬을 인식하는 두뇌의 암호는 여전히 100:1의 비율로 남아 있었다. 돌연변이와 정상 수컷이 각각 아주 상이한 비율로 이루어진 자극을 받았음에도 불구하고 그들의 뉴런은 동일한 패턴으로 점화되어 성적 아름다움을 규정하였다. 야생과 돌연변이 암나방의 향기는 서로 달랐지만 같은 종에게 이들은 똑같이 아름다웠던 것이다.

## 냄새나는 티셔츠로 알아보는 이상형

종분화의 반대는 혼성화이다. 일반적으로 이종 간의 짝짓기를 통해서는 스스로 생존 가능한 자손이 태어날 수 없으나, 간혹 그런 일이 일어나면 엄마나 아빠의 종에 속하지 않는 새로운 혼종이 만들어지게 된다.

우리가 동물의 감각 세계를 손상시켰을 때 혼성화가 발생할 수 있다.

　나는 어류 생물학자 길 로젠탈이 캘리포니아 연안의 켈프 숲에서 탐사를 진행하고 있다고 언급했었다. 길이 내 대학원 제자로 막 연구를 시작했을 무렵, 나는 그에게 멕시코 북동부의 소드테일에게 나타난 신비로운 자연의 이야기를 들려주었다. 얼마 뒤, 이번에는 길이 내게 멕시코 이달고의 고지대에 서식하는 놀라운 소드테일 두 종을 소개해주었다. 햇살이 찬란한 날, 무지개는 볼 수 없었지만 이달고의 초록빛 언덕이 언뜻 아일랜드를 연상시켰던 한때, 우리들은 반나절을 걸어 고지대소드테일과 양머리소드테일 두 종이 서식하는 아름다운 계곡에 도착했다. 이곳의 소드테일 두 종이 사회적 억압에 복종하는 모습을 보노라니, 자신과 비슷한 사람끼리만 어울리려는 이들을 비난하는 제니스 이안의 '소사이어티스 차일드'의 구슬픈 후렴구가 떠올랐다. 이 물고기들은 자신이 남들과 다르다는 것을 알았고, 그 자각에 맞게 행동하는 듯했다.

　하지만 다른 곳에서도 항상 그렇지는 않다. 교수가 된 길과 대학원생 하이디 피셔Heidi Fisher는 이 두 종의 소드테일이 서식하는 큰 강에서 현장 연구를 하고 있었고, 예상한 대로 이 소드테일들은 그곳에서도 기본 생물학 에티켓인 '이종교배 금지' 원칙을 고수하고 있었다. 그러나 어느 날 길과 하이디는 소드테일들이 통제력을 잃으면서 서식지가 성적 문란함의 온상으로 변모하는 모습을 목격한다. 고지대소드테일과 양머리소드테일은 짝짓기 상대가 누구이든 신경 쓰지 않거나, 상대가 누구인지 알아보지 못하는 것 같았다. 연구자들은 이 성적 무분별성의 발발 원인이 강 상류에 새로 지어진 오렌지 공장과 관련 있다고 결론지었다.

이 공장은 현장을 오염시키고 강을 부영양화하고 있었다. 연구팀은 이 물고기를 대상으로 실험을 진행했으며, 테스트를 받은 암컷들은 이종과 동종을 분간하지 못한다는 사실을 알아냈다. 그러나 같은 암컷들을 맑은 물에서 테스트하자, 이들은 같은 종의 수컷을 선호하는 생물학적 정상 상태로 복귀했다.

길과 하이디는 부영양화의 부산물로서 부식산[humic acid]이 생기며, 이 부식산이 물고기들의 후각수용기에 달라붙는다는 사실을 깨달았다. 부식산이 암컷 소드테일의 배우자 분별력을 훼방하는 걸까? 연구팀이 또다시 맑은 물에서 암컷 소드테일을 테스트했을 때 암컷들은 동종의 수컷을 선호했지만, 맑은 물에 부식산을 첨가하자 암컷의 분별력은 사라졌다. 또한 부식산의 효과가 사라지면, 암컷들은 다시 동종의 수컷에게 성적 접촉을 시도하는 편향을 되찾았다.

이 모든 과정을 통해 무슨 일이 일어났던 것인지를 파악할 수 있었다. 우리가 어둠속에서 시각적 아름다움을, 도시의 소음 속에서 곡조 있는 노래를, 다른 냄새에 마비된 상태로 냄새를 평가하는 것은 불가능하다. 우리는 지각 불가능한 대상을 원할 수 없다.

냄새는 동종의 구애자보다도 선택자에게 더 많은 정보를 전달한다. 이제는 이 이야기를 하도 들어서 지겹게 느낄 수도 있겠지만, 유전적 호환성을 위해 선택자는 동종의 구애자와 짝짓기하기를 원한다. 소드테일의 사례가 있긴 하나, 이종의 유전자 조합으로 새끼를 낳는 일에는 보통 좋은 결과가 따르지 않는다. 그러므로 배우자 선택의 최우선 목표는 비슷한 유전자를 지닌 상대를 찾는 것이다. 그런데 같은 종 안에서도 모든 유전자가 동일한 것은 아니다. 내 눈은 파란색인데 당신의 눈이 갈색이라면 우리의 눈 색깔 유전자는 서로 다른 것이다. (우리가 다른 '유전자'라는 표현을 쓸 때는 대개 같은 유전자의 다른 대립 형질 또는 변이형을 뜻한다.) 또한 나는 아일랜드 출신이다. 만약 당신이 중동에서 왔다면 우리는 유전적으로 약간 다르다고 할 수 있으며, 당신과 나 모두는 네안데르탈인 DNA 비율이 20% 더 높은 아시아인들과 유전적으로 다르다고 볼 수 있다. 그러나 MHC 유전자만큼 다양한 유전자는 없다.

주조직적합성복합체(MHC)는 우리 면역 반응에서 기능을 하는 유전자 집합이다. 이들은 병원체나 기생충과 같은 이질적 형태의 세포를 식별하고, 그것들이 확인되면 신체에 경고를 보내 T세포로 하여금 침입에 맞서게 만든다. MHC 유전자가 엄청나게 다양한 적군과 아군(우리 자신의 세포)을 정확하게 구분하려면, 변이를 아주 잘할 줄 알아야 한다. 이것이 모든 척추동물에서 MHC 유전자가 가장 변이를 잘하게 된 이유이다. 이 변이 덕분에 각 개체들은 부모보다 질병을 더 잘 무찌를 수 있도록 더 잘 무장된 자손을 생산하게 하는 배우자를 고를 수 있을 것이다. 물론 그것은 선택자들이 자신과 아주 상이한 MHC를 보유한 구애자와 짝짓기를 했을 때의 이야기이다. 하지만 우리 척추동물들은 상대가 자신의 MHC 기준을 충족한다는 사실을 어떻게 알 수 있을까?

최소한 MHC의 관점에서는 유전체학을 통해 미래 배우자의 MHC 유전자를 스캔해서 자신의 것과 비교함으로써 가장 궁합이 잘 맞는 상대를 찾을 수 있다. 나는 곧 터무니없이 비싼 데이트 서비스 업체들이 게놈 스캔을 요구하고 첫 매칭에 MHC를 사용할 것이라고 예상한다. 그런데 게놈 스캔 서비스, 아니 사기 행각에 지불할 돈이 없는 사람들이나 동물들은 어떻게 해야 할까? MHC는 그저 배우자감의 속에 숨겨져 있어, 변덕스러운 성질이나 음주 문제와 같이 뒤늦게 알아차릴 수밖에 없는 속성일까? 우리 자녀의 면역체계가 손상되었다는 증거가 나타났을 때에서야 우리가 배우자를 잘못 선택했다는 사실을 깨달을 수 있는 걸까? 그렇지 않다. 사실 우리는 이미 배우자감의 MHC 유전자에 큰 관심을 기울여오고 있었다. 단지 그랬다는 사실을 모르는 것뿐이다.

우리는 유전자를 볼 수 없지만 유전자는 표현형에 기여한다. 그러므로 우리는 눈의 색깔을 보고, 색을 만드는 데 기여했으나 겉으로 드러나지는 않은 유전자에 대해 꽤 정확한 정보를 얻을 수 있다. 물론 표현형만 가지고 유전자를 예측하지 못하는 경우도 있다. 왜냐하면 유전자들은 하나가 아닌 여럿이서 함께 표현형에 기여하고 있으며, 외모 결정에 있어 환경이 아주 강력한 영향을 끼칠 수도 있기 때문이다. 알다시피 유전자들은 우리 몸무게에 영향을 끼칠 수 있지만, 그건 맥주, 아이스크림, 게으름도 마찬가지이다. 외모는 우리를 속일 수 있고, 특히 우생학자들이 잘 속아 넘어가곤 한다.

그러나 우리가 MHC 유전자를 볼 수 있게 하는 표현형의 창이 하나 있는데, 그것이 바로 냄새이다. 설치류의 사례에서 냄새와 유전자의 연결고리를 가장 잘 이해할 수 있을 것이다. '쥐 소변물'의 냄새는 MHC 변이와 관련이 있다. 지금까지 연구된 종들 중에서 서로 비슷한 MHC 유전자를 지닌 설치류들은 냄새가 비슷했으며, MHC 유전자가 다른 종들은 냄새도 서로 달랐다. MHC 유전자 자체로서는 아니나, 이것이 만들어내는 냄새는 미학 형성의 기틀을 마련할 수도 있다. 이 성적 아름다움의 기준은 상대적이다. MHC 유전자의 세부 특징이 중요한 것이 아니라, 선택자와 얼마나 같거나 다른지가 중요하다는 의미이다. 그러나 MHC를 기반으로 한 배우자 선택은 냄새를 중요한 자질로 고려하는 동물들에게서만 발견되는 현상이다.

우리 인간은 어떨까? 우리는 냄새에 어느 정도 민감한 편이며, 구애에서 냄새가 갖는 중요성도 알고 있다. 우리는 종종 연인에게 꽃을 선물하는데, 그것은 단순히 꽃이 아름답기 때문만이 아니라 그 향취 때문이기도 하다. 추후에 더 살펴보겠지만 인간이 자신의 향취를 개선할 수 있도록 병에 매력적인 향을 담아 제공하는 향수 산업은 규모가 10억 달러에 달한다. 게다가 우리의 행동양식 및 생리적 상태는 냄새로 인해 잠재의식적인 영향을 받을 수 있다. 마사 맥클린톡<sup>Martha McClintock</sup>의 잘 알려진 연구에서는 시간의 흐름에 따라 대학 기숙사 학생들의 월경 기간이 서로 비슷하게 맞춰진다는 사실이 밝혀졌다. 이에 대한 유일한 논리적 해석은 냄새였으며, 나중에 맥클린톡은 이 냄새가 과학계에 처음으로 알려진 인간 페로몬이라는 사실을 알아냈다.

우리가 의식적으로 알아채지 못한 미묘한 단서가 행동양식에 영향을 줄 수 있다는 사실을 모두 잘 알고 있을 것이다. 《연애》의 저자 제프리 밀러<sup>Geoffrey Miller</sup>가 섹스에서 후각의 역할을 확인하기 위해 진행한 연구에서, 스트립클럽에 방문하는 남성들은 배란기 여성이 랩댄스를 출 때 팁을 더 많이 준다는 사실을 알아냈다. 이 연구에서는 댄서의 행동과 같이 통제 불가한 변수도 많았지만, 밀러는 댄서의 체취 때문에 손님들이 더 후하게 팁을 주었을 것이라고 주장했다. 실험적으로 유효성이 검증되지는 않았으나, 냄새와 생리주기의 상관관계에 대한 맥클린톡의 연구를 참조했을 때 이것이 무리한 결론이라고 생각되지는 않는다. 그러나 '냄새나는 티셔츠' 실험은 이제 섹스와 인간의 냄새, 그중에서도 우리가 인지조차 못해 했었던 MHC의 냄새의 관계가 우리의 성적 미학을 이루는 중요한 요소라는 사실을 입증하는 기준점이 되어주고 있다.

클라우스 베데킨트<sup>Claus Wedekind</sup> 연구팀의 냄새나는 티셔츠 실험은 다음과 같이 이루어졌다. 인간을 대상으로 한 실험에서 자주 그러듯, 피험자들은 남자 학부생들이었고 이들은 이틀 연속으로 같은 티셔츠를 입어야 했다. 이 기간 동안 참가자들은 목욕을 하거나, 향수·오드콜로뉴·데오드란트 등을 사용하지 않았다. 이 시련이 끝난 후, 참가자들은 비닐봉지에 티셔츠를 넣어 실험실로 가지고 왔으며, 여성들은 티셔츠 냄새를 맡고 그들의 매력도를 평가했다. 남성과 여성 모두 사전에 MHC 유형을 확인하는 테스트를 거쳤으며, 여성들은 경구피임약을 사용 중일 경우 그 사실을 미리 보고해두었다.

여성들은 자신과 MHC 유형이 다른 남성들의 냄새를 더 매력적이라고 느꼈다. 또한 동물 연구를 토대로 추론할 수 있듯, 냄새의 매력도는 어떤 남성의 냄새가 더 좋고 나쁘고의 절대적인 기준이 아니라, 여성 자신의 MHC 유형이라는 전제 조건에 따라 결정되었다. 다소 지저분한 침가자들과 진행되었으나, 그 결과만큼은 아주 깔끔했던 영리한 실험이었다. 여성의 미적 지각은 설치류와 가시고기 등과 같이 섹스에 냄새를 활용하는 무수한 동물들과 동일하게 MHC 냄새에 영향을 받았다. (참고로 다른 연구에서 같은 실험을 했을 때, 결과는 동일할 때도 있었지만 그렇지 않을 때도 있었다.) 이렇게 인간의 MHC 냄새 선호에 대해 발견된 사항들은 여성이 성적으로 준비되어 있고 성행위를 마음에 두고 있을 때 후각이 예민해진다는 다른 연구 결과들과 잘 들어맞는다. 성적 파트너를 고를 때 여성은 냄새를, 남성은 외모를 가장 중요시한다는 연구 결과들과도 일맥상통한다.

그런데 냄새나는 티셔츠 실험에는 작은 문제가 하나 있었다. 여성이 경구피임약을 복용하지 않을 때만 냄새 선호가 연구진의 예상과 들어맞았기 때문이다. 여성이 약을 복용하면 선호도가 정반대로 뒤집어져서, 그들은 MHC 유전자 냄새가 자신의 것과 비슷한 남성들을 더 섹시하다고 느꼈다. 경구피임약이 어떤 역할을 한 것일까? 생식 호르몬 주기에 영향을 주는 작은 알약이 특정 냄새의 성적 매력에 대해 편향을 일으키는 이유는 무엇일까?

MHC 기반 배우자 선택의 배후에 있는 기초 이론으로 돌아가 보자. 선택자가 MHC 유전자 유형을 평가할 수 있다면, 더 건강한 자손을 번식시키기 위해 상이한 MHC 유전자를 보유한 이성을 선호해야 할 것이다. 앞에서 언급했듯, MHC가 잘 변이하는 이유는 면역 기능에서의 역할 때문이다. 그리고 이 유전자적 변이성은 내가 상대와 얼마나 가까운 친척인지를 알려주는 좋은 지표이기도 하다. 많은 동물들이 도움을 요청하거나 공공 재화의 공유가 필요할 때 MHC 변이를 단서로 가족력을 판단한다.

예를 들어 올챙이는 포식의 위험을 줄이기 위한 수단으로 무리를 지어 '이기적 무리'라는 효과를 얻으려 한다. 올챙이들이 더 많이 모여 있을수록 자신이 배고픈 물고기에게 잡아먹히는 단 하나의 불운한 개체가 될 확률은 줄어들기 때문이다. 그러나 이러한 유익을 꾀하는 올챙이들도 닥치는 대로 무리를 짓는 것이 아니라 자신의 형제자매와 함께 모이는 것을 선호한다. 올챙이들은 MHC 냄새를 맡고 옆에 있는 개체가 동기인지 아닌지를 판단할 수 있을 것이다.

　그렇다면 피임약을 복용하는 여성들은 섹스보다는 친족을 찾는 일에 더 관심이 많은 걸까? 피임약의 원리는 여성의 생식 호르몬을 조절하여 임신 상태를 유도하는 것이다. 임신한 여성에게는 배란이 일어나지 않기 때문에 약을 복용하는 여성들은 다른 문제가 없는 이상 임신을 하지 않을 것이다. 베데킨트와 동료들은 피임약을 먹은 여성들이 섹스에 무관심하거나 최소한 잠재의식적인 목표가 번식이 아니라는 사실을 알아냈으며, 그러므로 좋은 MHC 상대임을 알리는 냄새 신호에 흥미를 느끼지 않는다는 사실을 깨달았다. 이 이야기가 어느 정도 설득력 있어 보이기는 하지만, 여성들이 그보다 더 나아가 유사한 MHC 유전자를 가진 정반대 유형의 상내를 선호하는 까닭은 무엇일까?

　이 여성의 호르몬 환경은 임신 상태와 동일하므로 임신 후 증상이 나타나기 시작할 것이다. 아이 하나를 키워내려면 온 마을이 필요하다고 하는데, 그렇다면 자녀 양육에 도움을 줄 수 있는 '이타적 무리'는 누가 될 것인가? 가까운 친척들보다 자녀 양육에 더 도움을 줄 수 있는 이들은 거의 없을 것이다. 다만 모바일 사회를 사는 현대의 우리는 가족의 대소사를 도울 친척과 늘 가까이에 살지는 않는다. 그러나 오늘날 우리의 겉모습, 행동, 성적 미학 등의 생태학적 조건은 오랜 진화적 역사를 통해 형성되었으며, 어떤 경우에는 현재보다 과거 환경에 더욱 잘 적응되어 있기도 하다는 사실을 연구자들은 지적했다.

프리츠 볼래스<sup>Fritz Vollrath</sup>와 만프레드 밀린스키<sup>Manfred Milinski</sup>는 냄새를 토대로 한 선호도와 경구피임약 간의 상호작용에는 의도치 않은 불행한 결과가 따를 수도 있다고 주장했다. 어떤 커플이 연애 중이고 여성이 피임약을 복용한다고 가정해보자. 이들은 사랑에 빠지고 결혼해서 행복하게 살다가, 결혼생활의 기쁨에 젖어 아이를 갖기로 결심한다. 그런데 여성이 피임약 복용을 멈추자, 같이 잠자리에 드는 남성에게 삼촌과 똑같은 냄새가 나기 시작한다! 이제 그녀는 MHC가 자신의 것과 완전히 같지는 않지만 비슷한 남성의 냄새에 노출되었으며, 배우자의 냄새는 덜 매력적으로 느껴진다. 우리는 이 시나리오가 실제 삶에서도 일어나는지 알 수 없지만, 새로운 커플들이라면 그 가능성을 알아두는 것도 나쁘지는 않을 것이다.

### 섹스를 위해 향수를 이용하는 법

유네스코 세계문화유산인 다리엔 국유림은 내가 언급했던 또 다른 세계문화유산 에든버러와 달리 번화가나 백파이프 음악들과 동떨어져 있는 곳이다. 이곳에서는 홍금강앵무의 요란한 울음소리가 백파이프의 활기찬 리듬을 대신하며, 멈추거나 움직일 것을 알려줄 신호등도 없다.

다리엔은 파나마 남부에서 콜롬비아와의 국경을 따라 1,200km2 가량 펼쳐진 정글지대이다. 이곳은 한때 '꿰뚫을 수 없는' 곳이라고 불리기도 했는데, 실제로 알래스카에서 아르헨티나까지 뻗어 있는 4만 8,000km 길이의 팬아메리칸 하이웨이에서 유일하게 끊긴 구간이 바로 다리앤 갭이라고 한다. 또한 이곳은 탐험가 발보아가 파나마 지협의 대서양 측에서 태평양측을 '발견'하러 행군한 지점이기도 하다.

누군가에게 다리엔 갭은 꿰뚫을 수 없는 곳이겠지만, 원주민 엠베라족은 1700년대 후반 원주민 구나족을 산블라스섬으로 이주시킨 이래 이곳에서 지금까지 거주해왔다. 이곳에서 이동은 여전히 고된 일이며, 가장 효율적인 교통수단은 보트, 말, 도보 정도가 될 것이다. 하지만 서부 파나마 산악지대에서 그렇게 많은 개구리를 희생시키고 최근에는 다리엔에까지 마수를 뻗은 항아리곰팡이를 보노라면, 이곳도 전혀 꿰뚫지 못할 곳은 아닌 깃 같다.


생물 다양성에 관해서라면, 다리엔은 전 세계까지는 아니더라도 서반구의 주요 핫스팟 중 하나로 꼽힐 것이다. 이곳에서 활발하게 번식하는 생물체 집단 하나는 난초이다. 길고 단순한 모양의 녹색 잎을 지닌 난은 나무에 기생하며 대개 임관층의 높은 지점에서 발견된다. 난초를 많이 보고 싶다면, 나무가 쓰러진 곳을 찾으면 된다. 나는 열대지방에서 나무들이 바람이나 폭우에 얼마나 잘 쓰러지는지 알고 나서 아주 깜짝 놀랐었다. 아마 이곳의 토양이 상당히 젖어 있고 표층이 얇기 때문일 것이다. 숲의 토양은 새와 여타 동물들이 배설물을 통해 퍼뜨리는 다양한 씨앗의 저장고이며, 이 씨앗들은 대부분 충분히 빛을 받을 때까지는 싹을 틔우지 않는다. 그런데 쓰러진 나무들은 임관층에 구멍을 만들어 평상시의 어둡던 지면에 햇볕을 들여보내니, 숲의 생태계에서 막중한 역할을 감당하고 있다고 할 수 있다. 우거진 임관층의 커튼을 걷어 햇볕이 내리쬐게 하면, 다양한 종의 나무들이 기다렸다는 듯이 싹을 틔우기 시작한다. 빛 구멍은 숲의 식물 다양성을 일으키는 가장 중요한 촉진제 중 하나인 것이다.

또한 빛 구멍은 교목성 개구리나 곤충, 기생난, 파인애플과 등의 임관층 서식종을 찾을 수 있는 좋은 장소이기도 하다. 우리는 거대한 에스파벨 나무가 바닥으로 쓰러지면서 생긴 빛 구멍 사이로 걸어갔다. 이 숲의 거인은 옻나무과에 속하며 최대 50m까지 자랄 수 있다. 이 나무는 쓰러지면서 수많은 작은 나무들을 함께 넘어뜨렸으며, 그중에는 난으로 뒤덮여 있던 것들도 많았다.


3장에서 나는 오프리스가 난초벌의 성욕을 이용하여 자신의 수분을 돕게 만드는 과정을 소개했다. 오프리스는 암벌의 실루엣과 향을 흉내 내도록 꽃 부분을 진화시키는 재주를 부릴 줄 알았다. 최소 한 가지 사례에서 수벌은 처녀 벌의 향기보다 이 난의 향을 더 매력적으로 느꼈다. 이 식물은 벌 향수시장에서 최고급 상품이 될 수 있도록 자신을 진화시킨 것이다. 그런데 어떤 벌들은 이 식물의 향을 자신에게 유리하게 이용함으로써 상황을 역전시켰다. 이들은 난초의 향과 자신의 지방질을 몇 방울 섞어 향수 업계에서 사용하는 냉침법과 비슷한 방법으로 기름진 추출물을 만들어낸다. 그다음, 벌들은 그 향을 빨아들여 몸의 주머니 속에 저장해두었다가 구애에 활용한다. 이렇게 기이하게 얽히고설킨 복잡한 그물 속에서, 난은 수벌에게 성적 매력을 어필하여 섹스를 더 많이 할 수 있도록 형질을 발달시켰으며, 수벌은 그런 난의 향을 이용하여 암컷들에게 더욱 매력을 어필할 수 있도록 자신의 표현형을 바꾸었다.

수컷 벌이 구애 냄새에 난초 향료를 쓰고 있는데, 어느 날 갑자기 난초들이 사라지면 어떻게 될까? 중앙아메리카 재래종인 초록난초벌에게는 실제로 이런 일이 일어났다. 플로리다로 이주한 초록난초벌들은 향료가 되어줄 난을 그 어디에서도 찾을 수 없었음에도 불구하고 여전히 왕성하게 번식할 수 있었다. 물론 이들도 도움이 필요했다. 벌들은 새로운 꽃 10여 종으로부터 채취한 냄새를 사용하여 과거에 난초로 만들었던 향을 재구성했다. 심지어 그들은 오래 전 잃어버린 향수를 새로 만들기 위해 바질을 추가해서 향을 강조하는 기지를 발휘할 줄도 알았다. 그러므로 우리는 외부 자원을 이용하여 성적인 냄새의 매력을 끌어올리는 종이 인간뿐만은 아니라는 사실을 알 수 있다.

인간의 성적 아름다움의 역사에서 가장 위대한 위업은 향수라 할 수 있다. 향수는 인간의 로맨스에서 전설적인 역할을 해왔다. 어떤 향기는 우리의 성적 두뇌에 곧장 들어가 좋아함과 원함을 즉시 이끌어내는 것 같다. 우리 냄새의 어떤 부분을 건드려야 우리의 향취가 개선될 수 있을까? 조향사에게 직접 물어볼 수 있을까?

챈들러 버$^{Chandler\ Burr}$의 저서 《루카 투린 향기에 취한 과학자》에서 주인공 루카 투린은 향수 산업에 대한 흥미롭고 유익한 통찰을 제시한다. 향수 비즈니스에 50억 달러가 걸려 있다는 점을 고려할 때, 업계 종사자들이 향수 이론에 관해 많은 지식을 알아내었을 것이라고 생각할지 모르겠다.

그러나 투린은 정반대라고 이야기한다. 이 업계의 리더들은 과거에 어떤 향수가 인기를 끌었는지를 잘 아는 유기화학자이며, 그들은 다소 임의적이고 '복불복'의 방법으로 다양한 화합물의 조합을 만들어낸다. 그러면 이 제품은 '코'로 테스트하는 자문단의 검증을 거치게 되는데, 대부분 허용 불가 판정을 받는다. 이러한 방식으로는 극소수의 향만이 시중에 출시될 수 있으므로 비용이 많이 들고 그다지 성공적이지도 않다.

투린은 향수 업계가 후각의 생물학적 특성에 대해 더 많은 사실을 알아낼 수 있다면, 역설계공학*을 활용하여 제품 성공률을 높일 수 있었을 것이라고 주장한다. 그런데 그는 우리가 후각의 작용 기전을 잘 이해하지 못하는 것이 문제라고 지적한다. 아니면 이것을 잘 이해하는 사람이 그를 제외하고는 거의 없다는 것이 문제일지도 모르겠다.

투린이 주장한 후각 처리과정은 냄새의 구조가 수용기에 '딱 들어맞는' 구조의 자물쇠-열쇠 메커니즘이 아니라 소리 처리과정과 유사하게 냄새 분자의 진동 패턴을 바탕으로 이루어지는 방식이었다. 현재로서는 투린의 이론을 뒷받침하는 강력한 근거가 아직 존재하지 않는다. 그러나 결국에는 그가 옳았던 것이었을지 누가 알겠는가?

우리가 어떻게 향수를 지각하든 기본 원리는 기분 좋은 향으로 불쾌한 냄새를 감추는 것일 것이다. 그런데 막스플랑크 진화생물학연구소 소장 만프레드 밀린스키는 그렇지 않다고 주장한다. 큰가시고기의 배우자 선택에서 MHC의 작용을 연구하여 획기적 성과를 이룬 그는 냄새와 성적 매력의 관계에 대해 오랫동안 고찰을 해오고 있었으며, 인간에 대해서도 큰 관심을 가지고 있었다. 밀린스키는 일부 향수가 인간의 체취를 연상시킨다고 언급하며, 향수는 MHC 냄새에 대한 우리의 편향을 강화시키기 위한 후각 편향의 이용을 기원으로 한다는 주장을 펼쳤다. 우리가 MHC 냄새가 가진 힘을 더 잘 이해할수록, 밀린스키가

---

* reverse engineering, 완성된 제품을 분석하여 제품의 기본적인 설계 개념과 적용 기술을 파악하고 재현하는 것

제시한 향수의 기원에 대한 주장은 신빙성 있게 느껴진다. 그렇다면 이 논리적으로 보이는 주장이 생물학으로도 이어질 것인가? 어떻게 이 주장을 테스트할 수 있을까?

가장 직접적인 방법은 우리 자신의 MHC 냄새 특징을 파악하여 그에 담긴 화학 성분을 분석한 후, 우리가 선호하는 향수의 화학 성분과 대조해보는 것이다. 그러나 MHC 냄새 연구는 아직 그 수준까지 진전되지는 않았으며, 냄새를 구성하는 유기화합물의 목록을 작성한다고 해서 그중 어떤 냄새가 가장 잘 뚜렷하게 인식될지를 항상 알 수 있는 것은 아니다. 냄새나는 티셔츠 실험으로 명성을 떨친 클라우스 베데킨트와 밀린스키는 서로 다른 연구 접근법을 취했다.

이 연구는 남녀 수백 명의 MHC 유형을 '지문 채취' 하듯 수집한 다음, 그들에게 향수 생산에 흔히 사용되는 36개의 서로 다른 화합물을 제공했다. 참가자들은 자신이 뿌리고 싶은 향과 연인이 뿌리기 원하는 향을 골라야 했다. 우리는 MHC와 관련 냄새가 정확히 어떤 것인지는 알 수 없지만, 같은 MHC 유전자를 보유한 사람들에게 같은 MHC 냄새가 날 것이라고는 추측할 수 있다. 그러므로 연구자들은 동일 MHC 유전자를 지닌 참가자들끼리 같은 향수를 고를 것이라고 예상했으며, 그것은 적중했다.

연인의 냄새에 대한 선호는 어떨까? 우리는 그들에게서 어떤 냄새가 나기를 원하는가? 나와 같은 냄새가 나기를 원치 않을 것이라는 한 가지는 예상할 수 있다. 냄새가 우리의 것과 다르기만 한다면 다른 건 중요하지 않다. 우리가 아는 한, MHC 냄새를 토대로 형성된 선호는 유전자와 냄새가 어떤 '특정한 방식으로가 다른가'가 아니라 단순히 '다르다'는 사실을 중시했다는 점을 기억하라. 실험 참가자에게서 나타난, 연인에게서 풍기길 원하는 냄새에 대한 선호는 이 예측과 맞아떨어졌다. 그들은 모두 연인에게서 자신과 다른 냄새가 나기를 원했는데, 같은 MHC 유전자를 지닌 사람들이 자신에게서 나기 원하는 냄새로 동일한 향수를 고른 것과 달리, 연인의 냄새를 골랐을 때는 공통적인 결과가 도출되지 않았다.

우리는 이제 성적 미학을 이루는 3대 주요 감각인 시각, 청각, 후각을 모두 탐구했다. 물론 인간과 다른 동물들은 섹스를 위해 촉각이나 전기 신호 등의 여타 감각을 사용하기도 한다. 그러나 우리의 성적 미학과 아름다움의 평가를 가능하게 하는 생물학적 작용에서 감각의 기여도를 알고 싶다면, 이 삼총사를 통해 이해하는 것이 가장 용이할 것이다. 그러나 우리의 성적 미학은 진공상태에서 작용하지 않는다. 다음 장에서는 우리 미적 지각에 대한 사회적 환경의 영향을 살펴볼 것이다. 그 효과는 아주 놀랍고도 비합리적으로 보일 수도 있을 것이다.

A Taste *for the* Beautiful

7

산쑥들꿩
(sage grouse)

# 뇌의 변덕스러운 취향
## : 마감 시간, 선택 복제, 제3자

여자는 늘
변덕스럽고 불안정한 존재이다.

- 베르길리우스 -

지금까지 우리는 뇌의 편향이 우리의 성적 미학에 어떻게 영향을 줄 수 있는지를 알아보았다. 어떤 편향은 선택자들로 하여금 종이 올바르고, 성별이 반대이며, 건강, 유전자 호환성, 자원 등에 우위가 있는 더 좋은 짝을 고르게 하도록 진화되었다. 다른 경우 아름다움에 대한 편향은 배우자 선택 이외의 이유를 위해 존재하기도 했으며, 구애자들은 이런 편향을 이용할 수 있는 형질을 진화시켰다. 먹이처럼 생긴 부속기관이나, 포식자와 비슷한 음성, 먹이 포착에 용이하도록 발달된 눈을 자극하는 구애 색 등이 그 예이다. 이 모든 사례에서 우리는 아름다움에 대한 편향이 안정적으로 유지될 것이라 기대한다. 단순히 월요일 아침이 되었다고 해서 수컷 공작의 꽁지가 볼품없어져서는 안 되지 않겠는가.

그러나 선호가 자꾸 바뀌는 것은 흔한 일이며, 이는 예외적 상황이 아니라 오히려 일반적 규칙에 더 가까울 수도 있다. 아득한 옛날 베르길리우스의 감상을 빌려 우는 소리를 하는 남성들의 소리가 들려오는 듯하다. 베르길리우스가 남긴 말은 거의 비난 수준으로 들릴 순 있겠지만, 사실은 여성이 남성의 매력을 평가할 때 때때로 마음을 바꿀 수 있다는 것을 뜻할 뿐이다. 하지만 아름다움의 평가에서 변덕을 부리는 것은 인간 또는 여성뿐만이 아니다. 변덕에는 모두 그만한 이유가 있는 법이다. 이 장에서 우리는 그 이유를 조사해보고, 진화적 시간에서는 물론 시시각각으로 아름다움의 지각이 변하고 있는 이유가 무엇인지에 대해 질문을 던져보려고 한다.

시계는 계속해서 째깍거리고 시간은 빠르게만 흘러간다. 그러나 우리는 세상을 인식하고, 그 인식을 바탕으로 의사결정을 하는 동안 시간이 얼마나 큰 영향력을 행사하고 있는지 자주 잊곤 한다. 사실 우리의 성적 미학은 시계의 째깍째깍 소리에 특히나 더 민감하다. 그러나 사람들은 시간이 교묘하게 자신을 조종하고 있다는 느낌이 들 때 대개 이를 부정하려고 한다.

아름다움에 관해서라면 우리는 스스로 기준을 가지고 있으며 꽤 일관적이라고 생각한다. 우리의 기준이 몇 년에 걸쳐 바뀔 수는 있어도, 몇 달, 몇 주, 몇 분 단위로 바뀐다고는 생각하지 않을 것이다. 그러나 때때로 변화는 눈 깜짝 할 새에 일어나기도 한다.

섹스 상대를 찾는 여정의 시련과 역경을 그 무엇보다 잘 담아내고 있는 장르는 단연 컨트리 음악일 것이다. 미키 길리는 '여자들은 마감 시간에 더 예뻐져'라는 곡에서 시시각각 변하는 성적 아름다움의 지각에 대해 예리한 통찰을 제시했다. 이 노래는 우리가 얼마나 변덕스럽고, 변덕을 잘 통제하지 못하며, 그를 부정하려 하는지를 폭로하며 뭇 남성들의 심금을 울려왔다. 노래 가사는 한 남성이 술집에 가서 함께 시간을 보낼 여성을 찾는 내용이다. 저녁 일찍이 바를 둘러보는 남성은 그 어떤 손님도 눈에 차지 않아 실망감을 느낀다. 마감 시간이 다가와도 상황은 변하지 않고, 이 외로운 카우보이는 또다시 홀로 밤을 지새워야 하는 현실에 직면해 있다. 이제 어떻게 해야 할까?

외로운 남자가 기준을 낮추면 만사가 해결될 것이다. 그는 아마 애초부터 눈이 너무 높았을 것이다. 그에게 짝이 없었던 이유도 비현실적인 기준 때문이었을지 모른다. 노래 가사에서 그는 결국 눈높이를 낮추지만 거기에는 대가가 따른다. 아침에 잠에서 깬 남자는 자신의 높은 기준을 현실과 타협하면서 발생한 부조화에 직면하게 된다.

1에서 10까지 그들의 점수를 매긴다면 / 나는 9점을 찾고 있지만 8점도 나쁘진 않아. / 술만 몇 잔 더 마시면 5점이나 4점까지도 미끄러질 수 있지 / 하지만 다음 날 아침 나는 1점짜리와 함께 눈을 뜨네 / 다음엔 절대 그러지 않겠다고 맹세해.

외로운 남자는 자신의 높은 기준을 유지한 채, 아름다움의 인식을 바꾸어 더 많은 여성들이 8이나 9점에 들어가게 할 수도 있었으니, 안타깝기 그지없다. 남자가 그렇게 했다면 자신의 원칙과 타협할 때 생기는 죄책감과 당혹감에 괴로워하지 않아도 되었을 것이다. 노래는 참 재미있기도 하지만, 평범한 노래 이상으로 실제적 과학 연구를 위한 동기가 되기도 했다.

사회심리학자 제임스 페네베이커James Pennebaker와 동료들은 1979년,

"작곡가들이 새로운 가설을 제시할 때마다 심리학계는 그에 보조를 맞추려 노력하지만, 성적 매력을 둘러싼 우리의 연구는 아주 많이 뒤쳐져 있다"라고 저술했다. 그러한 현실을 구제하기 위해, 페네베이커의 팀은 마감 시간이 다가옴에 따라 아름다움의 지각이 변하는 과정을 주제로 연구에 착수했다.

이들은 버지니아주에 소재한 술집 몇 군데에 들렀다. 밤이 깊어가는 동안 세 차례씩, 연구팀은 손님들에게 동성과 이성의 매력도를 1~10까지의 점수로 매기게 했고 놀라운 결과가 확인되었다. 손님들이 매긴 동성의 매력 점수는 시간의 흐름에 따라 조금 감소했지만, 이성의 매력 점수는 마감 시간이 다가오자 높이 치솟았기 때문이다. '길리의 노래'라고 이름지어진 이 연구는 마감 시간에 여성들이 실제로 더 예뻐지거나 최소한 더 예뻐 보인다는 길리의 가설을 확증했으며 그것이 남성의 경우에도 적용된다는 사실을 보여주었다.

이 결과에 대한 페네베이커의 한 가지 해석은 심리학의 부조화 이론에 기초한다. 그들은 이것을 '피험자들이 이성과 함께 집에 가야만 하는 상황에서, 매력적이지 않는 상대를 후보로 고려하는 것은 자신의 신념과 조화를 이루지 못할 것이다. 이런 부조화를 줄이는 가장 효과적인 방법은 선택해야 할 상대의 매력도를 더 높게 인식하는 것이다'라고 풀어썼다. 이것은 마치 교수들이 시험 방식을 상대평가로 전환함으로써, 학생들의 저조한 성적에도 불구하고 자신이 강의를 잘하고 있다고 확신하는 것과 비슷하다.

2010년 지구 반대편에서는 페네베이커의 기존 연구에서 통제 불가 변인이었던 알코올 문제를 보완한 동일 연구가 진행되었다. 이 책의 슬로건은 '아름다움은 감상자의 눈에 달려 있다'이지만, '아름다움은 감상자의 술에 달려 있다'라는 말도 가끔은 진리가 될 수 있다는 것을 모두 잘 알고 있을 것이다. 이 연구는 맥주가 최고의 대접을 받는 호주에서 진행되었다. 실험 절차나 결과는 모두 버지니아 연구와 비슷했다. 이성의 매력에 대한 참가자들의 인식은 밤이 깊어갈수록 더욱 긍정적으로 변했다. 그러나 호주 연구진은 상대의 아름다움을 평가하는 피험자들의 혈중알코올농도를 함께 측정했다.

역시나 '비어고글*효과'는 존재했다. 알코올 농도가 높을수록 참가자들은 점수를 후하게 주었다. 그러나 이 효과는 알코올 축적량이 통제되었을 때에도 여전히 나타났으며, 마감 시간 효과는 여전히 우리 미적 인식 깊숙이 파고들고 있음이 분명했다. 그러므로 우리의 성적 미학을 형성하기 위한 본성과 양육의 그 모든 노력은 술집 시계의 째깍 소리에 물거품이 되어버릴지도 모르는 일이다.

술집에만 시계가 있는 것은 아니다. 모든 동물들은 자신만의 생체 시계를 가지고 있는데, 그것이 노화되고 있다는 사실을 인정하기란 특히 어렵다. 저명한 사회진화이론학자 로버트 트리버스Robert trivers는 저서 《우리는 왜 자신을 속이도록 진화했을까?》에서 성적 매력에 대한 스스

---

* Beer-goggle. 콩깍지가 씌웠다는 표현과 유사하게 술을 마셨을 때 상대방이 실제보다 더 매력적으로 보이는 현상을 지칭하는 말

로의 자각이 시간의 영향을 받아 착각을 일으키는 모습을 꼬집었다.

트리버스는 거리를 걷다가 젊고 예쁜 여성들을 보고 말을 걸기 위해 접근했던 일을 회고한다. 옆을 언뜻 본 그는 흰머리가 잔뜩 나고 등이 구부러진 노인이 다리를 절면서 여성들을 좇고 있다는 사실을 알아차린다. 그는 걸음 속도를 높이고 다시 어깨 너머를 봤지만, 스토커는 여전히 함께 있었다. 그때서야 트리버스는 스토커가 자신이었으며, 노인은 상점 창문에 비친 자신의 모습이었다는 사실을 깨닫는다. 젊고 예쁜 여성의 존재로 인해 그는 잠시 동안 자신을 알아보지도 못할 정도로 스스로를 더 젊게 인식한 것이다.

생체 시계의 움직임은 남성보다는 여성에게 더 큰 주목을 받는다. 여성의 몸에는 두 종류의 시계가 있으며, 생식과 결부되어 그들이 아름다움을 가꾸고 성욕을 조절하는 데 영향을 준다. 첫 번째 시계는 생식 주기를 관장한다. 5장에서 우리는 흰줄무늬참새의 생식 호르몬 주기가 어떻게 섹스에 대한 좋아함과 원함에 영향을 주는지 탐구했는데, 여성들에게도 매달 같은 현상이 일어난다. 모든 척추동물에서 그렇듯, 생식 주기에서 난자가 배란되어 수정될 수 있는 기간은 한정되어 있다. 앞서 나는 인간과 다른 동물들이 아름다움을 가꾸는 사례들을 소개했다. 매력을 높이는 것이 짝짓기에 도움이 되고, 짝짓기의 기능이 배란된 난자를 수정시키는 것이라면, 여성은 자연히 배란기 동안 자신의 외모 단장에 더욱 신경을 쓸 것이라는 예측이 가능하다. 이것이 바로 진화심리학자 마티 하셀턴<sup>Martie Haselton</sup>과 동료들의 가정이었다.

그들의 '생식-장식' 가설을 테스트하기 위한 접근법은 간단했다. 이들은 여성들이 가임기와 비가임기에 각각 사진을 촬영하게 했다. 그런 다음 연구팀은 촬영된 사진을 사람들에게 보여주고, 같은 여성의 어떤 사진에서 여성이 자신의 매력을 더 잘 어필하고 있는지 고르게 했다. 그들이 예상했던 방향대로 생리 주기에 따른 효과는 상당했다. 사람들은 같은 여성이 가임 기간일 때 '더 패셔너블하고 상냥하며 몸매를 더 드러냈다'고 응답했다. 생식 장식은 시각적 단서에만 국한되지 않았다. 다른 연구에서 하셀턴은 여성들이 가임 기간 동안 더 톤이 높고 여성스런 목소리를 쓴다는 사실도 알아냈다. 마지막으로, 여성들은 자신에 대한 태도뿐만 아니라 다른 여성들에 대한 태도도 바꾸는 경향을 보였다. 그들은 다른 여성의 매력을 더 비판적으로 평가했으며, 다른 여성들과 금전적 보상을 잘 공유하려 하지 않았다. 하셀턴과 팀이 지적했듯, 이러한 결과는 남성이 가임 기간의 여성에게 더 소유욕을 보인다는 결과가 도출된 과거의 연구들과도 일맥상통한다. (동물에서 이 현상은 짝지키기라 불린다.)

두 번째 생체 시계는 노화이다. 노화는 우리 모두의 마감 시간까지 가차 없이 바늘을 움직인다. 번식력이라는 관점에서 이 시계는 폐경기에 가까워올수록 더욱 급박하게 움직인다. 남성은 거의 평생 동안 욕구가 없을 때도 생존 가능한 정자를 만들어낼 수 있다. 물론 노화가 진행됨에 따라 정자의 유전자 변이율이 증가하고, 난자를 수정시키는 능력이 저하되기는 한다. 그러나 여성은 일단 20대에 들어서면 폐경기에 다다를 때까지 생식력이 감소되며, 폐경기 이후부터 생식은 이제 불가능한 이야기가 된다. 그러나 여성들이 가만히 앉아서 당하기만 하는 것은 아니다.

주디스 이스턴Judith Easton과 동료들은 "여성들이 남아 있는 번식력을 활용하도록 설계된 심리적 적응을 촉진하는 생식 능력을 진화시켰다"라고 이야기했다. 이렇게 화려한 이름의 적응은 대체 무엇을 말하는 것일까? 아주 간단하다. 중년의 여성들은 더 어린 집단보다 섹스에 대해 환상을 더 많이 가지며 실제로 섹스를 더 많이 하기도 한다. 이에 대한 해석은 술집에서든 누군가의 생식 인생에서든 남은 시간이 점차 줄어들수록 우리는 까탈을 부리느라 시간을 낭비하지 않는다는 것이다.

마감 시간에 대한 이 논의를 마치면서, 시계를 보는 유일한 존재가 인간만은 아니라는 사실을 상기시키고 싶다. 캐슬린 린치Kathleen Lynch는 퉁가라개구리에서 이 현상을 조사하고 이들의 미적 기준 역시도 시간에 따라 변한다는 사실을 밝혀냈다. 우리가 2장에서 이들의 섹스 파티를 방문했을 때 보았듯, 암컷 퉁가라개구리는 자신이 짝짓기할 준비가 된 당일 밤이 되어서만 섹스시장에 모습을 드러낸다. 암컷이 그날 밤 짝짓기를 하지 않는다면 배란시킨 난자가 모두 낭비되며, 유전자들은 암컷의 생식계에서 배출되어 물고기나 곤충의 먹이로 전락할 것이다. 암컷 퉁가라개구리에게도 이러한 낭비를 막을 '정신적 적응을 촉진하는 생식력'이 존재할까? 그렇다. 다른 연구에서 암컷의 관심을 끌지 못했던 일반적인 수컷 퉁가라개구리는 합성 음성으로 암컷들을 유혹했다. 초저녁 시간, 실험 현장의 암컷들은 정상적인 수컷 음성에는 관심을 나타낸 반면 비정상적인 음성은 보통 무시하는 경향을 보였다. 그런데 밤이 깊어가고 암컷 자신의 마감 시간이 다가오자 이들이 허용하는 아름다움의 기준은 바뀌었다. 암컷들은 이제 평상시에 매력을 느끼지 못했던 비정상적 음성을 받아들였고, 더 이른 시간에 평범한 음성에 대해 나타내는 반응보다도 더 빠르게 이에 응답했다.

암컷 퉁가라개구리만 이렇게 변덕을 부리는 것은 아니다. 다른 동물의 암컷들도 시간의 변화에 따라 유사한 반응을 나타냈다. 늙은 바퀴벌레는 구애 기간이 비교적 짧아도 짝짓기 결정을 내리며, 구피나 집귀뚜라미도 나이가 들수록 까탈스러운 태도를 버린다. 이 모든 동물들은 마감 시간이 다가올수록 관대해지며, 아마 그와 함께 자신의 '부조화'도 줄여나가고 있었을 것이다.

인간의 경우는 남녀 모두 나이가 들면서 섹스 전략에 변화를 줄 수 있다. 이들은 장식품으로 성적 아름다움을 강화하거나 자신이 실제보다 더 매력적일 것이라고 착각을 하기도 한다. 그런데 동물의 경우는 수컷이 서서히 다가오는 죽음에 맞서 적극적으로 대처하는 사례가 비교적 적은 편이다. 우리가 흔히 볼 수 있는 노랑초파리의 사례가 이해를 도울 수 있을 것 같다. 노랑초파리에게 죽음은 너무도 빨리 찾아와서, 그들은 고작 30일의 일생을 보낸 후에 세상과 작별인사를 해야 한다.

수컷 노랑초파리는 번데기를 뚫고 나온 지 이틀 만에 성숙한 정자를 만들 수 있지만, 생후 7일된 선배들보다는 번식력이 약하다. 또한 이 젊은이들은 암컷을 차지하기 위한 선배들과의 경쟁에서도 불리한 위치에 있다. 예상컨대 구애와 번식에 들이는 정력적 비용 때문에 수컷과 암컷은 모두 짝짓기를 하고 자손을 낳으면 수명이 단축된다. 그러므로 어린 수컷들은 더 성숙해져서 섹스 및 자손 번식 성공률이 높아질 때까지 짝짓기를 자제하는 편이 더 유리할 것이다. 어린 시절에 섹스를 피할 방법은 아주 많다. 그러나 우리 인간도 그렇듯, 특히나 의지가 약한 이들에게 금욕은 그다지 효과적인 방법이 아니다. 그래서 노랑초파리가 강구한 진화적 해결책은 어린 초파리가 성숙한 수컷으로 성장한 이후에만 암컷을 잘 알아볼 수 있는 민감성을 얻게 하는 것이었다.

6장에서 나는 나방의 후각수용기 뉴런이 구애에 관여한다는 이야기를 했다. 구애에서 중요한 역할을 하는 프루트리스 유전자를 발현시키는 것이 바로 이 후각수용기 뉴런이다. 노랑초파리에게도 프루트리스 유전자가 있으며, 사실 이 유전자가 처음 발견된 것도 노랑초파리 연구에서였다. 프루트리스 유전자를 발현시키는 후각수용기 뉴런은 노랑초파리의 구애에서도 중요한 역할을 하며, 여기서는 OR47b라는 섹시한 이름으로 불린다.

연구자들이 생후 7일된 수컷과 2일된 수컷을 경쟁에 붙인다면, 이들의 짝짓기 성공률은 2:1로 성숙한 수컷이 우세할 것이다. 성숙한 수컷이 암컷을 더 잘 탐지할 수 있기 때문일까? 답을 얻기 위해 연구자들은 7일된 노랑초파리로부터 OR47b 뉴런을 만들어내는 유전자를 제거했다. 그리고는 이 돌연변이 파리와 동일하게 생후 7일이 된 정상 파리를 붙여놓고 짝짓기 경쟁을 하게 했는데, 결과는 정상 파리의 승리였다. 그러므로 OR47b 뉴런은 성숙한 수컷의 짝짓기에서 중요한 요소임이 틀림없었다. 이것이 어린 수컷들에게도 동일하게 적용될까? 더 어린 초파리를 대상으로 한 같은 실험에서는 다른 결과가 도출되었다. 생후 2일이 되었고 OR47b가 제거된 돌연변이와 생후 2일 된 정상 파리의 짝짓기 성공률에는 차이가 없었던 것이다. 생후 2일 된 수컷들에게도 이 뉴런이 있었지만 짝짓기에는 아무런 도움이 되지 않았다.

이 결과로 미루어보아 어린 수컷과 나이든 수컷의 짝짓기에서 차이를 만드는 것은 OR47b 뉴런인 듯하다. 왜 그럴까? 더 나이 많은 수컷의 뉴런이 더 성숙하고 민감하기 때문이 아닐까? 연구진은 이 가설을 테스트하기 위해 2장에서 소개한 퉁가라개구리 실험과 아주 유사한 OR47b의 뉴런 레코딩 실험을 수행했다. 이 실험에서 연구자들은 소리를 내보내는 대신 수컷의 후각수용기에 암컷의 냄새를 퍼뜨렸으며, 7일된 파리의 OR47b가 2일된 파리의 OR47b 수용기보다 100배 이상 민감하다는 사실을 알아냈다. 이 경우, 나이든 개체가 짝짓기 기회에 대해 나타낸 반응은 앞서 소개한 사례들과는 다른 동기에 의해 비롯된 것이었다.

수컷 노랑초파리는 어린 시절의 성욕을 억제하기 위해, 나이가 든 후에만 암컷에 대한 민감성이 향상될 수 있도록 진화했다. 더 어린 수컷은 성공적으로 암컷을 유혹할 확률이 낮을뿐더러 그 노력으로 인해 실제로 자신의 목숨이 위협받을 수도 있다. 최소한 이 사례에서 더 나이가 많은 수컷들은 더 현명한 것이 아니라 단지 더 민감할 뿐이었다. 이처럼 인간과 동물의 성적인 미의식이 다양하게 변화하게 하는 한 가지 주요인은 우리 안에 있는 시계에서 찾을 수 있을 것이다. 그러니 다음에 애인이 변덕을 부리는 것 같다면 시간을 한번 확인해보는 것이 좋겠다.

## 남의 짝이 더 매력적으로 보이는 이유

우리에게 변덕이 생기는 것은 생물학적 작용 때문만은 아니며, 다른 외부적 힘이 함께 작용하고 있기 때문이다. 우리는 스스로가 인간이라는 종의 유일무이하고 고유한 구성원이라고 생각하기를 원한다. 엄밀하게 말하면, 이 세상에 나와 완전히 똑같은 타인이 존재하지는 않으니 이것은 사실이긴 하다. 그러나 '우리'를 정의하는 많은 것들은 타인으로부터

왔다. 우리 유전자는 부모 유전자의 복제본이며, 우리 언어는 어렸을 때 다른 사람을 보고 배운 것이다. 또한 음악, 예술, 음식, 지지하는 스포츠팀 같은 우리의 취향은 주변 사람들로부터 습득한 문화적 규범에 의해 결정된 것이다. 게다가 10대의 섹스, 대마초, 알코올중독, 청소년기의 반항 행동은 '또래 행위' 모방에 저항하지 못한 데 일부 원인이 있기도 하다. 모두 충분히 공감할 수 있는 내용일 것이다.

인간을 위시한 사회적 동물들에게는 엄청난 양의 공공 정보가 주어지며, 때로는 그것을 잘 알아두는 것이 도움이 된다. 누군가가 성공을 거두었다면, 그 사람을 똑같이 베껴서 같은 결과를 기대해보자는 이야기이다. 어떤 무리와 잘 어울리고 싶은 이들은 항상 그 무리의 구성원들과 비슷해져야 한다는 압박을 느끼기 마련이다. 그러나 나와 또래 집단이라고 해서 모두가 동등한 위치에 있는 것은 아니며, 또래가 누군지에 따라 그들이 가하는 압력도 달라진다. 우리의 표현형을 확장하는 한 가지 방법은 신중하게 또래를 선택하는 것임을 모두 알고 있으리라 믿는다.

영화 〈금발이 너무해〉에서 훌륭한 예시가 등장한다. 한 콧대 높은 젊은 여성이 쭈뼛쭈뼛한 범생이 스타일 남성의 데이트 신청을 보기 좋게 거절한다. "나 같은 여자는 당신 같은 루저와 만나지 않아요." 아름답고 매력적이며 똑 부러지는 엘 우즈는 우연히 그 자리에 있다가 대화를 듣고 불쌍한 남자에게 동정심을 느낀다. 엘은 눈물을 흘리며 낯선 남자에게 다가가 자신에게 어떻게 그렇게 상처를 줄 수 있냐고 물어본

후 슬픔에 젖은 척 연기하며 자리를 떠난다. 엘이 가버리자 몰래 듣고 있던 콧대 높은 여자는 남자에게 되돌아가서, "그래서 언제 데이트를 하고 싶은데요?"라고 물어본다.

우리의 미적 가치관이 타인의 성적 미학에 의해 영향을 받을 수 있다는 개념을 '배우자 선택 복제'라고 부른다. 이 현상이 인간에게 나타난다는 사실은 놀랍지 않지만, 진화생물학자 사이에서 배우자 선택 복제가 진지한 주제가 된 것은 산쑥들꿩의 구애지에서 소수 수컷이 짝짓기를 독점하는 원인을 규명하던 과정에서였다.

구애지는 동물왕국에서 가장 극단적인 섹스시장이며 다양한 짝짓기 시스템의 동물별 특징이 드러나는 곳이기도 하다. 수컷들은 자신의 성적인 상품을 광고하려는 목적 하나로 이 특별한 장소에 모여들고, 암컷들은 어떤 수컷이 짝짓기 기회를 얻게 될지 결정한다. 역설적이게도 극소수의 수컷만이 성공(그것도 엄청난 대성공)을 거머쥘 수 있지만, 연구자들은 그들의 몸집, 나이, 깃털 색깔, 구애 행동 등에서 눈에 띄는 차이점을 찾아낼 수 없었다. 그렇다면 수컷의 외모적 차이가 이처럼 작거나 아예 존재하지 않음에도 불구하고, 짝짓기 성공률이 극단적으로 갈리는 이유는 무엇일까?

산쑥들꿩의 구애지는 독특한 장소이다. 이 새들은 북아메리카의 산쑥지대에 사는데, 사실 이들의 구애 장소에 대단한 무언가가 있는 것은 아니다. 그런데 이런 장소가 무작위로 정해지는 것 같아도 매년 같은 곳이 반복적으로 선정되곤 한다. 아메리카 원주민의 기록을 참고하면, 어떤 곳은 구애지로 사용된 지 100년이 넘었다고 한다.

와이오밍주의 이른 아침, 아직 별들이 밤하늘을 채우고 기온이 거의 영하에 달했던 때 나는 처음으로 산쑥들꿩의 구애지를 맞닥뜨렸다. 해가 떠오르기 시작하면서 수컷 10여 마리가 뾰족뾰족한 꼬리를 곧추세우고 가슴을 한껏 부풀린 채 의기양양하게 돌아다니는 진풍경을 목격할 수 있었다. 이들이 기괴한 휙휙 소리를 내자, 하얀 가슴깃털에서 노란 주머니 두 개가 불룩 튀어나왔다. 암컷 몇 마리가 느긋하게 구애지를 돌아다니면서 수컷을 이리저리 뜯어보고 있었다. 그런데 암컷 산쑥들꿩은 완전히 자유롭게 배우자감을 선택할 수 있는 여건이었음에도 불구하고, 스스로 결정을 내릴 자신이 없는 것만 같았다.

암컷 산쑥들꿩은 수컷에게 정자 외에 그 어떤 것도 받지 않는다. 수컷은 좋은 아빠든 나쁜 아빠든 부모 역할을 전혀 하지 않으며, 배우자에게 먹이를 제공하거나 신변을 보호해주지도 않는다. 연구자들에게는 그 많은 수컷들이 모두 동등한 매력을 지닌 것처럼 보였지만, 암컷의 배우자로 선택받는 수컷은 아주 소수뿐이었다. 그 결과, 매해 이루어지는 암수의 교미 중 75%는 오직 10%의 수컷이 독점한다. 하지만 우리는 이 수컷들의 남다른 매력 포인트를 도무지 찾을 수 없었다. 그렇다면 나머지와 별반 다를 바가 없는 이 소수의 수컷들은 왜 암컷 사이에서 가장 매력적인 존재 취급을 받는 것일까?

암컷이 혼자만의 생각으로 결정을 내리지 않을 수도 있다는 가능성을 고려한다면, 이 역설은 사라진다. 암컷이 독립적으로 짝짓기 결정을 내리는 것이 아니라, 다른 개체가 매력을 느끼는 기준에 영향을 받는다면 어떨까? 이 시나리오를 생각해보자. 똑같이 잘생긴 수컷들로 이루어진 무리가 하나 있다. 그러나 한 수컷이 암컷에게 선택된다면, 구경꾼 암컷들의 눈에 이 수컷은 더 매력적인 존재로 변신하며, 암컷들은 또래의 선택을 따라 하기 시작한다. 이제 선택받은 수컷의 폭주가 시작된다. 그가 짝짓기를 더 많이 할수록 그의 인기는 더 많아지고, 이는 또 다시 더 많은 짝짓기로 이루어져 흉내쟁이들의 더 많은 선택을 받게 된다. 분명 배우자 선택 복제는 이 역설에 대한 논리적 해석이 맞는 듯하다. 당신은 이 논리가 이번에도 실제 생물학으로 이어질 수 있을지 궁금할 것이다. 배우자 선택 복제를 설명하기 위한 동기부여가 된 것은 산쑥들꿩의 연구였지만, 이 새들은 유효성 검증에 이상적인 실험 대상은 아니었다. 그러나 다행히 우리에게는 물고기가 있다.

구피는 가장 다양한 무늬를 지닌 척추동물 중 하나이다. 이들은 몸 전체에 퍼져 있는 다채로운 색상을 자랑하는데, 암컷들의 눈에는 주황색이 가장 인기이다. 4장에서 소개한 망상어의 눈과 비슷하게, 구피의 눈은 그들이 꼭 봐야 하는 먹이를 잘 포착할 수 있도록 특정 색깔에 대한 민감도가 높아지도록 진화되었다. 이들의 경우, 물속에 종종 떨어지는 주황색 과일에 맞게 민감도가 조율되어왔다. 수컷 구피가 주황색 장식물을 발달시킨 것은 이러한 암컷의 감각 편향을 이용하기 위해서라고 추측된다. 그러나 수컷의 색상만이 암컷의 선택에 영향을 주는 것은 아니다. 암컷은 다른 암컷들이 누구를 고르는지도 함께 참고하여 결정을 내린다.

생물학자 리 듀거킨<sup>Lee Dugatkin</sup>은 간단한 실험을 통해 암컷 구피에게도 산쑥들꿩이나 리즈 위더스푼의 사례에서처럼 배우자 선택 복제 현상이 나타난다는 사실을 입증했다. 듀거킨은 어항 속에 칸을 세 개 만들고 각각의 칸에 암컷 구피 한 마리와 수컷 두 마리를 넣어두었다. 암컷이 머문 가운데 칸의 양쪽 끝은 각 수컷의 칸과 연결되어 있어, 암컷은 아무 쪽에나 가서 수컷과 구애를 할 수 있었다. 암컷이 각 수컷과의 구애에 들인 총 시간은 수컷에 대한 암컷의 관심도를 대변했으며, 실험 대상 암컷들은 보통의 암컷과 같이 대체로 주황색이 더 많이 나타나는 수컷을 선호했다. 이제 듀거킨은 암컷을 다시 어항 가운데의 투명한 칸에 넣고, 선호도가 더 낮았던 수컷의 칸에 '본보기' 암컷을 집어넣었다. 실험 대상 암컷은 자신의 위치에서 수컷이 다른 암컷과 구애하는 장면을 볼 수 있었다. 이제 연구진은 본보기 암컷을 꺼내고, 덜 매력적이었던 수컷의 성 행동을 관음한 실험 대상 암컷의 선호도를 재조사했다. 예상대로 암컷이 처음에 보였던 선호에는 변화가 있었다. 이제 암컷은 얼마 전 자신이 소외시켰던 수컷과 더 많은 시간을 보냄으로써 선호도가 뒤집어졌다는 사실을 확인시켜주었다.

이 결과는 다른 종의 짝짓기에서 관찰되는 극단적인 왜곡 현상에 대한 한 가지 신빙성 있는 해석을 제시한다. 설사 모든 수컷이 동등하게 아름다울지라도 누군가 하나는 먼저 선택을 받게 되어 있으며, 만약 암컷들이 흉내쟁이라면 선택된 수컷은 그곳에서 이뤄지는 모든 짝짓기에서 상당히 높은 점유율을 차지할 수 있을 것이다.

암컷의 성적 미의식에 영향을 주는 사회적 맥락의 힘을 입증하는 연구는 수도 없이 많다. 배우자 선택 복제는 구피에게서만 나타나는 현상이 아니다. 우리는 이 개념을 이해함으로써 다른 물고기의 역설을 풀어나갈 실마리를 얻기도 했다. 세일핀몰리는 암수가 서로 짝짓기를 하여 번식한다는 점에서 아주 전형적인 물고기종이다. 그런데 비슷한 외모의 아마존몰리는 오직 암컷으로만 이루어져 있다. 이 물고기의 이름은 그리스 신화에 등장하는 부족의 이름에서 유래했는데, 아마존 부족은 여성으로만 구성되어 있으며 부족원들은 오직 출산을 위해서만 남성과 접촉했다고 전해진다. 아마존몰리도 여전히 수컷을 필요로 한다는 점에서 신화 속의 아마존 부족과 비슷하다. 아마존몰리는 알의 수정 없이 자신의 클론을 만들어낼 수 있지만, 알을 부화시키기 위해서는 정자가 필요하다. 정자는 알을 수정시키는 것이 아니라 일종의 생화학적 자극으로 알이 발달을 시작하게 만든다. 수컷과 짝짓기를 해야 하지만 수컷이 없으니 아마존몰리는 진퇴양난에 빠져 있다. 그러면 어떻게 해야 할까? 암컷의 해결책은, 실제 아마존 수컷이 존재했다면 그들과 가장 유사했을 법한 다른 종의 수컷을 찾는 것이었다.

아마존몰리는 진화상의 실수로 세상에 나온 종이다. 이들은 약 30만 년 전 멕시코만의 탐피코에서 처음 등장했는데, 암컷 쇼트핀몰리가 수컷 세일핀몰리와 실수로 짝짓기를 한 계기로 이 새로운 종이 탄생했다. 아마존몰리는 멕시코 탐피코 북부나 텍사스의 강에서 세일핀몰리와 함께 서식하며, 탐피코 남부에서는 쇼트핀몰리와 공동으로 서식한다. 그러므로 아마존 암컷은 서식지에 따라 수컷 세일핀몰리나 쇼트핀몰리를 정자 공급원으로 삼아 자신의 알을 번식시킬 수 있다.

한동안 과학자들은 이 기이한 짝짓기 시스템을 아마존몰리의 관점에서만 이해하려 했다. 그러나 나는 수컷 세일핀이 이렇게 이상한 커플을 이루기로 동의할만한 이유를 알아내지 못한 것이 마음에 걸렸고, 이 물고기에 흥미를 느끼게 되었다. 서로 다른 종끼리 짝짓기를 한 것이 내 마음을 불편하게 한 것은 아니었다. 혼종교배는 보통 좋은 결과로 이어지지 않지만, 이 물고기들이 시도를 했을 때 그들만은 예외가 될지도 모르기 때문이다. 내 궁금증은 수컷들이 도대체 이 짝짓기로부터 무엇을 얻을 수 있냐는 것이었다.

짝짓기에는 늘 비용이 따른다. 정력을 쏟고 시간을 투자해야 하며 포식자의 주의를 끌 수도 있다. 일반적으로 되도록 많은 짝짓기를 하려는 수컷에게 있어, 성공적인 수정이 가져다주는 이익은 짝짓기에 수반되는 비용을 훨씬 능가한다. 그러나 세일핀이 아마존과 짝짓기를 했을 때는 수컷의 유전자를 물려받은 자손을 만들어낼 수 있는 가능성이 전혀 없다. 이 모든 노력은 순전한 낭비인 것만 같다. 그럼에도 불구하고 당신이 3장에서 식물의 수분을 돕던 난초벌 이야기를 기억한다면, 나와 비슷한 호기심이 생길지도 모르겠다. 나는 세일핀 수컷을 자세히 관찰한다면, 이것이 결국에는 적응을 위한 행동이었음이 밝혀질지 알고 싶었다.

과학자들은 언뜻 부적응적으로 보이는 수컷의 행동에 크게 주목하지 않았으며, 이들이 단지 어리석거나 섹스광일 뿐이라고 의견을 합치했다. 물고기들이 같은 종인 세일핀과 아마존 암컷을 분간하지 못하거나(어리석고), 상대가 누구든 신경 쓰지 않았다는(섹스광) 것이다. 나는 이들이 섹스를 좋아한다는 부분에는 이견이 없었으나, 정말 어리석었는지에 대해서는 의구심이 들었다. 하물며 내가 암컷 세일핀과 아마존을 구분할 수 있다면, 수컷도 당연히 그럴 수 있을 것이라 생각했기 때문이다.

우리는 수조에 세일핀 수컷과 세일핀 암컷, 아마존 암컷을 넣고 수컷이 인간의 페니스와 비슷한 송입기관을 각각의 암컷에 삽입하려고 시도한 횟수를 세어 수컷이 암컷들을 분간할 수 있는지 '물어'보기로 했다. 그 결과, 세일핀 수컷은 양쪽 모두와 짝짓기를 했으나, 같은 종에 훨씬 강한 선호도를 보였다. 그들은 섹스광이 맞았지만 어리석지는 않았던 것이다. 그러면 수컷들이 아마존 암컷과 어울리는 이유는 무엇일까?

잉고 슐럽, 캐시 말러[Cathy Marler], 그리고 나는 듀거킨의 최근 연구에서 세일핀과 아마존이라는 특이한 커플의 비밀을 풀어줄 열쇠를 찾을 수 있을지 의문을 품었다. 혹시 수컷 세일핀은 아마존 암컷과 짝짓기를 함으로써 배우자 선택 복제 현상을 유도하여, 같은 종의 암컷에게 자신을 더 섹시하게 각인시키는 유익을 얻을 수 있었던 것은 아닐까?

우리는 듀거킨과 비슷한 실험을 수행했다. 암컷 세일핀은 세일핀 수컷 두 마리 중 하나를 선택해야 했다. 암컷은 필연적으로 둘 중에 하나를 더 선호할 것이며, 대부분 몸집이 조금 더 큰 수컷을 선호하는 경향을 보인다. 다음으로 우리는 선호도가 낮았던 수컷과 아마존 암컷이 구애하는 모습을 실험 대상 암컷에게 보여주었다. 암컷 세일핀은 아마존 암컷의 선택을 복제했을까? 그랬다. 우리가 선호도를 다시 테스트했을 때 암컷 세일핀은 방금 전에 선호도가 낮았던 수컷을 더 매력적으로 느꼈다. 세일핀 암컷이 '다른 종'의 선택을 흉내 내는 형식으로도 배우자 선택 복제 현상이 나타날 수 있었던 것이다. 세일핀 수컷은 아마존 암컷과 짝짓기를 함으로써 정자를 낭비했을지는 몰라도 시간마저 낭비한 것은 아니었다. 이들은 자신의 매력을 강화시키는 법을 알았다.

우리 학교의 진화심리학부생 사라 힐[Sarah Hill]은 암컷 세일핀이 자신의 복제 행동에 또 다른 버릇을 하나 추가했다는 사실을 밝혀냈다. 인간의 짝짓기 행동에 흥미가 있었던 사라는 동물 섹스를 주제로 한 우리 실험실 회의에 종종 참석하곤 했다. 그녀는 우리가 평소에 물고기를 데리고 하는 것과 같은 유형의 실험을 인간과는 할 수 없다는 사실에 약간의 아쉬움을 표하면서 자신의 연구 목록에 물고기도 포함시켰다.

사라는 본보기의 자질이 암컷의 배우자 선택 복제에 영향을 줄 수 있는지 궁금해했다. 이번에도 세일핀과 아마존몰리가 좋은 연구 대상이 되어줬다. 이미 언급한 대로 세일핀몰리 수컷들은 아마존몰리와도 짝짓기를 하지만 세일핀 암컷을 더 선호한다. 그들의 관점에서 동종의 암컷이 아마존 암컷보다 더 높은 '효용가치'를 지녔기 때문이다. 만약 암컷이 세일핀-아마존 커플의 구애와 세일핀-세일핀 커플의 구애 장면을 각각 훔쳐본다면, 세일핀 암컷은 아마 동종의 암컷과 함께 있던 수컷을 더 매력적으로 여길 것이라는 예측이 가능하다.

사라는 이제 배우자 선택 복제 테스트의 표준이 되어버린 실험을 또 다시 반복했다. 그러나 그녀의 실험에서는 암컷 세일핀이 수컷을 선택한 후에 두 마리의 수컷 모두에게 본보기를 붙여주었다. 사라는 선호도가 높았던 수컷에게는 아마존 암컷을, 선호도가 낮았던 수컷에게는 세일핀 암컷을 함께 넣어줬다. 본보기의 효용가치에 변화를 준 것이다. 두 수컷 모두 다른 암컷과 어울리기는 했지만, 선호도가 높았던 수컷에게 상대적으로 덜 바람직한 본보기가 주어졌던 상황을 고려하여, 암컷이 이번에는 선호도가 낮았던 수컷을 더 선호할 것이라고 우리는 예측했다.

결과는 역시나 예상과 완전히 맞아떨어졌다. 옆에 다른 짝을 두는 것만 매력도에 영향을 주는 것이 아니라, 옆에 있는 짝의 매력이 어느 정도인지도 중요한 문제임이 틀림없었다.

## 예쁜 여사친이 당신을 인기남으로 만든다

인간에게도 배우자 선택 복제가 일어난다는 사실을 부정할 사람은 별로 없을 것이다. 수많은 데이터가 우리의 직감을 뒷받침한다. 그런데 심리학 실험은 동물 실험과 유사한 절차로 진행되지만 대상자 대부분이 WEIRD(별난)의 특성을 지닌다는 함정에 빠지곤 한다.

잠시 딴 길로 새서 이야기를 해보려 한다. 사라 힐이 경험했듯 인간을 연구하는 학자들의 애로 사항은 수많은 유형의 실험이 윤리적으로 금지된다는 사실이다. 이는 대개 좋은 일이지만, 심리학자들의 연구 스타일을 속박하는 걸림돌이 될 수 있다는 것도 부정할 수 없다. 그나마 실험의 대안책이 될만한 접근법은 설문조사인데, 문제는 답변을 할 사람이 필요하다는 것이다. 학계의 많은 심리학자들에게는 다행스럽게도 싫든 좋든 꼼짝없이 설문에 응답해야 하는 집단이 존재한다. 그들은 바로 수업이나 추가 학점을 위해 연구에 필수로 참여해야만 하는 학생들이다.

심리학자 조셉 헨리히<sup>Joseph Henrich</sup>와 동료들은 〈행동 및 뇌과학〉에 기고한 논문에서, 이러한 연구의 대상자가 대부분 WEIRD*의 특성을 지닌 사람들이라는 점을 지적했다. 좋다. 그들은 별날 수는 있어도 여전히 인간이긴 하다. 그러니 이들로부터 발견한 사실을 바탕으로 다른 인간을 예측하는 것이 완전히 불가능한 일은 아니지 않겠는가? 어느 정도까지는 그럴 수 있으나, 우리는 대상자들이 세계 인구의 12%만을 대변하는 국가들의 출신이라는 것을 잊어선 안 된다. 게다가 이 피험자들의 연령은 거의 20대 초반에 분포하고 있다. 그것은 이들의 뇌가 아직 완전히 발달하지 않아 리스크에 더욱 둔감하고, 즉각적 만족에 더욱 관심이 많으며, 삶의 경험이 다소 제한되어 있다는 뜻이기도 하다.

마지막으로 우리는 여러 근거를 바탕으로 설문 대상자들이 늘 진실되고 편견 없는 답변만을 하려 하지는 않는다는 합리적 의심을 할 수 있다. 어쨌건 이게 그들인 것이고, 우리가 그저 기억해야 할 것은 이 세상에는 다른 부류의 사람들도 있으며 WEIRD 피험자들로부터 도출된 결과가 모든 국가, 문화, 계급, 연령에 전부 적용되지 않는다는 사실이다.

예를 들어 4장에서 나는 몸무게와는 별개로 여성의 허리-엉덩이 비율이 남성이 느끼는 매력도에 영향을 준다고 간략하게 언급했다. 이상적인 비율은 0.71이라고 하는데, 사실 이러한 결과를 도출시킨 연구 대부분은 WEIRD 피험자를 바탕으로 수행되었다. 그들은 대중매체를 통해 서구 문화에 노출된 남성들이 거의 대다수였다.

---

* Western Educated from Industrialized Rich Democracies, '산업화되고 부유한 민주주의에서 서구식 교육을 받은'의 영문 약자

인류학자 로렌스 스기야마Lawrence Sugiyama는 에콰도르 아마존 오지의 쉬위아르 부족을 대상으로 여성의 허리-엉덩이 비율과 몸무게에 대한 남성의 선호도를 조사했으며, 부족 남성들이 허리-엉덩이 비율보다 몸무게를 더 중요하게 여긴다는 사실을 발견했다. 이런 연구 결과는 허리-엉덩이 비율의 중요성을 입증하는 다른 연구들을 무효화시킨다기보다, 여성의 아름다움 중에서도 이 측면에 대해 중요한 사회적 영향이 존재할지도 모른다는 사실을 추측하게 해준다. 문화의 다양성에 따라 그 속에서 나타나는 성적 미학도 다양해질 수 있다.

진화생물학자들이 배우자 선택 복제라는 용어를 만들기도 전에, 인간을 향한 연구에서 이 현상의 중요성이 드러난 사례도 있었다. 심리학자 해럴드 시걸Harold Sigall과 데이비드 랜디David Landy는 1973년에 수행한 자신의 연구에서 배우자 선택 복제 관련 연구의 상당 부분을 미리 예측했다. 그들은 '아름다운 타인과 관계 맺으려는 우리의 욕구에 구경꾼들의 시선이 기여할 수 있는가?'라는 질문을 제기했다. 이들의 실험에서 피험자 남성은 남녀 대학원생 한 쌍이 대기하고 있는 방에 들어간다. 대기실에 있던 표적 남성은 평균적인 매력을 소유했으며, 매력적이거나 그렇지 않은 여성과 함께 짝을 이루었다. (여성들의 경우 옷차림으로 매력도의 차이에 더 극적인 효과를 주었다.) 이제 피험자들은 대기실에 있던 남성의 전반적인 인상과 그들이 남성에게 느낀 '호감도'를 점수로 매겨야 했는데, 매력적인 여성과 짝을 이루었던 남성들이 더 높은 점수를 얻는 결과가 확인되었다. 이 연구에서 남성의 성적 매력도가 집중적으로 평가된 것은 아니었지만, 단서를 얻을 수는 있었다.

비교적 최근에는 배우자 선택 복제라는 구체적 맥락에서 진행된 연구에서 비슷한 효과가 입증되기도 했다. 인류학자 데이비드 웨인포스David Waynforth는 남자 대학원생의 독사진 및 매력도가 높거나 낮은 여성과 함께 찍은 사진을 제시하고, 피험자들로 하여금 남성 얼굴의 매력도에 점수를 매기게 했다. 그 결과 남성의 매력도는 매력적인 상대와 함께 있을 때 더욱 높아졌다.

사라 힐은 동물의 성선택으로 떠난 짧은 여행을 마치고 인간 연구로 복귀한 후, 인간의 배우자 선택 복제에서 본보기의 기능은 범주적이지 않고 연속적이었다는 사실을 밝혔다. 이 말의 의미는 실험 표적이 매력적인 본보기와 있으면 매력적인 사람의 범주로 분류되고 그렇지 않은 본보기와 있으면 매력 없는 사람의 범주로 분류되는 것이 아니라, 본보기의 매력도가 변동함에 따라 표적의 매력도도 기존의 수준에서 더 높아지거나 낮아지는 연속적 척도로 평가된다는 의미이다. 우리는 타인을 평가할 때 그가 단순히 매력적이거나 매력적이지 않다고 대충 분류하는 것이 아니라, 매력도라는 연속적인 스펙트럼상의 위치에 따라 그들의 매력을 평가하는 듯하다. 아무튼 우리는 모두 타인을 평가하고 있다!

어떤 남자가 매력적인 파트너와 함께 있을 때, 그 광경을 관음하는 사람은 남자를 더 매력적으로 인식할 것이다. 그렇다면 사람들은 자신이 더 매력적으로 보이게 만들기 위해 이 수법을 활용할 수 있을지도 모르겠다. 트로피에는 보통 승리자의 이름이 새겨져 있다. 우리는 흔히 "우리 팀이 트로피를 가져갈 거야!"는 표현과 같이 트로피를 위해 경쟁한다는 이야기를 하지만, 사실 트로피는 시합의 승리를 기록하는 상징적 기념물일 뿐이다.

재러드 킨츠<sub>Jarod Kintz</sub>는 저서 《이 책은 판매용이 아닙니다》에서 '트로피에서 중요한 것은 대리석 받침대에 놓인 금색 조각상 본체가 아니라 '탁월함에 대한 인정'이며, 트로피는 노력과 헌신이라는 추상적 개념의 물리적 표현물이다. 그것이 바로 내게 트로피가 없는 이유이다'라고 이야기했다. 사람들이 늙고 부유한 남성의 젊고 매력적인 배우자를 경멸조로 부르는 용어 '트로피 와이프'는 아마 이런 맥락에서 쓰이는 듯하다. 예쁜 부인은 인생이라는 경주나 돈벌이 경쟁에서 남자가 일구어낸 승리를 증명해준다. 그리고 알다시피 남자들은 늘 트로피를 자랑하고 싶어 안달이 난 족속들이다!

남성이 '본보기의 효용가치'를 의식하고 있다는 의혹은 심증에서 그치지 않는다. 그들은 정말 자신의 매력적인 파트너를 일부러 자랑하려 할까? 앞에서 언급했던 시걸과 랜디의 연구에서 대기실의 표적 남성은 자신이 매력적인 본보기와 함께 있고, 그 본보기가 여자 친구라고 인식될 때 자신의 매력도가 더 높은 점수를 받을 것이라고 예측했다.

더 최근에 진행된 연구에서는 남성들이 상대 여성의 매력을 단순히 인식만 하는 것이 아니라 과시하려 한다는 사실이 밝혀지기도 했다.

미주리주의 대학원생들은 이성의 상대와 연인 사이를 가장하고 파트너와 함께 캠퍼스에서 팸플릿을 배포해야 했다. 연구진은 사전에 가짜 연인 역할을 할 상대의 사진을 보여주고, 피험자들로 하여금 대학원생이 자주 오가는 지역에서 팸플릿을 배포할지, 아니면 교직원들이 자주 오가는 지역에서 배포할지 고르게 했다. '과시 가설'에 따르면, 매력적인 파트너와 짝을 이룬 남성들은 자신의 파트너를 또래들에게 '과시'하고 싶어 할 것이며, 매력적이지 않은 파트너가 배정되었을 때는 파트너를 '숨기기' 위해 학생들보다는 교직원들이 많은 구역을 고를 것이라는 예측이 가능했다. 역시나 결과는, 남성과 여성 참가자 모두 '자랑할 게 있으면 자랑하라'라는 격언에 걸맞게 행동하고 있었다.

우리는 이러한 인간의 미적 선호 연구를 해석할 때 신중을 기해야 한다. 첫째, 앞서 언급했듯 이러한 연구의 대상자들은 대체로 하나의 특정 인구 집단 표본 출신인 경우가 많기에 폭넓은 인간상을 대변하지 못할 수도 있다. 둘째, 연구가 진행될 때는 현재 조사되고 있는 전반적 현상에서 몇 가지 요소가 제거된 대용물이 사용된다. 이를 테면, 우리가 누군가의 사진을 보고 특정 사진을 더 선호한다고 해서, 그것이 꼭 우리의 실제 배우자 선택 결과와 완전히 일치하리라는 법은 없다는 것이다. 셋째, 인간과 어류 그리고 여타 동물에서 배우자 선택 복제가 확인된 것은 사실이지만, 이런 기능이 모두 같은 선택작용(본성과 양육의 동일한 조합)의 결과물이라고 단정 짓거나, 서로 다른 종에서 비슷한 기능을 수행할 것이라고 기대할 수는 없다. 그럼에도 불구하고 진화심리학 연구는 '우리가 왜 지금의 모습을 갖추게 되었는지'에 대한 중요한 질문들을 제기하고 있는 연구임이 분명하다.

이 섹션에서 우리는 사회적 또래 집단의 영향으로 자신에 대한 타인의 인식이 변화할 수 있다는 사실을 알 수 있었다. 옆에 있는 사람의 매력이 나의 매력에 후광효과를 준다는 것이다. 성적 미학이 이렇게 사회적 유연성을 지닐 수 있다는 사실은 꽤 최근에 발견되긴 했으나, 이 주장은 충분히 논리적으로 보인다. 다음 섹션에서는 '우리의 미적 지각에 대한 사회적 영향'이라는 주제에서 더욱 최근에 발견된, 어찌 보면 비논리적으로 느껴질 수도 있는 새로운 사실들을 탐구해볼 것이다.

──────── **제3자의 등장이 성적 선호를 바꿀 수 있다** ────────

Crazy(제정신이 아닌)라는 단어는 사랑을 하거나, 욕정에 빠지고, 첫눈에 반하는 일과 연관되어 흔히 사용된다. 다음 노래 제목들을 보라. 프랭크 시나트라의 'Crazy Love', 케니 로저스의 'Crazy in Love', 에번 앤드 재런의 'Crazy for This Girl', 셰릴 콜의 'Crazy Stupid Love',

웹 피어스의 'Crazy Wild Desire', 마빈 게이의 'I'm Crazy 'bout My Baby', 비욘세의 'Crazy in Love'. 정신병원 음악 재생 목록이라도 되는 것 같지 않은가! 그러나 우리는 종종 누군가 타인의 어떤 부분에 매력을 느끼는지 도무지 이해하지 못할 때가 있으니, 사랑에 빠지고 제정신을 잃는 것은 양립할 수 있는 일인 듯하다.

'미치다'의 반대말은 '제정신이다'가 될 것이다. 우리는 사람들이 제정신일 때 합리적으로 행동할 것이라고 기대하지만, 누군가 비합리적인 행동을 했다고 해서 단번에 그를 미쳤다고 생각하지는 않는다. 그런데 인간이든 다른 종이든 우리는 언제라도 비합리적으로 행동할 수 있다. 아무도 정신병자들이 정신병원을 운영하기는 원치 않으니 이건 다행인 일이다. 그러나 우리는 성적 아름다움의 지각이 얼마나 합리적인지에 대해서는 거의 아는 바가 없다.

이 영역을 탐험하기 위해서는 먼저 '합리적'이라는 용어의 의미를 설명해야 할 것이다. 여기서 나는 철학자보다는 정량적 실체를 제공하는 경제학자의 통찰에 도움을 받기로 했다. 고전경제학에 따르면, 개인은 효용 극대화를 위해 노력할 때 합리적인 행동을 한다. 경제학자들은 우리가 늘 경제적 이익을 극대화하기 위해 최선을 다한다고 상정하며, 고전적 경제 분석에 크게 의존했던 진화생물학자들은 동물들이 다윈 적합도를 최대화하기 위해 최선을 다할 것이라고 상정한다.

우리는 보통 앞으로 상대를 몇 번이나 만날 것이며 어느 정도 액수의 돈을 벌어들일 수 있는지와 같은 장기적 관점의 사안들을 잘 예측하지 못한다. 그렇다면 개개인이 합리적으로 행동하고 있는지 여부를 어떻게 알 수 있을까? 합리적인 개인은 '이행성'과 '규칙성'이라는 두 가지 중요한 기준을 따른 수학적 원리를 바탕으로 선택을 내린다. 이행성이란 A > B 이고 B > C 라면, A > C 가 성립한다는 논리이다. 이행성은 우리 세계에서 흔히 나타난다. 만약 루시가 엠마보다 크고, 엠마가 그웬보다 크다면, 자로 재지 않더라도 루시가 그웬보다 크다는 사실을 유추할 수 있다. 우리는 이행성을 가지고 대상 간의 관계성에 대한 정보를 얻을 수 있다. 하지만 이 유용한 규칙은 자주 위반되기도 한다.

비이행성의 한 가지 사례라면 아이들의 가위바위보 놀이를 들 수 있다. 주먹은 가위를 깨부숴서 이기지만, 자신을 뒤덮는 보자기 앞에서는 맥을 못 추린다. 그런데 보자기의 권세는 다시 가위의 싹둑싹둑 소리와 함께 금세 사라져버린다. 어른의 게임에서도 비이행성은 나타난다. 도박꾼이 흔히 하는 착각이 하나 있다. 몇 주 전 X팀이 Y팀을 이겼고, 지난주에는 Y팀이 Z팀을 이겼다. 그러니 이번 주 일요일에는 X팀이 Z팀을 이기지 않을까? (X > Y, Y > Z, 그러므로 X > Z) 정말 X팀이 이길 것인가? 한번 여기에 돈을 걸어보겠는가? 스포츠에서도 이행성 원칙이 적용될 것이라는 착각 덕분에 수많은 도박업자들이 돈을 긁어모을 수 있었다. 미국 프로축구협회는 실제로 이 이유 때문에 일요일에 경기를 치른다고 한다.

배우자 선택의 진화에 관한 많은 이론에서도 이행성이 있다고 전제한다. 우리가 무엇이든 다 아는 것은 아니지만, 성적 아름다움의 지각에서만큼은 이 믿음이 꽤 타당하다고 판단할 수 있다. 금화조의 부리 색깔 선호, 비둘기의 깃털 패턴 선호, 시클리드의 몸집 선호 등에서 이행성이 나타났다. 퉁가라개구리의 이행성 연구는 약간 다르다. 스탠리 랜드와 내가 연구를 수행하고 우리 동료 마크 커크패트릭[Mark Kirkpatrick]이 수학적 마술을 부려 그 데이터를 분석했다. 연구 대상의 암컷들은 수컷의 짝짓기 음성에서 구현 가능한 아홉 가지의 모든 경우의 수에서 선택을 해야 했는데, 그들은 비이행적인 선호도를 보였다.

인간의 배우자 선호에서 이행성이 연구된 사례는 놀랄 만큼 적다. 하지만 잘 찾아보면 이행성을 뒷받침하는 근거들이 존재하는 것 같다. 일례로, 알렉상드르 꾸흐티욜[Alexandre Courtiol]과 동료들은 키에 대한 선호도를 조사했는데, 남녀 모두에서 천장 효과와 바닥 효과가 확인되었다고 한다. 사람들의 키가 최고점이나 최저점에 가까워질수록 매력도는 감소했다는 의미이다. 그러나 키가 매력도에 영향을 줄 수 있는 상당 범위 내에서는 이행성 규칙에 따라 선호가 나타났다.


경제적 합리성의 또 다른 기준은 규칙성이다. 이것은 A와 B의 상대적 가치가 열등한 제3자인 C를 더해도 영향을 받지 않는 현상을 일컫는다. 내가 술집에서 체코 라거와 IPA 중에 무엇을 마실지 고민하고 있을 때, 술집에서 쿠어스 라이트를 함께 팔고 있다는 사실이 내 선택에 전혀 영향을 미치지 못한다면 나는 규칙성을 시현하고 있는 것이다. 그러나 규칙성은 항상 작동하는 것이 아니다. 때론 위반되기도 할 뿐만 아니라 소비자들에게 불리하게 이용될 수도 있다. 규칙성 위반 사례 중에 잘 알려진 것에는 비대칭적 우위 미끼 또는 경쟁 미끼 효과가 있다. 이제 예시를 하나 소개할 테니 소비자들은 집중하기 바란다.

당신은 저렴하고 연비가 높은 차를 한 대 구입하려고 한다. 영업사원은 당신에게 두 종류의 모델을 보여주는데, A는 갤런당 40km를 주행할 수 있고 가격은 2만 5,000달러이며, B는 24km만 주행할 수 있지만 가격이 2만 달러로 더 저렴하다. 어떤 모델을 골라야 할까? 당신이 상대적 비용편익을 따져보는 동안, 영업사원은 어떻게든 차를 팔기 위해 전략을 세운다. 교묘한 속임수를 써서 당신이 스스로 결정을 내렸다고 생각하게 만들 것이다. 이제 미끼가 등장하니 조심하라! 영업사원은 쉴 새 없이 각종 통계자료를 제시하고 가벼운 농담을 건네면서 세 번째 옵션인 C를 보여준다.

이 차는 갤런당 35km를 주행할 수 있으나 가격이 4만 달러로 훨씬 더 비싸다. C 자동차는 당신의 예산을 훌쩍 뛰어넘으며 영업사원도 그 사실을 알고 있다. 그러면 영업사원은 당신이 원하지도 않을 상품을 제안하고 있는 셈인데, 대체 어떻게 당신을 속이려는 것일까? 갑자기 당신은 손쉽게 결정을 내릴 수 있을 것 같다고 느끼면서 A 모델을 구입하겠다고 이야기한다. 셋 중에 가장 연비가 좋으면서 가격도 적당하기 때문이다. 그런데 이것은 어디까지나 미끼와 비교했을 때의 이야기이다. 결국 당신은 처음에 고려했던 두 모델 중에 더 비싼 차를 고르고 말았다. 그리고 참고로 영업사원이 챙기는 커미션은 차의 연비가 아닌 가격에 따라 결정된다.

어떻게 이런 일이 가능할까? 이 현상의 명칭인 '비대칭적 우위 미끼'에서 한 가지 해석을 찾을 수 있다. 미끼였던 C 모델은 A와 B 모두에 비하면 형편없는 선택지이다. 그런데 A는 C와 비교했을 때 연비와 가격이라는 가치 모두에서 더 나은 선택인(우위에 있는) 반면, B는 C와 비교했을 때 가격이라는 기준에서만 우위를 점한다. 그러므로 A가 더 우월한 선택이 되는 것이다.

또 다른 해석은 우리의 지각 방식에 조금 더 기초한다. 자동차의 가격을 비교하면, 2만 달러인 B는 2만 5,000달러인 A보다 더 우위에 있다. 그러나 C가 개입하면서 가격 비교 범위는 2만~4만 달러로 확장되었고, 이제 A와 B의 차액 5,000달러는 A와 C의 차액 1만 5,000달러와 비교했을 때 더 이상 크게 느껴지지 않는다. 갤런당 35km인 C의 연비가 A와 B의 중간 지점에 있었기 때문에 24km~40km라는 비교 범위에는 변화가 없다. 그에 따라 A와 B에서 인지된 차이 역시 동일하게 남아 있었다. 다시 한 번, A는 다른 이유로 인해 우월한 선택이 되었다.

경제시장에서 경쟁 미끼가 얼마나 손쉽게 인간 행동에 영향을 미치는지 고려했을 때, 그 영향력이 섹스시장까지 확장되는 것도 그리 놀랍지 않다. 사회심리학자 콘스탄틴 세디키데스[Constantine Sedikides]와 《상식 밖의 경제학》의 저자 댄 애리얼리[Dan Ariely]를 포함한 연구진은 학생들에게 연인의 어떤 점에서 매력을 느끼는지 묻는 설문조사를 진행했다. 이들의 실험에서 피험자들은 세 명의 남성 모델에 대한 선호도를 응답해야 했다. 실험 표적은 실제 인물이나 사진이 아니라, 각 남성을 글로 묘사한 것이었다.

3인조 중에 주인공은 항상 A와 B였다. A는 B보다 외모가 더 매력적이었고, B는 A보다 더 유머 감각이 뛰어났다. 피험자들에게는 A나 B 중 한 명에 대한 묘사와 함께 경쟁 미끼인 C의 설명이 주어졌다. 경쟁 미끼는 두 가지 변인으로 이루어져 있었다. 어떤 조합에서 미끼는 CA로 외모는 A만큼 매력적이었으나 유머 감각이 A보다 떨어졌다. 이 3인조가 주어졌을 때 참가자들은 B보다 A를 선호했다. 한편 미끼가 CB였을 때 C는 B만큼 유머 감각이 있었으나 외모적 매력이 부족했고, 피험자들의 반응은 B를 더 선호하는 것이었다. 자동차 가상 사례에서처럼 가치의 측정 기준 범위는 미끼에 의해 확장되었다. 첫 번째 경우에서 이것은 유머 감각이었고, 두 번째 경우는 외모였다. 측정 기준 범위를 확장한 결과, 해당 영역에서 월등하다고 평가되었던 남성의 표현형이 더 낮게 평가되었다.

우리가 경쟁 미끼 효과를 극대화하기 위해 배우자를 선택한다는 증거는 거의 없지만 그럴 가능성이 없는 것은 아니다. 앞에서 우리는 자신의 매력도를 높이고 싶다면 매력적인 이성을 시내에 데리고 가서 배우자 선택 복제가 마술을 부리게 하면 된다는 지침을 줬다. 혹시라도 주변에 도와주려는 매력적인 여성이 없다면, 이제 우리는 동성 친구들과도 이 마술을 부릴 수 있다는 사실을 방금 배웠다. 전략만 잘 세운다면 효과가 나타날 것이다. 이성들 사이에서 내 가장 친한 친구와 나의 매력도가 거의 비슷하다고 가정해보자. 다만 친구가 나보다 조금 더 잘생기고 유머 감각은 내가 한 수 위인 상황이다. 그렇다면 내가 세 번째 친구를 소개할 때는 그의 외모적인 매력과 유머 감각이 나와 내 친구의 특성과 비교하여 어떤 수준인지를 주도면밀하게 따져봐야 할 것이다.

배우자 선택 복제는 단번에 이해하기 쉽지만 경쟁 미끼 효과는 그저 제정신이 아닌 현상인 것만 같다. 인간에게 이런 효과가 존재한다는 건, 우리가 쓸데없이 생각이 많은 족속들이고 오히려 동물들이 더 현명하거나 합리적이라는 뜻일까? 아니면 혹시 동물들도 이 미끼에 걸려드는 걸까? 미끼 효과에 대해서라면 우리는 지금까지 동물보다 인간에게서 더 많은 것들을 알아냈다.

동물 행동에서도 제정신이 아닌 듯한 현상이 관찰되기도 하는데, 한 가지 영역은 먹이 사냥이다. 이 현상은 벌, 벌새, 회색어치에서 나타났으며, 회색어치는 그중에서도 아주 적절한 예시를 제공해주었다. 한 실험에서 연구자들은 회색어치가 가장 좋아하는 음식인 건포도를 철 망으로 된 깔때기 안에 넣고 제각각 다른 거리에 놓았다. 이 새들이 건 포도를 먹으려면 실험 공간에서 이리저리 움직여야 했다. 연구진은 56cm 거리에 있는 깔때기에는 건포도 두 알을, 28cm 거리에 있는 깔 때기에는 긴포도 한 알을 넣어두었다. 회색어치는 양이 더 많은 건포 도든 더 가까이 있는 건포도든 한쪽에 대한 선호를 나타낼 것이 분명 했고, 실험 결과 이 새가 선택한 쪽은 더 가까이에 있는 한 알의 건포 도였다.

이제 경쟁 미끼가 등장한다. 연구팀이 84cm 거리에 건포도 두 알 을 놓은 것이다. 그러자 이 새들도 역시 미끼 효과에 굴복했다. 다들 예 측했겠지만, 이제 회색어치는 56cm에 있는 건포도 두 알을 선택함으 로써 자신의 선호도에 변화가 있었음을 알렸다. 만약 당신이 회색어치 의 행동을 올바르게 예측하지 못했다면, 최소한 자동차를 사러 가기 전 에 앞의 문단들을 다시 읽어보길 바란다.

미끼 효과가 동물의 성적 미학에 영향을 줄 수 있을까? 나와 아만 다 리Amanda Lea가 수행한 퉁가라개구리 연구에서 유일한 결정적 증거가 포 착되었다. 아만다는 수년 전, 이 종에서 나타나는 세 종류의 짝짓기 음 성을 식별하고 암컷이 그에 대해 느끼는 매력도를 등급별로 분류했다. 세 가지 등급은 수컷의 음성에서 꽤 일정하게 나타나는 음향적 속성을 기초로 분류되었으며, 2장에서 소개된 선택 실험에서 같은 등급의 짝짓기 음성이 암컷들로부터 일관적인 선호 점수를 이끌어낸다는 결과가 도출되었으므로, 그 측정값을 '고정 매력도'라고 부른다. 암컷 퉁가라개구리의 선호에 영향을 주는 또 하나의 요인은 음성 속도로, 암컷들은 속도가 빠른 음성을 선호한다. 아만다는 이제 '고정 매력도'와 '음성 속도'를 가지고 다양한 조합을 만들어냈다. 더 매력적인 고정 음성과 덜 매력적인 음성 속도를 조합하거나, 정반대의 조합을 만드는 식이었다. 암컷에게 A(높은 고정 매력도-느린 속도)와 B(낮은 고정 매력도-빠른 속도) 중에 하나를 선택하게 하자, 암컷은 B에 더 높은 선호를 보였다.

여기에 아만다는 C 음성이라는 미끼를 더했다. 이 음성은 고정 매력도가 A와 유사했으나, A나 B보다 속도가 훨씬 느렸다. 암컷은 C보다 A를 선호했을 뿐 아니라 C보다 B도 선호했기 때문에, C는 열등한 대안이었다. 이제 암컷들에게 세 가지 옵션에 대한 선택권이 주어지자, 선호도는 B 음성에서 A 음성으로 바뀌었다. 물론 암컷의 선호에 이러한 변화가 있으리라는 것은 예측이 가능했다. 자동차, 남성, 회색어치의 건포도 사례에서 그랬듯, B가 A보다 우위를 점했던 측정 기준은 음성 속도였고, A와 B보다 속도가 훨씬 느린 C가 등장함으로써 선택자가 비교해야 하는 음성 속도의 범위가 크게 확장되었기 때문이다.

암컷은 갑자기 B의 음성 속도가 A의 것보다 그리 우월하다고 느끼지 않게 되었다. 그러니 우리는 '암컷 퉁가라개구리는 A와 B 음성 중에 무엇을 더 매력적으로 느끼는가?'라는 질문에 확실한 답을 내릴 수 없다. 다른 누가 함께 노래를 부르고 있는지에 따라 그들의 선호에 변덕이 일어날 수 있기 때문이다.

미끼는 심지어 진짜일 필요도 없다. 다양한 업계의 지하세계에 유령 미끼들이 도사리고 있다. 아까 그 자동차 이야기로 잠시 되돌아가보자. 영업사원이 당신에게 C 자동차를 직접 보여주는 대신, 말로 설명만 하면서 그 모델이 현재 매진되어 구할 수 없다는 이야기를 하면 어떻게 될까? 그렇게 해도 이것이 A 자동차에 대한 당신의 선택에 편향을 줄 수 있을까? 그렇다. 미끼가 있다는 사실을 아는 것만으로도 당신의 선택이 왜곡될 수 있다. 유령 미끼라는 명칭은 이런 맥락에서 만들어진 것이다. 수중에 미끼가 없더라도 같은 효과를 낼 수 있으니, 고객을 교묘하게 속이는 일은 더욱 쉬워진다.

유령 미끼는 암컷 퉁가라개구리도 속일 수 있다. 아만다는 두 번째 실험에서 음성을 내보내는 미끼인 스피커를 천장에 설치해서 암컷이 접근하지 못하게 만들었다. (퉁가라개구리는 나무에 서식하지 않기 때문에 짝을 찾기 위해 높은 곳에 오를 일이 없다.) 실험 결과는 그 전과 동일했다. 퉁가라개구리가 C 음성에 접근하지 못하더라도 지각할 수만 있다면 미끼 효과는 효력을 나타냈다.

미끼로 인한 변덕은 성적 아름다움의 인식을 포함한 인간의 다양한 영역에서 자주 일어나는 현상이다. 추측하건대, 성적 미끼로 인해 영향을 받는 것은 퉁가라개구리뿐만이 아닐 것이다. 동물왕국에서 발생하는 수많은 성적 선호의 변덕에 책임이 있다. 우리의 연구 결과로 미루어보아, 다양한 종의 구애자들이 이 효과를 사용하여 자동차 영업 사원에 버금가는 잔꾀와 속임수로 자신의 매력도를 적극적으로 조작할 것이라고 예측할 수 있다.

이 장은 우리의 미적 지각에서 일어나는 편향이 두뇌와 감각체계의 속성뿐만 아니라 아름다움의 평가가 이루어지는 심리적·사회적 맥락에 의해서도 형성될 수 있다는 사실을 보여주었다. 모든 편향은 그 출처가 어디든 새로운 형질에 의해 드러나기까지 숨겨져 있던 선호를 발동시키는 원인이 될 수 있다. 나는 지속적으로 숨겨진 선호에 대해 언급을 해왔다. 다음 장에서 우리는 최근에야 인정받기 시작했으며, 성적 아름다움의 진화에 아주 중요한 역할을 한 이 영향력을 더욱 철저하게 파헤쳐보도록 하겠다.

A Taste *for the* Beautiful

8

바비인형
(barbie doll)

# 숨겨진 성적 선호와
# 포르노토피아

우리가 알고 있다고 인지하는 것이 있고,
모르고 있다고 인지하는 것이 있다.
그러나 거기에 더해, 우리의 미지를 인지하지 못하는 것,
즉 우리가 모르고 있다는 사실조차도 모르는 영역이 역시 존재한다.

- 도널드 럼스펠드 -

이 발언은 미 국방부 장관 도널드 럼스펠드가 이라크 대량살상무기의 존재를 입증할 증거물이 부족하다는 질문에 내어놓은 답변이다. 여기서 증거는 미국의 이라크 침공을 정당화기 위해 제시되었던 '알고 있다고 알려진 것'을 뜻했다. 언론은 이를 더 깊게 파고들었고 그러한 증거가 존재하지 않다는 것을 알아냈지만, 정부의 변명은 무기가 없다는 사실을 몰랐다는 것을 몰랐다는 것이었다… 또는 비슷한 취지의 이야기였을 것이다.

우리 인생은 존재조차 몰랐던 영역을 발견하는 일들로 가득 차 있다. 그 과정에서 우리는 미지의 대상을 좋아한다는 사실을 깨닫기도 한다. 닥터 수스[Dr. Seuss]의 어린이 고전 동화 《초록 달걀과 햄》에서 샘은 자신이 한 번도 먹어보지 못한 초록 달걀과 햄이 얼마나 싫은지를 169줄에 걸쳐 고통스러울 정도로 자세하게 설명한다. '여기서든 저기서든 난 그것이 싫어. 어디엘 가서도 싫을 거야. 나는 초록 달걀과 햄이 싫어. 나는 걔네가 싫다니까, 난 샘이야.' 친구들의 구슬림에 넘어가 결국 계란과 햄을 맛본 샘은 실제로는 그것이 맛있다는 사실을 깨닫는다. 샘에게는 숨겨진 선호가 있었고, 적당한 자극이 이것을 끄집어내기 전까지 이 선호는 레이더망 밖에 머무르고 있었던 것이다.

성적 아름다움을 지닌 형질은 선택자들의 선호를 이끌어낼 수 있을 때만 진화가 가능하다. 그러므로 자연에서 발견되는 다양한 형질에는 항상 그에 상응하는 반대 성별로부터의 선호가 함께 따라다닌다. 아름다움은 감상자의 뇌에 있다고 했으니 이는 전혀 놀라운 일이 아니다. 아름다운 형질은 누군가 그것을 아름답다고 느낄 때만 진화할 수 있는 것이다. 하지만 형질과 선호, 곧 '소유자의 아름다움'과 '감상자의 미학' 사이의 부합 관계는 어떻게 발생된 것일까?

이 책의 상당 부분에서 우리는 선택자들에게 어떤 선호가 내재되어 있으나 구애자들이 그것을 이끌어낼 형질을 아직 발달시키지 못했던 사례들을 접했다. 구애자들이 돌연변이나 학습과정을 통해 새로운 형질을 탄생시켰을 때, 선택자들의 숨겨졌던 선호가 표면으로 드러날 수 있었다.

3장에서 다룬 소드테일과 플래티 물고기의 사례가 가장 전형적이다. 본래 그런 형질이 없었던 플래티 수컷들에게 가짜 검이 주어지자, 새로운 형질을 부여받은 수컷들은 갑자기 암컷의 눈에 더 매력적인 이성이 되었다. 이 실험은 소드테일의 검이 진화된 과정을 그대로 반복하는 것 같다. 플래티와 소드테일의 공동 조상에게 검에 대한 선호는 아마도 더 큰 몸집에 대한 선호로서 내재되어 있었고, 수컷 소드테일은 이 선호를 이용하기 위해 몸 전체가 아닌 검만을 발달시키는 에너지 효율적인 전략을 사용했다. 당시에는 실험적 조작이 아닌 유전자 변이로서 수컷 소드테일에 검이 생겼으며, 검에 대한 숨겨진 선호가 있었던 암컷들은 즉각적으로 새롭게 검이 생긴 수컷에 매력을 느낄 수 있었다.

이 장에서 나는 형질과 선호가 한 쌍의 짝을 이루는 자세한 과정을 더욱 심도 있게 다루고, 비교적 최근에 등장한 가설인 숨겨진 선호 및 그의 이용에 대해 조금 더 숙고해보려고 한다. 3장에서 간략하게 이를 언급했으나, 여기서는 그 세부 사항과 그 안에서 확인되는 미묘한 차이들에 대해 탐구해볼 것이다.

## 성적 선호가 발달하는 3가지 방법

아름다운 형질과 그를 선호하는 미학이 짝을 이루어 진화하는 방식에는 세 가지가 있다. 우선 기존의 형질이 선택자에게 이익을 가져다준다면 선택자들은 그에 대한 선호를 진화시킬 수 있다. 또한 형질과 선호가 동시에 진화하는 일도 가능하다. 마지막으로 어떤 형질이 진화되었을 때, 그것이 숨겨진 선호를 이용함으로써 즉각적으로 아름답다고 인식되는 경우도 있다. 이 세 가지 가능성에 대해 자세히 알아보도록 하자.

어떤 선호가 올바른 구애자에 대한 욕구를 일으킴으로써 선택자의 번식능력을 강화시킬 수 있다면, 그 선호는 진화의 길을 걷게 될 것이다. 수정 가능하며 병약하지 않고 자손에 대한 자원과 보살핌을 제공하는 등 배우자감에게 요구되는 자질을 고려한 선호는 더 많은 자손을 번식시킬 것이 분명하므로 진화될 공산이 크다.

선호가 이러한 방식으로 진화된 사례는 수도 없이 많다. 예를 들어 새의 깃털 색깔이 어떻게 진화했을지 생각해보자. 붉은날개검은새 개체군이 하나 있다. 매년 봄이 되면 북아메리카 습지 곳곳에는 수컷의 지저귀는 소리가 음악처럼 울러 퍼진다. 그들은 갈대에 앉아 암컷에게 선명한 붉은 빛의 견장을 내비치며 자신의 매력을 어필한다. 그런데 현실 세계에서 종종 그러듯, 검은새의 또 다른 종인 노랑머리검은새들이 습지에 와서 그곳에 공동으로 서식하기 시작한다고 상상해보자.

두 종을 구분하는 몇 가지 방법이 있지만 암컷 붉은날개검은새들이 가장 신뢰할 수 있는 방법은 날개의 붉은 견장을 찾는 것이다. 그렇다면 이 시나리오에서는 검은새 두 종을 분간시키는 붉은 견장의 형질에 대해 선호가 없는 암컷보다 붉은 견장이 있는 수컷하고만 짝짓기를 하는 붉은남개검은새 암컷이 자연의 선택을 받을 확률이 높다. 분별력이 없는 암컷 붉은날개검은새는 무작위로 배우자감을 고르고 올바르지 못한 종과 짝짓기하는 실수를 자주 범할 것이다. 게다가 견장의 색이 가장 선명하게 붉은 수컷을 선호하는 암컷들은 노랑머리검은새와 가장 다를 확률이 높은 수컷을 선택하는 셈이기 때문에, 자연은 그런 선호를 가진 암컷을 선택할 것이다. 붉은날개검은새들에게서 나타난 붉은색에 대한 열린 결말 선호는 3장에서 소개되었듯 금화조가 부리 색깔이 가장 주홍빛인, 즉 자신과 가장 다르게 생긴 암컷을 선호했던 사례와 유사하다. 이것이 바로 진화를 통해 특정 형질에 대한 선호가 형성되는 첫 번째 방법이며, 여기서는 동종 수컷과의 짝짓기를 가장 잘 보장할 수 있는 형질을 위해서 선호가 진화된 것이다.

이제 또 다른 불청객이 습지를 찾는다고 가정해보자. 이번에는 다른 종의 새가 아닌 새에 기생하는 기생충인 새이가 이곳을 방문했다. 어떤 수컷들은 새이에 저항할 수 있는 유전자를 가지고 있다. 그러나 이 유전적 저항력을 타고나지 못한 수컷들은 새이에 감염되어 병약해질 것이며, 결과적으로 영토를 지키는 능력이 저하될 것이다. 이런 허약한 수컷은 이상적인 배우자감이 아니며, 수컷들은 그 사실을 숨길 수 없다. 새이는 수컷의 선명한 붉은 견장을 흐릿하게 바래게 만듦으로써 주홍글씨와도 같이 개체군 내에 수컷의 감염 사실을 빠르게 알리기 때문이다. 그리하여 이번에도 비슷한 결과가 나타난다. 날개의 붉은 견장이 가장 선명한, 즉 가장 건강한 수컷을 고르는 암컷이 또 다시 자연의 선택을 받을 것이다.

이렇게 분별력을 갖춘 암컷은 자신의 배우자 선택에서 여러 가지 이득을 거두어드릴 수 있다. 우선 올바른 종의 수컷과 수정을 할 수 있고, 암컷과 자손에게 더 품질 높은 자원을 제공할 수 있는 배우자를 만날 수 있다. 또한 교미를 통해 기생충을 전염시킬지도 모르는 수컷을 피하고, 기생충 저항 유전자를 자손에게 물려줄 수도 있을 것이다.

앞서 설명한 사례에서 암컷의 선택은 오로지 수컷의 성적 형질인 붉은 견장을 토대로 이루어졌다. 암컷은 수컷의 유전자를 직접 눈으로 보고 그의 기생충 저항력을 판단할 수 없다. 그러나 그 유전자는 선명한 색상의 원인이 되기 때문에 암컷은 자손들에게 기생충 저항 유전자를 물려줄 수 있다는 이익을 얻게 된다. 그러므로 선명한 색상은 암컷에 의해 직접적인 선호를 얻어, 직접선택작용을 통해 진화하는 것이다. 한편 기생충 저항 유전자는 직접선택작용의 결과물인 선명한 색상을 통해 그 관련성이 간접적으로 확인되므로, 간접선택작용을 통해 진화한다고 분류할 수 있다. 그 말인즉슨, 기생충 저항 유전자가 선명한 색상을 유발하는 유전자 세대에 무임승차한다는 뜻이다. 이 사례에서는 암컷이 배우자 선택에서 어떤 형질(유전자 저항)을 직접적인 목표로 삼지 않았음에도 불구하고 그들에게 유익을 가져다줄 형질과 관련된 선호가 형성될 수 있었다.

수컷의 여러 형질이 서로 관련성을 맺으며 함께 진화하는 것뿐 아니라, 선호와 형질이 동시에 진화하는 것도 가능하다. 견장 색상의 선명도와 기생충 저항 유전자에 연관성이 나타난 검은새 사례도 되돌아가보자. 선명한 색상의 수컷을 향한 선호가 암컷의 번식 성공률에 직접적인 도움을 주지 못한다고 가정해보자. 이런 일은 야생에서 실제로 일어나기도 한다. 암컷 붉은날개검은새는 배우자가 누가 됐든 거의 항상 3~4개의 알을 낳는다. 그런데 암컷이 생존에 유리한 기생충 저항 유전자를 자손에게 물려줄 수 있다면 새끼들이 성년기에 도달할 확률은 더 높아질 것이다. 어른새가 된 이 자손들은 아빠로부터 기생충 저항 유전자를 물려받았음은 물론, 엄마로부터 빨간 견장을 선호하는 유전자를 함께 물려받게 된다. 다음 세대에서 이 두 유전자가 나타나는 빈도는 더욱 잦아질 것이다. 이것이 바로 선호와 형질이 공진화할 수 있는 한 가지 방식이다. 여기서 선호가 진화될 수 있었던 배경은 직접선택 때문이 아니라, 생존 유전자 및 붉은 색상 유전자와 선호가 서로 연관성을 지녔기 때문이다. 우수한 유전자와 '우수 유전자'에 대한 선호가 공진화한다는 주장은 상당히 설득력 있게 들린다. 그러나 이를 뒷받침하는 사례의 개수는 지난 40년간 관련 연구에 쏟아 부은 노력에 비해 그리 많지 않다.

로널드 피셔Ronald Fisher의 도움을 받아 간접선택이 일어날 수 있는 또 다른 방법을 이해할 수 있을 것이다. 로널드 피셔가 어떤 통계학자인지 묻는다면, 사람들은 그가 20세기 가장 위대한 통계학자 중 한 명이며 분산분석이나 피셔 정확검정 등에 중요한 공헌을 한 인물이라고 답할 것이다. 그런데 진화학 분야에서 피셔의 공헌이 무엇인가라는 질문을 받는다면, 사람들은 머릿속이 새하얘질지도 모른다. 이와 비슷하게, 대부분의 진화생물학자들은 성비 이론, 선택 분석, 자연선택의 기본정리를 알고 있지만, 자신이 진화생물학자로서의 연구 경력 전반에서 피셔의 통계 도구들을 사용해왔다는 것은 잘 알지 못한다.

비범한 통찰력을 지녔던 피셔의 가장 예리한 통찰 중 하나는 폭주성선택 이론이라 할 수 있다. 때로는 '섹시한 아들 가설'이라고 불리기도 하는 이 이론은 간접선택을 통해 선호가 진화될 수 있는 또 하나의 방식을 제시한다.

지난 사례에서 우리는 붉은 견장과 기생충 저항 유전자가 어떻게 공진화할 수 있는지 살펴보았다. 폭주 성선택도 비슷한 방식으로 이루어진다. 차이점은 붉은색에 대한 암컷의 선호가 수컷의 '섹시한' 붉은 견장과 상관관계를 맺게 된다는 부분이다. 이 관계성으로 인해 붉은 견장을 선호하는 암컷의 숫자가 늘어날수록 개체군에서 붉은 견장의 진화는 더 가속화되며, 그것은 다시 붉은 견장에 대한 암컷의 선호를 가속화시키는 원인이 될 것이다. 섹시한 붉은 견장을 가진 수컷의 자손들은 붉은 견장을 만드는 유전자와 그것을 선호하게 만드는 유전자를 모두 지니고 있다. 이것은 또 다른 유전적 무임승차의 사례로 개체군 내 존속하는 유전자 개수를 증가시키지 않으면서 선호와 형질의 동시적 진화를 가능하게 한다.

'우월한 유전자'에 대한 선호의 진화 사례와 마찬가지로 피셔의 폭주 성선택 가설의 기본 논리는 강력하지만, 이것이 성적 아름다움 및 그 선호의 진화에 있어 중요한 동력이었다는 견해를 뒷받침하는 실험 연구는 많지 않다. 1930년 피셔는 저서 《자연선택의 유전적 이론》에서 이 아이디어를 제시했지만, 반세기 후가 되어서야 러셀 란데Russell Lande와 마크 커크패트릭이 수학적으로 그의 아이디어를 검증하였다.

성적 아름다움과 선호의 진화에 대한 피셔의 통찰력이 자연계에 남긴 발자국을 추적해가는 과정에서 수많은 연구의 장을 마련할 수 있었다. 이제 대눈파리 연구라는 훌륭한 사례를 통해 이 과정이 실제로 자연에서 발생하고 있다는 사실이 입증되었다. 이 중요한 연구에 따르면 대눈파리의 자루 길이는 자연의 선택을 받으나, 긴 자루에 대한 선호가 독립적으로 선택을 받지는 않는다. 그럼에도 불구하고 자루 길이를 결정하는 유전자와 자루 길이에 대한 선호를 책임지는 유전자는 함께 자손에게 물려진다.

이제 우리는 성적 아름다움과 성적 미학의 조합을 발생시킬 수 있는 마지막 시나리오를 살펴볼 것이다. 구애자가 선택자의 숨겨진 선호를 이용하는 형질을 진화시키는 과정이다. 아직 검은새들이 붉은 견장을 진화시키지 못했던 과거로 한번 돌아가 보자. 붉은 견장을 발달시키는 돌연변이가 이따금씩 일어나지만, 아직까지는 그런 특성에 대한 선호가 형성되지 않은 상태이다. 이 형질은 포식자로 하여금 더 쉽게 수컷을 포착하게 만들기 때문에 오히려 비용이 수반된다. 이 모든 비용에도 편익이 없다면 이 돌연변이는 빠르게 모습을 감출 것이다. 그런데 습지 도처에서 흔히 볼 수 있는 갈색 벌레가 아닌 선명한 붉은 벌레 종이 새롭게 등장함으로써 엄청나게 영양이 풍부한 새로운 식량원이 나타났다고 상상해보자. 이제는 이 선명한 붉은 빛의 벌레를 더 잘 찾는 검은새가 자연의 선택을 받을 것이다. 그 뒤에 붉은 견장을 진화시킨 수컷들은 붉은색 표식에 민감하게 반응하는 암컷들의 주의를 곧바로 집중시킬 수 있을 것이다.

눈에 잘 띄는 것은 배우자를 얻기 위한 첫걸음이기도 하지만, 한편으로는 먹이가 되는 지름길이기도 하다. 확률적으로 배우자 획득이라는 측면에서 이점이 크다면, 이 눈에 띄는 성적 돌연변이는 그에 따르는 위험에도 불구하고 개체군 내에서 선택을 받을 것이다. 검은새와 붉은 벌레 시나리오는 단지 가상 사례일 뿐이지만, 실제 동물 연구를 통해서 이것이 불가능한 시나리오가 아니라는 사실을 유추할 수 있다.

7장에서 나는 구피의 배우자 선택 복제를 소개하면서 암컷이 더 주홍빛이 나는 수컷을 선호한다는 사실을 언급했다. 암컷마다 이 색의 매력을 보는 관점은 다르다. 트리니다드 개울에 서식하는 구피의 경우, 개체군에 따라 주황색에 대한 암컷의 선호 강도나 수컷의 몸에 주황빛이 나타나는 정도에 차이를 나타냈다. 그 이유는 물고기가 서식하는 수중 환경 때문이다. 주황색이 더 많이 도는 수컷이 서식하는 강의 암컷들은 주황색에 대한 선호도가 더 강하며, 색상이 조금 더 흐릿한 수컷들이 서식하는 강에서 암컷의 주황색 선호도는 비교적 약하다. 하지만 무엇이 이러한 선호의 차이를 발생시켰을까? 주황색을 향한 성적 미학의 기틀은 무엇이었을까?

헬렌 로드Helen Rodd와 동료들은 구피가 주황색 과일을 자주 먹는다는 사실에 주목하고, 주황색 수컷에 대한 선호는 먹이에 대한 선호에서 비롯되었을 것이라는 주장을 제기했다. 암컷이 수컷을 과일로 착각하고 속아 넘어간다는 뜻은 아니다. 연구자들은 암컷의 먹이 선호가 배우자 선호로 번져나가는 게슈탈트<sup>gestalt</sup>* 이끌림이 발생된다는 가설을 세웠다. 그들은 여러 색상의 포커칩을 수컷과 암컷의 어항에 넣고 이 가설을 테스트했다. 구피는 서로 다른 개체군 출신이었으므로 수컷의 몸에 나타나는 주황색 색상에 대한 암컷의 선호 강도도 모두 상이했다. 조금은 놀라울 수 있겠지만, 암수 모두가 주황색의 포커칩을 살펴보는 데 들인 시간을 바탕으로 각 개체군에서 주황색 구애 색상에 대한 암컷의 선호 강도를 예측할 수 있었다. 결론적으로 수컷이 주황 색상을 진화시킨 목적은 먹이 사냥 영역을 위해 진화된 주황색에 대한 보편적 이끌림을 이용하기 위한 것이었다. 그러나 어떤 이들은 원인과 결과의 방향성이 정반대였을 가능성은 없는지 의문을 제기할 수도 있을 것이다. 암컷이 주황 색상의 수컷에 대한 선호를 먼저 진화시켰고, 그로 인해 주황색 과일에 대한 취향이 만들어진 것은 아닐까?

존 엔들러와 젬마 콜<sup>Gemma Cole</sup>은 이 진화적 시나리오를 실험실에서 재구성함으로써 논란을 종식시켰다. 엔들러와 콜의 접근법은 구피가 특정 색상의 음식을 선호하도록 인공적 선택작용을 유도하고, 이것이 진화적으로 수컷의 색상 변화라는 결과로 이어질지 확인하는 것이었다. 이들은 구피를 서로 다른 그룹으로 분류하고 각각의 그룹별로 파랑이

---

\* 어떤 개체가 입력된 시각 정보를 수정 및 보강해서 조직화하면서 지각하는 현상

나 빨강 색상의 모조 먹이를 제공했다. 이제 이 물고기들에게는 먹이 색상에 대한 선호가 형성되었고, 두 그룹의 다음 세대들은 선호하는 먹이 색상이 빨강 대 파랑으로 갈라졌다. 로드의 연구대로라면 이 먹이 선호로 인해 그와 연관된 수컷 색상에 대한 선호도 함께 변화할 것이라는 예측이 가능했다. 그런데 실제로 이 일이 일어나는 것 같았다.

여러 세대에 걸쳐 먹이 선호가 진화하면서 수컷에게 나타나는 주황 색상의 정도 역시 달라졌다. 빨간색 먹이를 선호하도록 선택된 라인에서는 주황 색상이 더 증가되었고, 파란색 먹이를 선호하도록 선택된 라인에서는 주황 색상이 줄어들었다. 물론 수컷들의 유전자적 제한으로 이들이 실제로 빨강이나 파랑 색깔로 변하는 일은 불가능했다. 그러나 주황과 빨강은 아주 유사한 패턴으로 광수용체를 자극하는 반면, 파랑의 자극 패턴은 아주 다른 편이다. 이 실험에서 수컷의 색상 변화를 일으킬 수 있었던 유일한 작인은 암컷의 선호임이 틀림없었다. 이 실험 결과로써 '주황색 과일에 대한 먹이 선호로 인해 같은 색상의 수컷에 대한 짝짓기 선호가 발생했다'는 로드와 동료들의 해석이 옳았다고 입증된 듯하다.

성적 아름다움과 그에 대한 선호를 주시하는 우리는 사실, 수천 년 동안 진화해온 생명나무의 긴 나뭇가지 끝 부분에 불과한 현재만을 보고 있을 뿐이다. 방금 소개한 종류의 주도면밀한 실험에서 얻은 정보들 없이, 먼 과거에 아름다움과 선호가 짝을 이루게 된 과정을 실제로 엿

볼 수 있는 방법은 존재하지 않을 것이다. 형질과 선호 사이에 놓여 있는 인과관계의 화살표는 어느 방향이든 가리킬 수 있으며, 어떤 경우에는 심지어 양방향 모두를 가리킬 수도 있다. 이 세 종류의 진화과정은 아주 다른 이유들로 인해 모두 같은 종점에 도달할 수 있다.

## 숨겨진 선호는 비용보다 편익을 가져다준다

섹스시장에서 공짜란 없다. 형질과 선호가 어떤 과정으로 진화하든 비용과 편익이 모두 따른다. 그들의 유산을 결정하는 것은 비용편익비율과 시간의 흐름에 따른 변화이다. 숨겨진 선호에 대한 감각 이용이라는 관점에서 비용편익비율을 고려한다면, 이것은 아주 손쉽게 촉발시킬 수 있는 과정임이 분명하다. 이 주장에 대해 논거를 제시해보도록 하겠다.

성적 매력을 발산하는 형질의 전형적인 특징 하나는 값비싸다는 것이다. 공작의 현란한 꽁지든 구피의 밝은 색상이든, 이 형질을 만들어내기 위해서는 더 많은 에너지가 필요할 뿐더러 유지하는 데 시간도 더 많이 들고, 다른 유형의 형질보다 포식자의 눈에 띄기도 쉽다. 검은 새가 진화시킨 붉은 견장 사례에서 붉은 견장을 만든 돌연변이가 포식자에게만 매력적일 뿐 암컷의 주의를 이끌지 못했다면 개체군 내에서 빠르게 사라졌을지도 모른다. 예상컨대 이런 일은 자주 일어날 것이다. 돌연변이로 인해 뚜렷한 성적 형질이 생겨나지만, 또 다른 돌연변이가 일어나 그 형질을 매력적이며 유익하다고 판단하는 선호가 형성되기를 기다리는 도중에 소멸되고 마는 것이다. 그러나 숨겨진 선호가 존재하는 상황에서는 이야기가 달라진다. 붉은 견장 같은 형질이 나타나서 동일한 비용을 발생시킬지라도, 그것을 선호하는 돌변변이가 발생할 때까지 기다려야 하는 위험부담이 없기 때문이다. 그전까지 숨겨져 있었던 선호는 겉으로 드러나 선택자로 하여금 즉각적 이익을 거둬드릴 수 있게 해준다. 그러므로 매력적인 형질에 대해 동일하게 돌연변이가 일어났다 하더라도, 숨겨진 선호가 이미 존재하고 있을 때 진화할 확률은 더 높아질 수밖에 없다.

숨겨진 선호가 성적인 형질의 진화에 영향을 끼친다면, 숨겨진 선호의 진화는 어디에서 발생되는 것일까? 출처는 많다. 숨겨진 선호는 다른 영역의 감각·지각·인지 체계에 근거한 선택작용에서 만들어지기도 한다. 4장의 구피, 망상어, 바우어새의 먹이 관련 색상 선호의 사례처럼, 먹이 사냥 영역에 필요한 감각체계의 선택작용으로 인해 수컷의 구애 색상에 대한 숨겨진 선호가 나타날 수 있다. 또한 올바르게 종을 구분하게 만드는 선택작용도 숨겨진 선호의 출처가 될 수 있는데, 3장에서 금화조가 정점이동 현상을 통해 숨겨진 선호를 만든 과정이 이에 잘 들어맞는 사례가 될 것이다.

대부분의 사례에서 우리는 숨겨진 선호가 본래 주변 세계에 대한 적응적 반응으로 나타났으며, 진화와 선택작용에 따른 직접적 결과가 아니라 우연히 미적 지각에 영향을 일으켰을 것이라고 생각한다.

숨겨진 선호는 거의 항상 다른 영역의 적응적 이점과 연관성을 지닌다. 그러므로 우리가 진화적 비용과 숨겨진 선호의 편익을 계산하려면, 이것이 선택자의 짝짓기 성공률에 어떤 효과를 가져다주는지 확인하는 것 이상으로, 선택자의 적합도에 영향을 주는 다른 영역에서의 기능과 어떤 관련이 있는지도 함께 고려해야만 한다. 구피로 돌아가서, 주황색이 더 많이 나타나는 수컷에게 기생충이 더 쉽게 달라붙는다고 상상해보자. 주황색이 더 많이 도는 수컷을 선택한 암컷은 그렇지 않은 수컷을 선택했을 때보다 기생충에 감염될 가능성이 더 많다. 만약 암컷이 더 주황빛인 수컷을 선택함으로써 다른 편익을 얻을 수 없다면, 우리는 주황빛이 강하게 도는 수컷을 향해 숨겨진 선호가 드러나는 것이 비용만 있고 편익은 없는 부적응적 현상이라고 속단할지도 모른다. 또한 선호로부터 아무런 이득을 발생시키지 않는 새로운 성적 형질과 유사하게, 새롭게 표면으로 드러났으나 편익 없이 비용만 발생시키는 숨겨진 선호는 소멸될 것이다.

그러나 먹이와 배우자감의 색상 선호가 불가분하게 연결된 상태에서 적합도에 대한 비용과 숨겨진 선호의 편익을 공정하게 계산하려면, 먹이 사냥 영역에서 주황색을 향한 편향이 가져다주는 이점을 함께 고려하는 것이 필요하다. 이것은 3장에서 난과 짝짓기를 시도하던 난초벌의 행동을 연상시킨다. 식물과 섹스를 하려는 벌의 행동은 배우자 물색 전략이라는 맥락을 고려하기 전까지는 순전히 어리석고 부적응적인 성도착적 행위로만 여겨질 가능성이 다분하다. 그러나 암벌을 만날 기회가 적은 수벌에게는 너무 엄격한 기준을 들이대서 진짜 암벌을 놓치는 것보다 지나치게 열정적으로 짝짓기를 시도하고, 그 과정에서 심지어 꽃과의 짝짓기를 시도하는 것이 더 나은 선택이 될 것이다.

우리가 숨겨진 선호를 이용하는 형질이라는 관점에서 구애 행동의 진화를 추적하다 보면 이런 성향이 부적응적인 것은 아니냐는 의구심이 여전히 생길 수도 있다. 그러나 실제로 그런 경우는 거의 없다. 오히려 숨겨진 선호는 일단 드러난 후에는 선택자에게 비용보다는 편익을 가져다준다. 어떻게 그럴 수 있을까?

숨겨진 선호는 선택자들의 배우자 물색 비용을 낮춰줄 수 있을 것이다. 구애자들이 이런 선호를 이용하는 이유는 보통 선택자들의 주의를 더 잘 이끌기 위해서이다. 구피, 망상어, 농게에서는 눈에 더욱 잘 보이는 것이고 개구리나 곤충, 명금류에서는 귀에 더욱 잘 들리는 것이다. 농게의 사례에서 수컷은 암컷이 자신을 더 잘 볼 수 있도록 굴 옆에 기둥을 세우는데, 그것은 이 게의 시력이 지면에서 수직으로 튀어나와 있는 대상에 특히 민감하게 반응하기 때문이다. 이 기둥은 수컷의 성적 표현형을 확장시킬 뿐 아니라, 암컷이 포식자를 피해 숨을 곳을 알리기도 한다.

감각 이용을 쓰는 수컷들은 더 쉽게 탐지되기만 하는 것은 아니다. 이들의 성적 형질 덕분에 짝짓기 결정이 빨라지고 신호가 더 오래 기억에 남을 수도 있다. 암컷 퉁가라개구리는 단순음성 사이에서 선택할 때보다, 단순음성과 복합음성 사이에서 선택을 내릴 때 더 빠른 짝짓기 결정을 내릴 수 있다. 또한 암컷들은 퉁 소리 하나 또는 퉁에 그륵 소리가 한 번 더해진 음성보다는 퉁 소리에 그륵 소리가 여러 번 더해졌을 때 음원의 위치를 더 잘 기억할 수 있다. 나와 동료 몰리 커밍스는 최근 수컷이 숨겨진 선호를 이용하기 위해 성적 형질을 진화시킨 수백 가지 사례를 검토했는데, 이러한 신호는 배우자 물색에 방해가 되기보다 도움이 되어 그에 들어가는 시간을 단축시키는 경우가 거의 대부분이었다.

섹스시장은 위험한 장소지만 누구도 피할 수는 없다. 이곳은 짝을 구할 수 있는 유일한 장소이면서, 먹이를 쇼핑하는 포식자와 숙주를 찾는 기생동물이 넘쳐나는 곳이기도 하다. 섹스 고객이 더 빨리 자리를 뜰수록 자신이 쇼핑을 당할 확률도 줄어들 것이다. 그러니 숨겨진 선호가 이용당하는 것은 그리 나쁜 일이 아니며 대체로 좋은 일에 더 가까울 것이다.

나는 숨겨진 선호를 이용하기 위해 진화된 형질 몇 가지를 언급했다. 특히 나를 흥미롭게 만든 것은 특정 형질에 대한 숨겨진 선호가 해당 종과 근연종에게 내재되어 있다가 진화과정이 아닌 연구자들에 의해 드러나게 된 사례들이다. 이들을 통해 우리는 언제라도 구애자에 의해 이용당할 준비가 된 숨겨진 선호가 동물계 곳곳에 존재할 수 있다는 추측을 해볼 수 있다. 선택자의 뇌가 그토록 창의적으로 성적 아름다움의 진화를 주도할 수 있는 이유는 이러한 선호의 불안정성 덕분이다.

조류학자 낸시 벌리<sup>Nancy Burley</sup>는 일찍이 숨겨진 선호에 관한 예리한 실험을 수행했다. 연구자들은 새장 속에 뒤섞여 있는 새들을 잘 분간하기가 어렵기 때문에, 이에 대한 해결책으로 새의 다리에 서로 다른 색의 밴드를 묶어두어 직접 만지지 않고도 새들을 분간해낸다. 그런데 벌리는 금화조의 암수 모두가 이성에게서 느끼는 성적 매력이 밴드로부터 영향을 받을 수 있다는 사실을 깨닫고 깜짝 놀라고 말았다. 야생 금화조의 다리에는 밴드가 없었으니 그럴 만도 했다. 수컷들은 검정과 핑크 색상의 밴드가 묶인 암컷에 더 매력을 느꼈고, 하늘색이나 연두색 밴드를 한 암컷은 인기가 없었다. 한편 암컷들은 빨간 밴드를 한 수컷을 선호했으며 하늘색이나 연두색 밴드를 한 수컷을 기피했다.

벌리의 연구는 숨겨진 선호 분야의 초기 연구에 새로운 관점을 제시한 것 외에도, 밴드의 사용이 실험실 조류의 짝짓기 성공 연구에서 다른 결과를 도출시키는 변수가 될 수도 있다는 사실을 드러냈다는 점에서 큰 의의를 지닌다. 벌리는 실험을 통해 계속해서 변수의 범위를 넓혀나갔다. 그녀는 '파티 모자'처럼 생긴 장식물로 수컷 금정조를 꾸며주었다. 어떤 새들은 머리에 가늘고 긴 관모를 가지고 있지만 금정조 120종에게는 모두 관모가 없다. 그러나 벌리가 금정조 두 종의 수컷 머리 위에 가늘고 긴 깃털을 붙여놓자, 인간에게는 그 모습이 우스꽝스러웠을지 몰라도 암컷들은 이 수컷들이 평범한 수컷들보다 더욱 성적 매력을 지녔다고 평가했다.

다른 연구자들도 암컷의 숨겨진 선호를 찾기 위해 수컷에게 새로운 형질을 더하는 접근법을 시도했다. 한때 생물학적 방제제로서 각광을 받아 전 세계적으로 도입되었던 이력이 있는 모기고기는 이름에서 연상할 수 있듯 모기 유충을 먹이로 삼기도 한다. 호주 당국은 수수두꺼비 사례를 포함한 각종 생물학적 방제 노력이 실패로 돌아가면서 곤욕을 치른 것으로 악명이 높은데, 모기고기의 도입에서도 실패를 맛봐야 했다. 모기고기가 야생에 있는 여타 모기 천적들보다 더 왕성하게 번식하며 그들의 멸종을 초래했기 때문이다. 이제 호주나 뉴질랜드에서 모기고기는 수수두꺼비처럼 해충으로 간주되고 있다.

이 물고기에게서는 화려한 색상이나 흥미로운 특징을 찾을 수 없다. 수컷은 몸길이가 불과 몇 센티미터밖에 되지 않으며, 뚜렷한 구애 형질이나 과시 행동도 없다. 수컷은 고노포디움이라는 생식 기관을 이용하여 수정을 하는데, 이것의 기능은 음경과 비슷하지만 그 외에는 비슷한 구석이 없다. 고노포디움은 표면에 홈이 있는 긴 지느러미가 변형되어 만들어진 기관이며, 이것을 암컷에게 삽입하면 정자가 홈을 타고 내려오면서 암컷의 몸에 들어가게 된다. 수컷은 고노포디움을 제외하고 섹스에 거의 투자를 하지 않아서, 구피의 현란한 색상이나 소드테일의 검과 같은 성적 장식물이 결여되어있다. 하지만 그런 것이 생긴다면 어떻게 될까?

이것은 동물행동학자 짐 구드<sup>Jim Gould</sup>와 동료들이 던진 질문이었다. 이들은 29차례의 개별 실험에서 암컷에게 아주 다양한 방식으로 조작된 수컷 모기고기 본보기를 선보였다. 연구진은 그들의 꼬리지느러미를 길게 늘이거나, 상어 같은 등지느러미를 달아주거나, 검을 붙여주거나, 검게 만들거나, 반점을 만들거나, 하얗게 바래게 만들었다. 그 결과 암컷들은 거의 매번 새롭고 기이한 형질의 수컷을 선호하는 경향을 나타냈다. 실제 수컷들은 성적 매력을 높이는 데 보수적이었을지 몰라도, 암컷들은 전혀 보수적이지 않은 파격적인 성적 매력을 갈망하고 있었던 것이다. 암컷들의 내면 깊숙이 레이더망이 닿지 않는 곳에는 숨겨진 선호가 가득한 것이 분명했다.

퉁가라개구리 사례도 유사했다. 수컷 퉁가라개구리는 자신의 매력도를 500% 증가시키는 말도 안 되게 매력적인 그륵그륵 소리를 발달시킴으로써 가까운 친척들을 앞질렀다. 그러나 이로써 암컷들의 음향적인 욕구가 모두 충족된 것은 아니었다. 우리는 구드의 것과 유사한 실험을 31차례 진행하면서, 그륵그륵 소리를 백색소음이나 다른 종의 음성, 그리고 심지어 종소리나 휘파람 소리로 대체시키는 등의 다양한 방식으로 수컷의 음성을 조작해보았다. 또한 구드가 그랬듯, 우리 역시 놀랍도록 들쭉날쭉한 암컷의 선호 성향을 확인할 수 있었다. 암컷들은 종소리나 휘파람 소리를 포함한 여러 가지 음향 장비를 통해 만들어낸 다양한 소리에 호감을 드러냈다. 수컷이 진화시킨 그륵 소리는 운 좋게도 암컷의 숨겨진 선호를 이용할 수 있었다. 그러나 우리는 이제 이 음성만이 대체 불가한 매력을 지닌 것은 아니라는 사실을 안다. 수많은 다른 소리도 같은 효과를 불러올 수 있었으니, 그륵그륵 소리의 행운이라면 그저 제일 먼저였다는 것을 들 수 있겠다.

성적 아름다움의 진화는 화가가 캔버스에 물감으로 실험을 하거나 음악가가 박자와 코드의 새로운 조합을 시도하는 과정과 닮아 있다. 이들은 감상자의 심미관을 진정으로 만족시킬 무언가를 추구하고 있으며 아주 창의적인 작업이다. 셋은 모두 우리 뇌를 깊이 탐구함으로써 우리가 아름답다고 여기는 것들을 찾아냈으며, 그것들로 우리를 에워싸고 있다.

우리는 어떨까? 우리도 숨겨진 선호를 이용하기 위해 성적인 형질을 활용할까? 당연하다. 인간은 형태, 이미지, 성적인 시나리오를 종합할 수 있으므로 더욱 손쉽게 도움을 받을 수 있다. 향수 산업과 같이 우리의 성적 미학을 타깃으로 하는 업계들은 인공적인 자극을 만들어내고 그것을 시장에서 서슴없이 테스트하며, 고객의 선호와 일치하는 것들이 숨겨져 있는지 아니면 공공연하게 드러나 있는지를 신속하게 파악한다. 나는 각종 산업계가 이 일을 진행하는 흥미로운 두 가지 사례를 설명하고 이 장을 마무리하려 한다. 하나는 귀엽고 재미있는 사례이며 다른 하나는 다소 불편한 사례가 될 것이다.

먼저 귀여운 사례는 서구 문화의 아이콘이 되어버린 장난감 인형이다. 내게는 여섯 명의 여동생과 두 딸이 있으며, 그들 덕분에 내 삶 대부분은 늘 바비 인형과 함께였다. 바비 인형은 섹스토이는 아니지만, 어떤 이들은 이 인형이 성적 아름다움에 대한 여성의 비현실적인 기준을 대변하고 있다는 주장을 제기하기도 한다. 바비는 1959년 3월 9일 뉴욕에서 개최된 미국 국제장난감박람회에서 첫 데뷔를 치렀으며, 그 후로 많은 세월이 흘렀지만 단 하루도 늙지 않았다. 어떤 사람들은 바비가 여성의 사회적 지위에 대한 성차별주의적 시선을 확산시킨다고 느끼며 불편한 감정을 드러내기도 한다. 그러나 많은 사람들이 바비를 아름답다고 생각한다.

키가 크고 날씬한 바비는 젊음과 풍요의 매력을 발산한다. 그녀의 풍만한 가슴은 성적인 성숙을 암시하고, 당당한 태도는 젊음을 대변하며, 그녀의 길고 풍부한 머릿결은 건강의 표시이기도 하다. 어떤 이들은 바비가 너무 아름답기 때문에 비현실적이라고 생각하기도 하는데, 그건 맞는 이야기이다. 바비가 지닌 과장된 신체적 특성들은 비현실적인 세계에나 존재할법한 초정상 자극이며 많은 이들이 지적하는 것처럼 그녀는 '가짜'이다.

바비는 실물 크기의 6분의 1에 불과하므로 그녀를 정상적인 사이즈로 부풀린 다음 실제와 비교해보도록 하자. 바비의 체격에서 어떤 부분은 실제와 크게 다르지 않다. 머리둘레(22인치)는 평균치이고, 가슴둘레는 약간 작은 편(32인치 대 35~36인치)이다. 하지만 다른 부위들은 평균 여성과 비교했을 때 훨씬 작아서 쁘띠라는 표현으로는 부족할 정도이다. 자그마한 바비의 허리(16인치)와 엉덩이(29인치)의 비율은 0.56인데, 이것은 미국 여성 평균치인 0.80과 비교했을 때도 훨씬 작을 뿐 아니라, 7장에서 언급했듯 많은 남성이 매력을 느끼는 비율인 0.71에도 못 미치는 수준이다. 바비의 목, 팔뚝, 손목, 발목, 그리고 특히 허벅지는 마치 성냥개비 같다.

현실 세계에서 실물 크기의 바비는 아무 짝에도 쓸모가 없을 것이다. 그녀의 비정상적으로 얇고 긴 목으로는 머리를 드는 것조차 불가능할 것이며, 가느다란 허리 사이즈 때문에 간의 크기가 절반으로 줄어들고 장기가 몸 안에 전부 들어가지도 못할 것이다. 바비는 조그만 발, 얇은 발목, 비교적 무거운 상체라는 신체적 특징 때문에 네 발로 기어야만 움직일 수 있을 것이다. 이러한 기능적 불량에도 불구하고 여전히 많은 사람들이 바비를 아름답고 진짜 같은 인형이라고 생각한다! 그리고 이상하게 느껴질지도 모르겠지만 살아 있는 여성들 사이에서도 그와 평행을 이루는 현상이 나타나고 있다.

〈포브스〉에 따르면 지젤 번천은 2013년 4,200만 달러를 벌어들이며 세계에서 가장 높은 수익을 올리는 슈퍼모델의 자리를 차지했다. 그녀가 축적한 부가 입증하듯 서구 사회의 많은 사람들은 슈퍼모델이 엄청난 매력을 지녔다고 생각한다. 그런데 슈퍼모델들이 전형적인 서구 여성을 대변하는 것은 아니다. 그들의 평균 신장은 177cm 몸무게는 48kg인 반면, 모델이 아닌 미국 여성의 평균 신장은 162cm 몸무게는 75kg으로 두 그룹 사이에는 상당한 차이가 있다.

슈퍼모델들은 실제로 존재하지만 흔하지는 않다. 그런데 그들은 끊임없이 대중매체에 등장하면서 사람들이 그들의 아름다움에 넋을 잃고, 그들이 홍보하는 상품을 구매하며, 그들의 아름다움이 정상적인 것이라는 착각에 빠지게 만들어버린다. 사실 슈퍼모델들이 지닌 아름다움은 인간 깊숙이 내재된, 바비와 같이 비정상적으로 길고 마른 몸을 향한 감춰진 이끌림에 강하게 어필하고 있는 것 같다. 이 숨겨진 선호는 아마도 우리의 생물학적 조건이나 문화 또는 그 둘의 조합으로 인해 형성되었을 것이다.

숨겨진 선호는 '바비'의 경우와 마찬가지로 선택작용의 레이더망 밖에 존재한다. 이것이 겉으로 드러났을 때 선택자에게 불리한 것으로 판명된다면 숨겨진 선호는 선택작용에 의해 제거된다. 마찬가지로 바비 같은 외모의 여성에 대한 선호는 플라이스토세*의 '진화적 적응 환경'과 같은 산업화 이전 사회에서 살아남지 못했을 것이다. (진화학자들에 주장에 따르면 현재의 인간 행동양식 대부분은 플라이스토세에 형성되었다.) 설령 그런 외모의 여성이 네 발로 기어야 하고 몸 안에 장기가 전부 들어가지도 못하는 악조건에도 불구하고 살아남았더라도, 산도가 너무 좁아 자손을 출산할 길은 없었을 것이다. 바비 같은 자들이 멸종한다면, 그런 배우자감에 대한 선호도 함께 자취를 감출 것이다.

하지만 현재 우리가 사는 시대는 플라이스토세가 아니며, 초정상의 성적 자극들은 레이더망을 피해 숨어 있지 않아도 된다. 이제 우리는 마우스 클릭 하나로 아주 다양한 종류의 성적 자극에 접근할 수 있다. 이 간단한 행동에는 우리의 숨겨진 선호를 만천하에 드러내고 사람들의 호응을 이끌어 100억 달러 규모의 산업계를 뒷받침하게 하는 힘이 있다. 포르노 천국에 온 것을 환영한다.

---

* 지질시대 신생대 제4기의 전반기로 '홍적세'라고도 불린다.

영국 빅토리아시대 당대 포르노를 지칭했던 용어인 포르노토피아는 주로 남성들을 겨냥해서 만들어진 환상의 세계로 초정상 성적 자극이 넘쳐나는 곳이다. 이 환상의 세계에는 성적인 매력을 남김없이 발산하는 여성들이 살고 있으며, 그들은 긴 머리와 다리, 깨끗한 피부, 도톰한 입술, 성장기 아이들에게서는 절대 볼 수 없는 허리 라인을 지닌, '방금 미성년자 딱지를 뗀 것' 같은 젊은 여성들이다. 인조적인 신체 부위가 있을지는 몰라도 이들은 모두 진짜이다. 그러나 그들을 정상이라고 볼 수는 없다. 포르노토피아의 여성들은 실제 여성의 외모 분포에서 극단적으로 작은 일부만을 대표하고 있기 때문이다.

이들의 외모만 극단적인 것이 아니라, 이들의 성적 행동 역시 정상을 벗어난다. 이를 두고 캐서린 살몬Catherine Salmon은 '포르노토피아의 섹스에는 연애와 헌신, 짝을 찾기 위한 노력이나 장기적 관계가 결여되어 있으며, 오직 욕정과 육체적 만족에만 집중되어 있다. 포르노토피아의 여성들은 낯선 상대와의 섹스를 즐기며 쉽게 흥분하고 항상 오르가즘을 느낀다'라고 표현했다. 포르노토피아는 1장에서 소개한 수컷의 짝짓기 기본 전략(질보다는 양을 우선시하기, 가능한 자주 짝짓기를 하기, 자손에 필요한 투자는 암컷에게 맡기기)을 실행에 옮겨볼 수 있는 이상적인 장소이다.

포르노를 과도하게 시청하는 것은 강박적 성 행동으로 간주되지만 '정신장애 진단 및 통계 편람' 최신판에 따르면 이것은 중독과는 다르다. 다만 포르노가 성적 페티시임은 확실하다. 로벤스타인[L. F. Lowenstein]은 학술지 〈섹슈얼리티와 장애〉에서 우리가 이것을 쉽게 알아차릴 수 있다고 언급하며 '성적 페티시는 성적 만족의 충족 수단으로서 살아 있지 않은 대상을 선호하거나 그것만을 유일하게 사용하는 행위로 식별할 수 있다'라고 정의했다.

동물들은 섹스의 진화적 기능인 번식을 위해서만 짝짓기에 임하기 때문에, 우리는 동물들이 대체로 인간보다 더욱 실용주의적일 것이라고 생각한다. 그래서 나는 같은 대학 소속의 심리학자 마이클 돔잔[Michael Domjan]이 메추라기의 성적 조건화에 대한 강의를 하면서 다른 동물들에서도 성적 페티시즘이 나타날 수 있다는 이야기를 들려주자 깜짝 놀라지 않을 수 없었다.

메추라기는 손쉽게 기를 수 있고 비용이 저렴할 뿐만 아니라, 실험에서 잘 반응하고 섹스를 좋아하기도 해서 성적 연구에서 좋은 실험 대상이 되어준다. 조류 대부분의 수컷에게는 음경이나 송입기관이 없으며, 메추라기의 교미 역시 음경의 삽입 대신 총배설강맞춤으로 이루어진다. 총배설강맞춤의 진행 방식은 수컷이 암컷의 등에 올라탄 다음 암수가 총배설강을 가까이 맞대면 수컷이 암컷의 생식기관에 정자를 '내뿜는' 것이다. 이 간단한 조류학적 지식을 염두에 둔 채 메추라기 섹스의 어두운 단면을 탐구해보도록 하자.

돔잔은 파블로프의 조건화 이론을 이용하여 메추라기의 포르노토피아를 심층조사했다. 아마 우리에게도 파블로프의 조건화가 작용하는 방식을 잠깐 되짚어보는 시간이 필요할 것 같다. 먼저 가벼운 농담을 하나 소개하려고 한다. 파블로프가 술집에 들어가자, 바텐더가 카운터 너머에 있는 종을 울리면서 그것이 마지막 주문이 될 것임을 알린다. 그런데 종소리를 들은 파블로프가 갑자기 외친다. "강아지 밥 주는 것을 깜빡했군!" 이 농담을 듣고 파블로프의 고전적 조건화 실험이 떠오르지 않았다면, 보충 설명이 조금 더 필요할 것이다.

일반적으로 개들은 음식을 떠올리면 침을 흘린다. 이 실험에서 파블로프는 개에게 먹이를 주기 전에 종을 울렸고, 먹이를 앞에 둔 개는 침을 흘리곤 했다. 파블로프는 종을 울렸을 때 개들이 음식에 대한 기대로 침을 흘리게 될 때까지 이 순서를 반복했는데, 그 훈련이 성공했다면 개는 조건화가 된 것이다. 이런 유형의 실험에서 종소리는 인공적이며 실험적인 조건 자극이고, 음식은 자연적인 무조건 자극이며, 침을 흘리는 반응은 자연적인 무조건 반응이다. 이 실험의 목표는 실험 대상을 조건화하여 조건 자극이 무조건 반응을 일으키게 하는 것, 곧 개가 종소리만 듣고 침을 흘리게 하는 것이다. 일단 '조건 자극-무조건 반응' 관계가 형성되면, 그 관계의 지속 시간을 확인하는 후속 실험을 통해 관계성의 강도를 확인할 수 있다. 종소리가 들림에도 불구하고 계속 음식이 나타나지 않는다면, 개는 몇 차례의 시도 후에 침 흘리기를 멈출까?

메추라기로 돌아가서 돔잔과 동료들은 실험 무대에 수컷 메추라기를 올려놓은 다음, 세로 방향의 실린더 안에 부드러운 폴리에스터 섬유를 채우고 타월로 덮은 일종의 섹스토이를 수컷에게 보여주었다. 이것은 조건 자극이었다. 팀은 수컷에게 조건 자극을 30초간 보여준 뒤, 곧바로 살아 있는 암컷(무조건 자극)을 데려다 놓고 짝짓기를 하기에 충분한 시간인 5분 동안 머무르게 했다. 암컷을 풀어주기 이전 단계에 수컷이 조건 자극에 다가가 상호작용을 하게 하는 것이 조건화였으며 이 작업은 30회 반복되었다. 그다음으로는 소멸 실험이 30회 반복되었는데, 여기에서는 섹스토이가 제시되었지만 그다음에 암컷이 등장하지 않았다.

이 성적 조건화 실험은 성공적이었다. 수컷들은 대여섯 번 만에 조건화되었고, 타월로 덮인 물체에 접근하여 이것을 탐색하는 무조건 반응을 나타냈다. 놀랍게도 수컷의 절반 정도는 이 무생물체와 교미를 시도했다. 이들에게 성적 페티시가 생긴 것이다. 이 섹스토이는 부드럽다는 점만 빼고는 암컷과 닮은 부분이 거의 없었고, 수컷의 총배설강맞춤을 받아들일만한 구멍도 전혀 없었다. 그럼에도 불구하고 이 물체는 수컷들로부터 교미 행동을 이끌어낼 수 있었다.

조건화 작업의 후속 조치로 소멸 작업이 뒤따랐다. 전과 같이 수컷들에게는 섹스토이가 주어졌지만, 이 자극은 살아 있는 암컷의 등장으로 강화되지 않았다. 이 작업에서 대부분의 수컷들은 결국 타월로 쌓인

물체와 상호작용하는 것을 멈추었다. 그러나 이 섹스토이에 페티시가 생긴 수컷들은 성욕의 감퇴를 보이지 않았다. 이제 타월로 쌓인 물체는 그 자체로 성적인 대상, 아니 더 정확히는 성적 페티시가 된 것이다. 수 컷들이 이 물체를 가치 있게 여긴 것은 이것이 곧 찾아올 성적 만족의 수단인 진짜 암컷을 예고했기 때문이 아니라, 이것 자체가 성적 만족의 수단이 되어버렸기 때문이다. 방금 전에 소개된 사례들과 달리, 돔잔과 동료들이 수행한 일련의 실험은 숨겨진 선호를 발견한 것이 아닌 새로 운 선호를 창조해낸 것이었다. 이 사례에서 새로이 형성된 선호는 실제 로 살아 있는 성적 파트너와 더 이상 연관관계를 갖지 않았으므로 부적 응적인 선호라고 볼 수 있다.

메추라기 실험에서 성적 페티시 형성의 기저에 있는 신경화학적 처리과정이 조사된 것은 아니었다. 그러나 이 실험은 인간에게 포르노 에 대한 충동이 만들어지는 과정을 엿볼 수 있게 해준다. 인간의 경우 그 기저에 있는 신경화학적 처리과정에 대한 탐구는 이제 막 시작 단계 에 진입했다.


우리는 포르노가 뇌에 어떤 작용을 하는지에 대해 어느 정도는 알 고 있다. 3장에서 나는 좋아함과 원함의 차이를 설명했으며, 좋아하는 대상을 원하도록 만드는 것은 도파민 보상 시스템이라고 설명했다. 같 은 장에서 언급했듯 쥐는 좋아하는 음식이 나오면 수염을 핥는 반응을 보이는데, 설령 자신의 도파민 수용기가 차단되더라도 달콤한 음식을 앞에 두고 정상 개체들과 동일하게 수염을 핥아 '좋아함'을 나타냈었다. 그러나 이 쥐들은 설탕을 더 얻기 위해 노력하려는 의지를 보이지 않았다. 다시 말해서 이들은 설탕을 좋아했지만 원하지는 않았던 것이다. 하지만 우리 뇌는 섹스에 조율되어 있으며, 이것을 좋아하기도 하고 원하기도 한다.

인간이 성적인 아름다움을 접했을 때, 그들의 좋아함과 원함이 어떻게 서로 분리될 수 있는지를 보여준 예리한 실험이 하나 있다. 이 실험에서 남성들은 컴퓨터에 있는 남녀의 얼굴 이미지를 보고 그들의 매력도에 따라 순위를 매겨야 했다. 그다음 연구진은 남성들로 하여금 마음에 드는 얼굴 이미지를 다시 보게 했다. 그들은 남녀 모두의 얼굴을 보고 매력도에 순위를 매겼지만(좋아함), 마음에 드는 여성의 얼굴을 볼 때 더 많은 시간을 보냈다(원함). 이러한 행동 결과는 두뇌 활성화에 대한 fMRI 연구로 더욱 보강되었는데, 실험 대상자들이 '좋아함' 보다는 '원함' 반응을 나타냈을 때, 도파민 보상 시스템과 관련된 두뇌 영역의 활동이 더욱 증가되었다는 사실이 확인되었다.

다원주의적 관점에서 도파민 보상 시스템은 동물들로 하여금 자신에게 이로운 것을 원하게 만드는 적응적 메커니즘이다. 그러나 인간은 이 보상 시스템에게 이용당할 수 있는 유일한 종족인 것 같다. 도박, 폭식, 마약, 섹스 등의 다양한 중독이 인간을 파멸의 길로 인도하고 있다. 이 중에서도 가장 손쉽게 보상 시스템을 이용할 수 있는 활동은 아마 섹스일 것이다. 조지아디스[J. R. Georgiadis]는 〈사회정서적 신경과학과 심리학)에 투고한 논문에서 인간의 신경체계에서 자연적 도파민 보상을 가장 강력하게 일으키는 것이 성기관이라고 언급했다. 이러한 긍정적 강화에 의해 발생하는 강력한 힘을 고려했을 때, 포르노 중독이 일어나기 쉬운 이유와 그 과정을 잘 이해할 수 있을 것이다.

남성과 여성 모두 포르노를 본다. 사람들이 포르노를 보는 이유는 긍정적인 것(성 지식 획득)과 부정적인 것(대인관계 갈등) 모두가 될 수 있을 것이다. 수많은 연구에 따르면 남성은 여성보다 더 자주 포르노를 보며, 더 노골적인 포르노에 이끌리고, 더 강박적으로 포르노를 소비한다고 한다. 포르노 강박에 대한 수많은 연구와 논의가 남성의 문제에 초점을 맞추고 있다. 나 또한 그 부분에 집중하여 이 주제를 살펴보려고 한다.

남성들이 포르노를 좋아하는 이유는 포르노가 초정상 자극이기 때문이다. 이것은 나방이 초정상적인 섹스 페로몬의 조합과 초정상의 날갯짓 속도를 좋아하는 것과 같은 이치이다. 남성들은 흔히 포르노를 볼 때 자위를 하고 오르가즘을 경험하며, 다른 것과 견줄 수 없을 정도로 다량의 도파민을 분출시킨다. 이 신경화학적 방출은 포르노 이미지의 유인적 현저성을 강화시키는데, 그로 인해 남성들은 포르노를 단순히 좋아할 뿐 아니라 더욱 원하게 된다. 초정상 자극에 대한 최초의 이끌림에 오르가즘과 그에 따른 도파민체계의 자극이라는 긍정적 강화가 합세하면서, 남성들에게는 성적 페티시즘이 만들어진다.

좋아함은 원함으로 이어지고, 어떤 원함은 강박으로 연결되기도 한다. '정신장애 진단 및 통계 편람'에서 뭐라고 이야기를 했든 이것은 중독이 맞는 것 같다. 이런 강박은 극단적인 경우 포르노토피아가 실제 삶을 대체하는 비사회·반사회 증후군까지도 일으킬 수 있다.

포르노는 누군가의 성적 욕망의 대상이 될 수 있을 뿐만 아니라 그런 욕구를 실행에 옮기는 방법을 가르치기도 한다. 이제 포르노는 또 하나의 성교육 경로가 되어가고 있는데, 이렇게 되면 우리가 어떻게 섹스를 해야 할지 알려주는 두뇌 신경세포를 포르노가 형성시킬 수도 있다. 과거 성 지식의 전파를 책임지던 보건 수업의 역할은 이제 포르노에 의해 대체되었다. 지금은 포르노가 보편화되어 손쉽게 접할 수 있지만, 예전에는 10대들이 여러 종류의 성적 행위에 관한 직접적 교육을 받을 수 있는 기회가 거의 없었다. 과거에는 학생들보다 고작 몇 살 위의 이성에게 키스, 애무, 1루, 2루, 심지어 3루까지 가는 방법을 직접적 경험을 통해 알아냈을지 모르지만, 그들의 지식에는 한계가 있었다. 그러나 인터넷 포르노에는 성행위 장면이 넘쳐날 뿐 아니라 그래픽 화면으로 그것을 적나라하게 내보냄으로써 상상의 여지를 거의 남기지 않는다.

도널드 힐튼Donald Hilton은 에세이 〈뇌와 중독〉에서 초정상 자극으로서의 포르노 개념을 깊이 탐구하고 '거울 뉴런'의 처리과정에 대한 심각한 염려를 표명했다. 거울 뉴런은 원숭이의 전전두피질에서 처음 발견된 시각-운동 신경세포이다. 이 뉴런은 원숭이가 특정 행동을 할 때도 점화되지만, 다른 개체가 같은 행동을 하는 것을 '볼' 때도 동일하게 점화된다. 운동 뉴런의 한 가지 기능은 모방을 돕는 것이다. 우리는 어떤 행동을 관찰할 때 발생하는 뉴런의 점화 패턴을 템플릿으로 삼아, 같은 동작 패턴을 직접 수행할 때 참고할 수 있다.

두 번째 기능은 '행동 이해'와 관련 있다. 우리가 특정 행동을 관찰함으로써 운동 뉴런이 점화될 때, 관찰자는 자신이 같은 점화 패턴을 발생시키기 위해 스스로 했을만한 행동에 기초하여 타인의 행동에 의미를 부여한다. 내가 누군가 야구 방망이를 휘두르는 것을 보면, 내가 방망이를 휘두를 때 점화되는 것과 동일한 거울 뉴런이 점화된다는 이야기이다. 우리는 이 과정 덕분에 지금 보고 있는 것이 어떤 행동인지를 이해할 수 있다.

한 연구진은 피험자들에게 포르노 영상을 보도록 요청하고 fMRI를 이용하여 거울 뉴런이 위치한 두뇌 부위를 촬영했다. 그 결과, 남성들이 영상을 시청하는 동안 성적인 정서의 강화와 관련 있는 신경 활동 및 음경의 발기와 관련 있는 신경 활동이 모두 증가되었다. 이 연구는 인과관계가 아닌 상관관계를 드러냈을 뿐이지만, 동작의 모방이나 성행위 의미 학습에서 거울 뉴런이 모종의 역할을 할 수 있음을 시사한 것은 확실하다. 힐튼은 포르노의 성격이 점점 더 폭력적이고 모욕적인 형태로 변화하고 있는 것을 보면서, 성적 파트너와 적절하게 상호작용하는 법을 학습하고 이해하는 데 관여하는 다양한 신경체계에 포르노가 '부정적인 정서적·문화적·인구학적 효과'를 각인시킬 위험에 대해 우려를 표시했다. 이 수십억 달러 규모의 산업은 포르노가 신경체계에 새로운 템플릿을 만들어냄으로써 뇌로 하여금 정상적인 성행동의 기준을 재정립하게 만드는 무서운 결과를 낳을지도 모른다.

거울 뉴런의 기능과 거울 뉴런이 인간에게 작동하는 방식, 그리고 심지어 존재 여부에 대해서도 아직 논쟁의 소지가 많다는 점은 꼭 주의해야 할 것이다. 그러나 개인의 섹스 관념에 포르노가 영향을 끼칠 수 있다면, 거울 뉴런의 관여 여부와 상관없이 힐튼의 염려는 충분히 유효하다. 또한 마지막 부분은 10년 전 나오미 울프<sup>Naomi Wolf</sup>가 제기했던 주장에 선견지명이 있었다는 사실을 입증하기도 한다. '인간의 역사에서는 최초로, 이미지에 담긴 힘과 매력이 살아 있는 나체 여성의 그것을 대체해버렸다. 오늘날 살아 있는 나체 여성은 그저 질 낮은 포르노일 뿐이다.'

이제 우리는 초정상 자극, 숨겨진 선호, 좋아함과 원함을 관장하는 신경회로가 모두 공모하여 오늘날의 포르노 산업을 주도하고 있다는 사실을 분명히 알 수 있다. 그 결과는 수천 년 동안 이루어진 성적 아름다움의 진화에서 일어나고 있는 일과 유사하다. 그러나 동물 구애자들이 선택자의 성적 취향을 만족시킬 수 있는 형질을 진화시켜온 것과 달리, 인간은 포르노를 포함한 각종 산업계에서 진화적 시간이 아닌 문화적 시간에 맞추어 우리의 성적 미학을 타깃으로 하는 자극을 생산해내기 위한 투자를 지속해왔다. 다음에 당신이 새의 노랫소리를 듣거나, 반딧불이의 불빛을 보거나, 불필요한 물건을 홍보하는 슈퍼모델을 본다면 이 사실을 떠올릴 수 있기를 바란다.

아름다움은 어디에나 존재하며, 우리의 머리를 어지럽힐 정도로 다양
한 모습으로 나타난다. 이 다양성들이 존재할 수 있는 이유는 아름다움
이 서로 다른 감각양상을 통해 우리 성적 두뇌에 입력되기 때문이다.
각각의 감각양상은 우리의 비교 능력에 압력을 가하여 우리가 춤, 노
래, 향기 등에서 나타나는 아름다움의 순위를 객관적으로 판단하지 못
하게 만든다.

　한 가지 영역의 아름다움도 여러 감각양상에 버금가는 놀라운 다
양성을 담을 수 있다. 수많은 물고기의 색상 콜라주나 명금류의 노래
레퍼토리는 모두 경이로운 다양성을 자랑한다. 이 모든 다양성의 존재
는 아름다움이 한 가지 플라톤적 이상향으로 정의될 수 없다는 사실을
분명히 알려준다. 이것은 우리 자신의 종과 유성생식을 하는 수십만 가
지의 여타 종에서도 모두 동일한 진리이다. 서로 다른 종이든 같은 종
이든, 각 개체들이 주변 세계를 인식하는 방식에 따라 아름다움에 다양

성이 나타난다.

인간과 다른 종의 성적 미학은 위에서 전해 내려온 것이 아니라 자신 안에서, 특히 두뇌 속에서 발생한 것이다. 우리는 스스로 아름다움을 정의하며, 아름다움의 존재와 그를 향한 우리의 취향을 이해하는 것은 감상자의 뇌를 통해 아름다움을 보지 않고는 불가능한 일이다. 독자들도 이 사실 하나만은 확실히 납득했기를 바란다.

신경과학과 심리학 및 일부 의학 분야를 포함하는 뇌과학은 '두뇌의 신세기'라고 불리는 이 시작점에서 놀라운 진보를 이루고 있다. 뇌와 진화의 관계는 종종 뒤늦게 주목을 받곤 한다. 또한 연구자들이 둘을 동시에 고찰할 때는 보통 뇌가 어떻게 지금과 같은 모습으로 진화되었는지에 초점이 맞춰진다. 어떤 종을 대상으로 하든 이것은 흥미로운 질문이지만, '뇌가 어떤 방식으로 진화를 주도해왔는가'라는 질문 역시 동등하게 중요하다. 이 책은 그 일이 일어날 수 있는 한 가지 시나리오를 제시했다.

나는 뇌가 어떻게 아름다움의 진화를 주도했는지를 고찰했으나, 대체로 이성 간의 배우자 선택에서 선택자가 구애자를 평가하는 맥락을 전제로 하고 생각을 발전시켜왔다. 하지만 내가 여기에서 다루지 않은 훨씬 다양한 성행동이 이 세계에 존재하는 것은 확실하다. 내가 제시한 대부분의 사례에서는 암컷이 수컷을 선택하거나 암수가 서로를 평가했다. 수컷이 암컷을 선택하는 사례도 언급하긴 했으나, 암컷이 수컷을 선택하는 전형적 형태의 균형을 뒤집어버린 요인들을 심도 있게 다루지는 않았다. 생물학자들은 이 일이 왜 일어나는지도 밝혀냈으며, 해당 내용은 이 책의 주제와는 벗어나기에 제외되었을 뿐이다.

또한 나는 인간에만 국한되지 않는 현상인 동성의 쌍에 대해서도 논의를 펼치지 않았다. 이 방면에는 흥미로운 질문들이 아주 많지만, 만일 우리가 성적 선호에서 이성/동성의 사례를 스펙트럼의 양 끝단이 아닌 접점이 없는 다른 범주로 분리시킨다면 잘못된 질문을 던지고 있을지도 모르는 일이다. 그렇지만 '동성애자' 개체가 같은 성별의 개체를 평가할 때 반대 성별의 구성원들과 동일한 잣대를 가지고 그들의 아름다움을 평가한다고 하다면, 이는 아주 흥미로운 사실일 것이다. 또 만약 그렇지 않다면 이유는 무엇일까? 이성 간의 짝짓기라는 틀에서 성적 아름다움의 진화를 이해하는 것에는 중요한 탐구적 가치가 있지만, 그것만이 유일한 것은 아니다.

물론 아름다움은 성적 아름다움에만 국한되지 않는다. 여기서 내가 제시하는 관점을 좋는다면, 우리 두뇌의 고유성과 특이성이 섹스 이상의 더 넓은 범위에서 우리의 '아름다움' 인식에 어떻게 영향을 끼치는지 궁금증이 생길 것이다. 무지개는 왜 '아름다운'가? 빛의 굴절이 색상의 띠로 나타나는 것에 불과한 이 현상에 우리가 경외감을 느끼는 이유는 무엇인가? 우리는 예술작품, 꽃이 만발한 들판, 축구 선수의 전문적인 몸놀림을 보고도 같은 질문을 제기할 수 있다. 이러한 미적 인식 중에는 성적 미학의 부산물로서 형성되는 것도 존재하지는 않을까? 아니면 반대로, 우리가 다른 영역에서 아름다움을 느끼는 것이 성적인 아름다움 인식에 영향을 줄 수 있을까? 우리의 감각, 두뇌, 인지구조에 존재하는 무엇이 우리로 하여금 주변 세계에서 아름다움을 알아보고 감탄하게 만드는가? 아름다움은 왜 그렇게 중요한 것일까?

다윈처럼 우리도 아름다움의 다양한 측면과 요소를 마주하며 계속해서 혼란을 느낄 것이다. 그러나 다윈의 시대와 비교하여 우리는 아름다움의 진화에 대해 훨씬 많은 것을 알게 되었다. 이러한 과학적 탐구가 미래에도 이어지면서, 아름다움이 어떻게 이 세계 구석구석에 침투하여 존재하고 있으며, 얼마나 다양한 형태를 취하고, 어떻게 그렇게 강렬한 반응을 이끌어내는지에 관한 우리의 지식을 더욱 확장시킬 수 있을 것이라 기대한다.

Aharon, I., Etcoff, N., Ariely, D., Chabris, C.F., O'Connor, E., and Breiter, H.C.(2001). Beautiful faces have variable reward value: fMRI and behavioral evidence. Neuron 32:537－51.

Akre, K. L., Farris, H. E., Lea, A. M., Page, R. A., and Ryan, M. J.(2011). Signal perception in frogs and bats and the evolution of mating signals. Science 333:751－52.

American Psychiatric Association(2013). Diagnostic and Statistical Manual of Mental Disorders(DSM-5). Washington, DC: American Psychiatric Association Publishing.

Andersson, M.(1982). Female choice selects for extreme tail length in a widowbird. Nature 299:818－820.
――(1994). Sexual Selection. Princeton, NJ: Princeton University Press.

Basolo, A. L.(1990). Female preference predates the evolution of the sword in swordtail fish. Science 250:808－10.

Blood, A. J., and Zatorre, R. J.(2001). Intensely pleasurable responses to music correlate with activity in brain regions implicated in reward and emotion. Proceedings of the National Academy of Sciences of the United States of America 98:818－23.

Bostwick, K. S., and Prum, R. O.(2005). Courting bird sings with stridulating wing feathers. Science 309:736.

Bradbury, J. W., and Vehrencamp, S. L.(2011). Principles of Animal Communication. Sunderland, MA: Sinauer Associates.

Bruns, V., Burda, H., and Ryan, M. J.(1989). Ear morphology of the frog-eating bat(Trachops cirrhosus, family: Phyllostomidae): Apparent specializations for low frequency hearing. Journal of Morphology 199:103－18.

Bryant, G. A., and Haselton, M. G.(2009). Vocal cues of ovulation in human females. Biology Letters 5:12－15.

Burley, N. T., and Symanski, R.(1998). "A taste for the beautiful": Latent aesthetic mate preferences for white crests in two species of Australian grassfinches. American Naturalist 152:792－802.

Burr, C.(2004). The Emperor of Scent: A True Story of Perfume and Obsession. New York: Random House.

Buss, D. M.(1994). The Evolution of Desire. New York: Basic Books. Capranica, R. R.(1965). The Evoked Vocal Response of the Bullfrog. MIT Press Research Monograph, no. 33. Cambridge, MA: MIT Press.

Carson, R.(1962). Silent Spring Greenwich, CT: Fawcett Publications.

Changizi, M.(2010). The Vision Revolution: How the Latest Research Overturns Everything We Thought We Knew about Human Vision. Dallas, TX: Benbella Books.

Chatterjee, A.(2011). Neuroaesthetics: A coming of age story. Journal of Cognitive Neuroscience 23:53－62.

Cheng, M. F.(2008). The role of vocal self-stimulation in female responses to males: Implications for state-reading. Hormones and Behavior 53:1–10.

Christy, J. H., and Salmon, M.(1991). Comparative studies of reproductive behavior in mantis shrimps and fiddler crabs. American Zoologist 31:329–37.

Clark, C. J., and Feo, T. J.(2008). The Anna's hummingbird chirps with its tail: A new mechanism of sonation in birds. Proceedings of the Royal Society of London B: Biological Sciences 275:955–62.

Cohen, J.(1984). Sexual selection and the psychophysics of female choice. Zeitschrift für Tierpsychologie 64:1–8.

Collins, S. A.(2000). Men's voices and women's choices. Animal Behaviour 60:773–80.

Courtiol, A., Raymond, M., Godelle, B., and Ferdy, J. B.(2010). Mate choice and human stature: Homogamy as a unified framework for understanding mating preferences. Evolution 64:2189–203.

Cui, J., Tang, Y., and Narins, P. M.(2012). Real estate ads in Emei music frog vocalizations: Female preference for calls emanating from burrows. Biology Letters 8:337–40.

Cummings, M. E.(2007). Sensory trade-offs predict signal divergence in surfperch. Evolution 61:530 – 45.

Darwin, C. (1859). On the Origin of Species. London: J. Murray.
——(1860). Charles Darwin to Asa Gray, April 3. Darwin Correspondence Project, Cambridge University. http://www.darwinproject.ac.uk/letter/?docId=letters/DCP–LETT–2743.xml;query=2743;brand=default.
——(1871). The Descent of Man and Selection in Relation to Sex. London: J. Murray.

——(1872). The Expression of the Emotions in Man and Animals. London: J. Murray.

Dawkins, R.(1999). The Extended Phenotype: The Long Reach of the Gene. Oxford: Oxford Paperbacks.
——(2006). The Selfish Gene. Oxford: Oxford University Press.

Diamond, J.(1992). The Third Chimpanzee. New York: HarperCollins.
——(1999).Guns, Germs, and Steel: The Fates of Human Societies. New York: W.W.Norton.

Domingue, M. J., Haynes, K. F., Todd, J. L., and Baker, T. C.(2009). Altered olfactory receptor neuron responsiveness is correlated with a shift in behavioral response in an evolved colony of the cabbage looper moth, Trichoplusia ni. Journal of Chemical Ecology 35:405–15.

Dominy, N. J., and Lucas, P. W.(2001). Ecological importance of trichromatic vision to primates. Nature 410:363–66.

Dugatkin, L. A.(1992). Sexual selection and imitation: Females copy the mate choice of others. American Naturalist 139:1384–89.

Dunn, J. C., Halenar, L. B., Davies, T. G., Cristobal–Azkarate, J., Reby, D., Sykes, D., Dengg, S., Fitch, W. T., and Knapp, L. A.(2015). Evolutionary trade–off between vocal tract and testes dimensions in howler monkeys. Current Biology 25:2839–44.

Earp, S. E., and Maney, D. L.(2012). Birdsong: Is it music to their ears? Frontiers in Evolutionary Neuroscience 4:14.

Easton, J. A., Confer, J. C., Goetz, C. D., and Buss, D. M.(2010). Reproduction expediting: Sexual motivations, fantasies, and the ticking biological clock. Personality and Individual Differences 49:516 – 20.

Emerson, R. W.(1899). The Early Poems of Ralph Waldo Emerson: T. Y. Crowell and Co. Google Books. https://books.google.com/books?hl=en&lr=&id=YFARAAAAYAAJ&oi=fnd&pg=PA1&dq=If+eyes+were+made+for+seeing,+Then+Beauty+is+its+own+excuse+for+being.+Emerson+1899+&ots=X7se7ZSdQv&sig=K-hrquvmuqY8wRdkZr2qKe4ZTFU#v=onepage&q&f=false.

Emlen, D. J.(2014). Animal Weapons: The Evolution of Battle. New York: Henry Holt.

Enquist,M.,and Arak,A.(1994).Symmetry,beauty and evolution.Nature 372:169-70.

Evans, S., Neave, N., and Wakelin, D.(2006). Relationships between vocal characteristics and body size and shape in human males: An evolutionary explanation for a deep male voice. Biological Psychology 72:160-63.

Ewert, J. P.(1987). Neuroethology of releasing mechanisms: Prey-catching in toads. Behavioral and Brain Sciences 10:337-68.

Feng, A. S., Narins, P. M., Xu, C. H., Lin, W. Y., Yu, Z. L., Qiu, Q., Xu, Z. M., and Shen, J. X. (2006). Ultrasonic communication in frogs. Nature 440:333-36.

Fisher, H. S., Wong, B. B., and Rosenthal, G. G.(2006). Alteration of the chemical environment disrupts communication in a freshwater fish. Proceedings of the Royal Society of London B: Biological Sciences 273:1187-93.

Fisher, R. A.(1930). The Genetical Theory of Natural Selection. Oxford: Oxford University Press.

Galambos, R.(1942). The avoidance of obstacles by flying bats: Spallanzani's ideas(1794) and later theories. Isis 34:132-40.

Garver-Apgar, C. E., Gangestad, S. W., Thornhill, R., Miller, R. D., and Olp, J. J.(2006). Major histocompatibility complex alleles, sexual responsivity, and unfaithfulness in romantic couples. Psychological Science 17:830-35.

Georgiadis, J. R.(2012). Doing it... wild? On the role of the cerebral cortex in human sexual activity. Socioaffective Neuroscience and Psychology 2:17,337. doi: 10.3402/snp.v2i0.17337.

Ghirlanda, S., Jansson, L., and Enquist, M.(2002). Chickens prefer beautiful humans. Human Nature 13:383-89.

Gould, J. L., Elliott, S. L., Masters, C. M., and Mukerji, J.(1999). Female preferences in a fish genus without female mate choice. Current Biology 9:497-500.

Griffin, D.(1958). Listening in the Dark: The Acoustic Orientation of Bats and Men. New Haven, CT: Yale University Press.

Grosjean, Y., Rytz, R., Farine, J. P., Abuin, L., Cortot, J., Jefferis, G. S., and Benton, R.(2011). An olfactory receptor for food-derived odours promotes male courtship in Drosophila. Nature 478:236-40.

Hald, G. M.(2006). Gender differences in pornography consumption among young heterosexual Danish adults. Archives of Sexual Behavior 35:577-85.

Halfwerk, W., Bot, S., Buikx, J., van der Velde, M., Komdeur, J., ten Cate, C., and Slabbekoorn, H.(2011). Low-frequency songs lose their potency in noisy urban conditions. Proceedings of the National Academy of Sciences of the United States of America 108:549-54.

Hartshorne, C.(1973). Born to Sing. Bloomington: Indiana University Press.

Haselton, M. G., Mortezaie, M., Pillsworth, E. G., Bleske-Rechek, A., and Frederick, D. A.(2007). Ovulatory shifts in human female ornamentation: Near ovulation, women dress to impress. Hormones and Behavior 51:40–45.

Heath, R. G., and Mickle, W. A.(1960). Evaluation of seven years' experience with depth electrode studies in human patients. In Ramey, E. R., and O'Doherty, D. eds., Electrical Studies of the Unanesthetized Brain. New York: Paul B. Hoeber.

Henrich, J., Heine, S., and Norenzayan, A.(2010). The weirdest people in the world? Behavioral and Brain Sciences 33:61–83.

Hill, S. E., and Buss, D. M.(2008). The mere presence of opposite-sex others on judgments of sexual and romantic desirability: Opposite effects for men and women. Personality and Social Psychology Bulletin 34:635–47.

Hill, S. E., and Ryan, M. J.(2006). The role of model female quality in the mate choice copying behaviour of sailfin mollies. Biology Letters 2:203–5.

Hilton, D. L.(2013). Pornography addiction a supranormal stimulus considered in the context of neuroplasticity. Socioaffective Neuroscience and Psychology 3:20,767. doi: 10.3402/snp.v3i0.20767.

Hoke, K. L., Burmeister, S. S., Fernald, R. D., Rand, A. S., Ryan, M. J., and Wilczynski, W.(2004). Functional mapping of the auditory midbrain during mate call reception. Journal of Neuroscience 24:11, 264–72.

Hubel, D. H., and Wiesel, T. N.(1962). Receptive fields, binocular interaction and functional architecture in the cat's visual cortex. Journal of Physiology 160:106–54.

Hume, D.(1742). David Hume's Essays, Moral and Political, 1742. Phrase Finder. http://www.phrases.org.uk/meanings/beauty-is-in-the-eye-of-the-beholder.html.

Hunter, M. L., and Krebs, J. R.(1979). Geographical variation in the song of the great tit(Parus major) in relation to ecological factors. Journal of Animal Ecology 48:759–85.

Jersáková, J., Johnson, S. D., and Kindlmann, P.(2006). Mechanisms and evolution of deceptive pollination in orchids. Biological Reviews 81:219–35.

Johnco, C., Wheeler, L., and Taylor, A.(2010). They do get prettier at closing time: A repeated measures study of the closing-time effect and alcohol. Social Influence 5:261–71.

Johnston, V. S., Hagel, R., Franklin, M., Fink, B., and Grammer, K.(2001). Male facial attractiveness: Evidence for hormone-mediated adaptive design. Evolution and Human Behavior 22:251–67.

Juslin, P. N., and Västfjäll, D.(2008). Emotional responses to music: The need to consider underlying mechanisms. Behavioral and Brain Sciences 31:559–75.

Kelley, L. A., and Endler, J. A.(2012). Illusions promote mating success in great bowerbirds. Science 335:335–38.

Kirkpatrick, M.(1982). Sexual selection and the evolution of female choice. Evolution 36:1–12.

Kirkpatrick, M., Rand, A. S., and Ryan, M. J.(2006). Mate choice rules in animals. Animal Behaviour 71:1215–25.

Kirkpatrick, M., and Ryan, M. J.(1991). The paradox of the lek and the evolution of mating preferences. Nature 350:33–38.

Köksal, F., Domjan, M., Kurt, A., Sertel, Ö., Örüng, S., Bowers, R., and Kumru, G.(2004). An animal model of fetishism. Behaviour Research and Therapy 42:1421–34.

Kringelbach, M. L., and Berridge, K. C.(2012). The joyful mind. Scientific American 307:40–45.

Kurtovic, A., Widmer, A., and Dickson, B. J.(2007). A single class of olfactory neurons mediates behavioural responses to a Drosophila sex pheromone. Nature 446:542–46.

Lande, R.(1981). Models of speciation by sexual selection on polygenic traits. Proceedings of the National Academy of Sciences of the United States of America 78:3721–25.

Langstaff, J. M., and Rojankovsky, F.(1955). Frog Went A–Courtin'. Boston: Houghton Mifflin Harcourt.

Lardner, B., and bin Lakim, M.(2002). Animal communication: Tree–hole frogs exploit resonance effects. Nature 420:475.

Lea, A. M., and Ryan, M. J.(2015). Irrationality in mate choice revealed by túngara frogs. Science 349:964–66.

Lehrman, D. S.(1965). Interaction between internal and external environments in the regulation of the reproductive cycle of the ring dove. In Beach, F. A., ed., Sex and Behavior, 355–80. New York: Wiley.

Levitin, D. J.(2011). This Is Your Brain on Music: Understanding a Human Obsession. London: Atlantic Books.

Lin, H. H., Cao, D. S., Sethi, S., Zeng, Z., Chin, J. S., Chakraborty, T. S., Shepherd, A. K., et al.(2016). Hormonal modulation of pheromone detection enhances male courtship success. Neuron 90:1272–85.

Lone, S. R., Venkataraman, A., Srivastava, M., Potdar, S., and Sharma, V. K.(2015). Or47b–neurons promote male–mating success in Drosophila. Biology Letters 11. doi:10.1098/rsbl.2015.0292.

Lowenstein, L.(2002). Fetishes and their associated behavior. Sexuality and Disability 20:135–47.

Lynch, K. S., Rand, A. S., Ryan, M. J., and Wilczynski, W.(2005). Reproductive state influences female plasticity in mate choice. Animal Behaviour 69:689–99.

Madden, J. R., and Tanner, K.(2003). Preferences for coloured bower decorations can be explained in a nonsexual context. Animal Behaviour 65:1077–83.

Magnus, D.(1958). Exerimentelle Untersuchungen zur Bionomie und Ethologie des aisermantels Argynnis paphia Girard(Lep. Nymph.). Zeitschrift für Tierpsychologie, 15:397–426.

Malthus, T.(1798). An Essay on the Principle of Population, as It Affects the Future Improvement of Society with Remarks on the Speculations of Mr. Godwin, M. Condorcet, and Other Writers. London: Printed for J. Johnson, in St. Paul's Church–Yard.

Marcus, S.(2008). The Other Victorians: A Study of Sexuality and Pornography in Mid–Nineteenth–Century England. New Brunswick, NJ: Transaction Publishers.

Marler, P.(1998). Animal communication and human language. In Jablonski, N. G., and Aiello, L. C., eds., The Origins and Diversification of Language, 1–19. San Francisco: California Academy of Sciences.

McClintock, M. K.(1971). Menstrual synchrony and suppression. Nature 229:244–45.

McConnell, P. B.(1990). Acoustic structure and receiver response in domestic dogs. Canis familiaris. Animal Behaviour 39:897–904.

McCullough, D.(2001). The Path between the Seas: The Creation of the Panama Canal, 1870–1914. New York: Simon and Schuster.

Meierjohann, S., and Schartl, M.(2006). From Mendelian to molecular genetics: The Xiphophorus melanoma model. Trends in Genetics 22:654–61.

Mello, C., Nottebohm, F., and Clayton, D.(1995). Repeated exposure to one song leads to a rapid and persistent decline in an immediate early gene's response to that song in zebra finch telencephalon. Journal of Neuroscience 15:6919–25.

Menon, V., and Levitin, D. J.(2005). The rewards of music listening: Response and physiological connectivity of the mesolimbic system. Neuroimage 28:175–84.

Meyer, M., Kircher, M., Gansauge, M. T., Li, H., Racimo, F., Mallick, S., Schraiber, J. G., et al.(2012). A high–coverage genome sequence from an archaic Denisovan individual. Science 338:222–26.

Milinski, M.(2003). Perfumes. In Voland, E., and K. Grammer, K., eds., Evolutionary Aesthetics, 325–39. Berlin: Springer.
——(2006). The major histocompatibility complex, sexual selection, and mate choice. Annual Review of Ecology, Evolution, and Systematics 37:159–86.

Milinski, M., and Wedekind, C.(2001). Evidence for MHC–correlated perfume preferences in humans. Behavioral Ecology 12:140–49.

Miller, G.(2011). The Mating Mind: How Sexual Choice Shaped the Evolution of Human Nature. New York: Anchor.

Mitchell, W. B., DiBartolo, P. M., Brown, T. A., and Barlow, D. H.(1998). Effects of positive and negative mood on sexual arousal in sexually functional males. Archives of Sexual Behavior 27:197–207.

Moen, R. A., Pastor, J., and Cohen, Y.(1999). Antler growth and extinction of Irish elk. Evolutionary Ecology Research 1:235–49.

Møller, A. P.(1992). Female swallow preference for symmetrical males. Nature 357:238–40.

Møller, A. P., and Swaddle, J. P.(1997). Asymmetry, Developmental Stability and Evolution. Oxford: Oxford University Press.

Møller, A. P., and Thornhill, R.(1998). Bilateral symmetry and sexual selection: A meta–analysis. American Naturalist 151:174–92.

Morton, E. S.(1975). Ecological sources of selection on avian sounds. American Naturalist 109:17–34.
——(1977). On the occurrence and significance of motivation–structural rules in some bird and mammal sounds. American Naturalist 111:855–69.

Nagel, T.(1974). What is it like to be a bat? Philosophical Review 83:435–50.

Nakano, R., Takanashi, T., Skals, N., Surlykke, A., and Ishikawa, Y.(2010). To females of a noctuid moth, male courtship songs are nothing more than bat echolocation calls. Biology Letters 6:582–84.

O'Connor, J. J., Fraccaro, P. J., Pisanski, K., Tigue, C. C., O'Donnell, T. J., and Feinberg, D. R.(2014). Social dialect and men's voice pitch influence women's mate preferences. Evolution and Human Behavior 35:368–75.

Partridge, L., and Farquhar, M.(1981). Sexual activity reduces lifespan of male fruitflies. Nature 294:580–82.

Pascoal, S., Cezard, T., Eik-Nes, A., Gharbi, K., Majewska, J., Payne, E., Ritchie, M. G., Zuk, M., and Bailey, N. W.(2014). Rapid convergent evolution in wild crickets. Current Biology 24:1369-74.

Pennebaker, J., Dyer, M., Caulkins, R., Litowitz, D., Ackreman, P., Anderson, D., and McGraw, K.(1979). Don't the girls get prettier at closing time? A country and western application to psychology. Personality and Social Psychology Bulletin 5:122-25.

Petrie, M., and Williams, A.(1993). Peahens lay more eggs for peacocks with larger trains. Proceedings of the Royal Society of London B: Biological Sciences 251:127-31.

Pfaff, J. A., Zanette, L., MacDougall-Shackleton, S. A., and MacDougall-Shackleton, E. A.(2007). Song repertoire size varies with HVC volume and is indicative of male quality in song sparrows(Melospiza melodia). Proceedings of the Royal Society of London B: Biological Sciences 274:2035-40.

Phelps, S. M., and Ryan, M. J.(1998). Neural networks predict response biases in female túngara frogs. Proceeding of the Royal Society of London B: Biological Sciences 265:

Prescott, J. W.(2012). Perspective 6: Nurturant versus nonnurturant environments and the failure of the environment of evolutionary adaptedness. In Narvaez, D., Panksepp, J., Schore, A. N., and Gleason, T. R. eds., Evolution, Early Experience and Human Development: From Research to Practice and Policy, 427-38. Oxford: Oxford University Press.

Proctor, H. C.(1992). Sensory exploitation and the evolution of male mating behaviour: A cladistic test using water mites(Acari: Parasitengona). Animal Behaviour 44:745-52.

Prosen, E. D., Jaeger, R. G., and Lee, D. R.(2004). Sexual coercion in a territorial salamander: Females punish socially polygynous male partners. Animal Behaviour 67:85-92.

Rodd, F. H., Hughes, K. A., Grether, G. F., and Baril, C. T.(2002). A possible non-sexual origin of mate preference: Are male guppies mimicking fruit? Proceedings of the Royal Society of London B: Biological Sciences 269:475-81. Rodríguez-Brenes, S., Rodriguez, D., Ibáñez, R., and Ryan, M. J.(2016). Amphibian chytrid fungus spreads across lowland populations of túngara frogs in Panamá. PLoS One 11(5): e0155745.

Rosenthal, G. G., and Evans, C. S.(1998). Female preference for swords in Xiphophorus helleri reflects a bias for large apparent size. Proceedings of the National Academy of Sciences of the United States of America 85:4431-36.

Rothenberg, D.(2012). Survival of the Beautiful: Art, Science, and Evolution. London: AandC Black.

Ryan, M. J.(1985). The Túngara Frog: A Study in Sexual Selection and Communication. Chicago: University of Chicago Press.
——(1990). Sensory systems, sexual selection, and sensory exploitation. Oxford Surveys in Evolutionary Biology 7:157-95.
——(2006). Profile: A. Staney Rand(1932-2005). Iguana 13:43-46.
——(2010). An improbable path. In Drickamer, L., and Dewsbury, D., eds., Leaders in Animal Behavior: The Second Generation, 465-96. Cambridge: Cambridge University Press.
——(2011). Sexual selection: A tutorial from the túngara frog. In Losos, J. B., ed., In Light of Evolution: Essays from the Laboratory and the Field, 18-203. Greenwood Village, CO: Ben Roberts and Co.

Ryan, M. J., Bernal, X. E., and Rand, A. S.(2010). Female mate choice and the potential for ornament evolution in túngara frogs, Physalaemus pustulosus. Current Zoology 56:343–57.

Ryan, M. J., Cocroft, R. B., and Wilczynski, W.(1990). The role of environmental selection in intraspecific divergence of mate recognition signals in the cricket frog, Acris crepitans. Evolution 44:1869–72.

Ryan, M. J., and Cummings, M. E.(2013). Perceptual biases and mate choice. Annual Review of Ecology, Evolution, and Systematics 44:437–59.

Ryan, M. J., and Keddy–Hector, A.(1992). Directional patterns of female mate choice and the role of sensory biases. American Naturalist 139:S4–S35.

Ryan, M. J., and Rosenthal, G. G.(2001). Variation and selection in swordtails. In Dugatkin, L. A., ed., Model Systems in Behavioral Ecology, 133–48. Princeton, NJ: Princeton University Press.

Ryan, M. J., Warkentin, K. M., McClelland, B. E., and Wilczynski, W.(1995). Fluctuating asymmetries and advertisement call variation in the cricket frog, Acris crepitans. Behavioral Ecology 6:124–31.

Salmon, C.(2012). The pop culture of sex: An evolutionary window on the worlds of pornography and romance. Review of General Psychology 16:152.

Schiestl, F. P.(2005). On the success of a swindle: Pollination by deception in orchids. Naturwissenschaften 92:255–64.

Schlupp, I., Marler, C. A., and Ryan, M. J.(1994). Benefit to male sailfin mollies of mating with heterospecific females. Science 263:373–74.

Searcy, W. A.(1992). Song repertoire and mate choice in birds. American Zoologist 32:71–80.

Sedikides, C., Ariely, D., and Olsen, N.(1999). Contextual and procedural determinants of partner selection: Of asymmetric dominance and prominence. Social Cognition 17:118–39.

Seeley, T. D.(2009). The Wisdom of the Hive: The Social Physiology of Honey Bee Colonies. Cambridge, MA: Harvard University Press.

Seuss, D.(1988). Green Eggs and Ham. New York: Beginner Books / Random House.

Shafir, S., Waite, T. A., and Smith, B. H.(2002). Context–dependent violations of rational choice in honeybees(Apis mellifera) and gray jays(Perisoreus canadensis). Behavioral Ecology and Sociobiology 51:180–87.

Sigall, H., and Landy, D.(1973). Radiating beauty: Effects of having a physically attractive partner on person perception. Journal of Personality and Social Psychology 28:218.

Silver, N.(2012). The Signal and the Noise: Why So Many Predictions Fail–but Some Don't. New York: Penguin.

Simpson, G. G.(1980). Splendid Isolation: The Curious History of South American Mammals. New Haven, CT: Yale University Press.

Slotten, R. A. (2004). The Heretic in Darwin's Court: The Life of Alfred Russel Wallace. New York: Columbia University Press.

Smith, F.(1990). Charles Darwin's ill health. Journal of the History of Biology 23:443–59.

Steblin, R. K.(2002). History of Key Characteristics in the Eighteenth and Early Nineteenth Centuries. Rochester, NY: University of Rochester Press.

Sugiyama, L. S.(2004). Is beauty in the context–sensitive adaptations of the beholder?

Shiwiar use of waist-to-hip ratio in assessments of female mate value. Evolution and Human Behavior 25:51-62.

Taylor, C. R., and Rowntree, V.(1973). Temperature regulation and heat balance in running cheetahs: A strategy for sprinters? American Journal of Physiology-Legacy Content 224:848-51.

Taylor, R., and Ryan, M.(2013). Interactions of multisensory components perceptually rescue túngara frog mating signals. Science 341:273-74. ten Cate, C., and Rowe, C.(2007). Biases in signal evolution: Learning makes a difference. Trends in Ecology and Evolution 22:380-87. ten Cate, C., Verzijden, M. N., and Etman, E.(2006). Sexual imprinting can induce sexual preferences for exaggerated parental traits. Current Biology 16:1128-32.

Toda, H., Zhao, X., and Dickson, B. J.(2012). The Drosophila female aphrodisiac pheromone activates ppk23+ sensory neurons to elicit male courtship behavior. Cell Reports1: 599-607.

Trivers, R.(2011). Deceit and Self-Deception: Fooling Yourself the Better to Fool Others. London: Penguin.

Turella, L., Pierno, A. C., Tubaldi, F., and Castiello, U.(2009). Mirror neurons in humans: Consisting or confounding evidence? Brain and Language 108:10-21.

Tuttle, M.(2015). The Secret Lives of Bats: My Adventures with the World's Most Misunderstood Mammals. Boston: Houghton Mifflin Harcourt.

Villinger, J., and Waldman, B.(2008). Self-referent MHC type matching in frog tadpoles. Proceedings of the Royal Society of London B: Biological Sciences 275:1225-30.

Vollrath, F., and Milinski, M.(1995). Fragrant genes help Damenwahl. Trends in Ecology and Evolution 10:307-8.

Von Uexküll, J.(2014). Umwelt und Innenwelt der Tiere. Berlin: Springer-Verlag.

Waynforth, D.(2007). Mate choice copying in humans. Human Nature 18:264-71.

Weber, E. H.(1978). E. H. Weber: The Sense of Touch. Cambridge: Academic Press.

Wedekind, C., Seebeck, T., Bettens, F., and Paepke, A. J.(1995). MHC-dependent mate preferences in humans. Proceedings of the Royal Society of London B: Biological Sciences 260:245-49.

Wilczynski, W., Rand, A. S., and Ryan, M. J.(2001). Evolution of calls and auditory tuning in the Physalaemus pustulosus species group. Brain, Behavior and Evolution 58:137-51.

Wiley, R. H.(1973). Territoriality and non-random mating in sage grouse, Centrocercus urophasianus. Animal Behaviour Monographs 6:85-169.

Wilkinson, G. S., and Reillo, P. R.(1994). Female choice response to artificial selection on an exaggerated male trait in a stalk-eyed fly. Proceedings of the Royal Society of London B: Biological Sciences 255:1-6.

Winegard, B. M., Winegard, B., and Geary, D. C.(2013). If you've got it, flaunt it: Humans flaunt attractive partners to enhance their status and desirability. PLoS One 8: e72000.

Wolf, N.(2003). The porn myth. New York Magazine, October 20.

Wyrobek, A. J., Eskenazi, B., Young, S., Arnheim, N.,Tiemann–Boege, I., Jabs, E., Glaser, R. L., Pearson, F. S., and Evenson, D.(2006). Advancing age has differential effects on DNA damage, chromatin integrity, gene mutations, and aneuploidies in sperm. Proceedings of the National Academy of Sciences of the United States of America 103:9601–6.

Wyttenbach, R. A., May, M. L., and Hoy, R. R.(1996). Categorical perception of sound frequency by crickets. Science 273:1542–44.

Yeung, C., Anapolski, M., Depenbusch, M., Zitzmann, M., and Cooper, T.(2003). Human sperm volume regulation: Response to physiological changes in osmolality, channel blockers and potential sperm osmolytes. Human Reproduction 18:1029–36.

Yoshizawa, K., Ferreira, R. L., Kamimura, Y., and Lienhard, C.(2014). Female penis, male vagina, and their correlated evolution in a cave insect. Current Biology 24:1006–10.

Zahavi, A.(1975). Mate selection: A selection for a handicap. Journal of Theoretical Biology 53:205–14.

Zahavi, A., and Zahavi, A.(1997). The Handicap Principle: A Missing Piece of Darwin's Puzzle. Oxford: Oxford University Press.

Zuk, M., Rotenberry, J.T., and Tinghitella, R. M.(2006). Silent night: Adaptive disappearance of a sexual signal in a parasitized population of field crickets. Biology Letters 2:521–24.

# Index

### 기타